实战
ANSYS Icepak
电子热设计

康士廷　闫聪聪　编著

化学工业出版社

·北京·

内容简介

本书主要讲解了利用 ANSYS Icepak 2024 进行电子散热有限元分析的各种方法和技巧，主要内容包括 ANSYS Icepak 概述、电子热设计基础理论、ANSYS Icepak 基础、创建模型、网格划分、物理模型及求解、风冷散热案例、水冷散热案例、热管散热案例、电路板散热案例和参数化优化案例等。

本书内容实用，实例典型丰富，所有实例均提供配套源文件素材，重点实例还提供了视频讲解，扫码即可轻松获取，提高学习效率。

本书适合电子工程师学习使用，也可用作高等院校相关专业的教材。

图书在版编目（CIP）数据

实战ANSYS Icepak电子热设计 ／ 康士廷，闫聪聪编著． -- 北京 ： 化学工业出版社，2024．12． -- ISBN 978-7-122-35663-5

Ⅰ．TN6-39

中国国家版本馆CIP数据核字第2024TA1613号

责任编辑：耍利娜　　　　　文字编辑：侯俊杰　温潇潇
责任校对：王鹏飞　　　　　装帧设计：王晓宇

出版发行：化学工业出版社
　　　　　（北京市东城区青年湖南街 13 号　邮政编码 100011）
印　　装：三河市君旺印务有限公司
787mm×1092mm　1/16　印张 18　字数 467 千字
2025 年 5 月北京第 1 版第 1 次印刷

购书咨询：010-64518888　　　　售后服务：010-64518899
网　　址：http://www.cip.com.cn
凡购买本书，如有缺损质量问题，本社销售中心负责调换。

定　　价：89.00 元　　　　　　版权所有　违者必究

随着计算机技术的迅速发展，在工程领域中，有限元分析越来越多地用于仿真模拟，以求解真实的工程问题，由此也产生了一批非常成熟的通用和专业有限元商业软件。ANSYS 软件是由美国 ANSYS 公司开发，融结构、流体、电场、磁场、声场分析于一体的大型通用有限元分析软件，能与多数 CAD 软件接口（如 Pro/Engineer）实现数据共享和交换，是现代产品设计中的高级 CAE 工具之一。

ANSYS Icepak 是一款基于 Fluent 求解器的电子散热分析软件，是针对电子热设计，涵盖芯片级、板级、系统级、环境级全系列解决方案的高精度分析专业软件包。ANSYS Icepak 被大量应用于航空航天、能源电力、电力电子、铁路机车、医疗器械等各行各业电子产品的研发和设计过程。ANSYS Icepak 具备强大的分析能力，可以模拟自然对流、强迫对流、混合对流、热传导、热辐射、层流 / 紊流、稳态 / 非稳态等流动现象。

本书具有以下特色。

● 内容全面，针对性强

本书在有限的篇幅内，讲解了 ANSYS Icepak 的常用功能。读者通过学习本书，可以较为全面地掌握 ANSYS Icepak 相关知识。笔者根据自己多年的计算机辅助设计领域工作经验和教学经验，针对初级用户学习 ANSYS Icepak 的难点和疑点，由浅入深、全面细致地讲解了 ANSYS Icepak 在电子散热有限元分析应用领域的各种功能和使用方法。

● 实例丰富，提升技能

本书结合大量的设计实例，详细讲解了 ANSYS Icepak 的知识要点，让读者在学习案例的过程中潜移默化地掌握 ANSYS Icepak 软件操作技巧，同时培养工程分析的实践能力。书中的实例取自实际工程项目，经过笔者精心提炼和改编，不仅保证了读者能够学好知识点，更重要的是能帮助读者掌握实际的操作技能，并能够独立地完成各种工程分析。

本书配套了电子学习资源，包括全书实例的源文件素材及同步教学视频。同步教学视频可扫描书中实例章节对应的二维码观看，源文件素材可扫描前言下方相应的二维码，下载到电脑端使用。电子资料中有两个重要的目录：

"YuanShiWenJian"目录下是本书所有实例操作需要的原始文件;"JieGuoWenJian"目录下是本书所有实例操作的结果文件。

按照本书上的实例进行操作练习,以及使用 ANSYS Icepak 进行工程分析时,需要事先在计算机上安装相应的软件。读者可访问 ANSYS 公司官方网站下载试用版,或到当地经销商处购买正版软件。

本书由河北军创家园文化发展有限公司的康士廷和闫聪聪两位高级工程师编写,其中康士廷执笔编写了第 1 ~ 6 章,闫聪聪执笔编写了 7 ~ 11 章。

本书虽经作者几易其稿,但由于水平有限,书中不足之处在所难免,请读者批评指正。

编著者

扫码下载
素材文件

第 3 章　ANSYS Icepak 基础　　　　　　　　　　　　　　051

第 **1** 章

ANSYS Icepak 概述

1.1 Icepak 简介

ANSYS Icepak 是一个强大的 CAE 软件工具，允许工程师对电子系统设计进行建模，并进行传热和流体流动模拟，从而提高产品质量并显著缩短产品上市时间。ANSYS Icepak 项目是一个全面的热管理系统，用于解决组件级、板级或系统级问题。它为设计工程师提供了在操作条件下测试概念设计的能力，这些操作条件可能无法与物理模型进行复制，并在无法进行监控的位置获取数据。

ANSYS Icepak 提供了许多其他商业热和流体流动分析软件包中没有的功能。

这些功能包括：非矩形器件的精确建模；接触电阻建模；各向异性导电率；非线性扇形曲线；集总参数散热装置；外部热交换器；自动辐射传热视图因子计算。

ANSYS Icepak 在电子散热仿真及优化方面主要有以下特征：基于对象的自建模方式，快速便捷建立热模型；快速稳定的求解计算；自动优秀的网格划分技术；与 CAD 软件 /EDA 软件有良好的数据接口；与电磁、结构动力学软件可以进行耦合计算；丰富多样化的后处理功能。

另外，ANSYS Icepak 能够仿真的物理模型主要包含以下几方面：强迫对流、自然对流模型；混合对流模型；PCB Trace 及导体的焦耳热计算；热传导模型、流体与固体的耦合传热模型；丰富的辐射模型（S2S 模型、Discrete Ordinates 模型、Raytracing 模型）；PCB 各向异性导热率计算；稳态及瞬态问题求解；多流体介质问题；风机非线性曲线的输入；IC 的双热阻网络模型；太阳辐射模型；TEC 制冷模型；模拟轴流风机叶片旋转的 MRF 功能；电子产品恒温控制计算；模拟电子产品所处的高海拔环境。

1.2 Icepak 仿真流程

与其他 CAE 软件类似，在 ANSYS Icepak 对任何电子产品或类似的模型进行热模拟时，通常需要经过建立热模型、对模型进行网格划分处理、求解计算和后处理四大步骤，流程如图 1-1 所示。

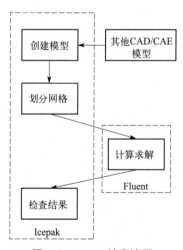

图 1-1 Icepak 仿真流程

1.2.1 建立热模型

目前，建立 ANSYS Icepak 热仿真模型主要包含以下三种方式。

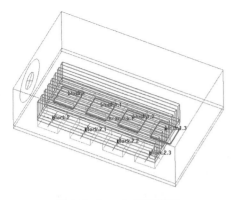

图 1-2　Icepak 自建模型

① 在 ANSYS Icepak 软件中手动建立热模型：Icepak 可以使用基于对象的建模方式来建立热模型，单击 Icepak 软件的模型工具栏，即可建立"干净"的热仿真模型。如单击散热器模型，在 Icepak 的图形区域中会出现散热的模型，输入相应的几何参数信息，即可建立散热器模型，如图 1-2 所示。

② 通过 ANSYS Workbench 平台，使用"几何结构"将 CAD 模型导入 Icepak，使用"几何结构"或者 ANSYS SCDM（Space Claim Direct Modeler）对复杂的 CAD 模型进行修复。修复工作主要包括：在不影响散热路径的原则下，删除小特征尺寸的倒角、删除所有的螺丝螺母、对异形的薄板创建"壳"单元（薄板模型）、抽取冷板中水冷的几何区域等等。

③ 通过 ANSYS Icepak 与 EDA 的接口，将 EDA 软件输出的 IDF 模型导入 ANSYS Icepak：通过布线接口，可以将 PCB 板的布线和过孔信息导入 Icepak，精确反映 PCB 板的导热率。

通常，建立一个电子产品的热分析模型，尤其是包含 PCB 板的模型，最好的方式是将上述三种方式结合起来使用。关于如何建立电子热仿真模型，将在后面章进行讲解。

1.2.2　模型的网格划分

ANSYS Icepak 是使用自身的网格划分工具对建立的热模型进行网格处理，需要将 Icepak 计算区域内的流体区域与固体区域按照合理的网格设置进行划分，如图 1-3 所示。ANSYS Icepak 提供三种网格类型，包括结构化网格、非结构化网格和 Mesher-HD 网格类型，另外，提供两种网格处理方式，包括非连续性网格和多级（Multi - Level）网格处理。

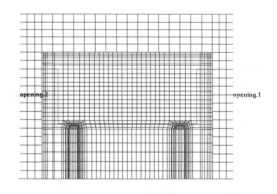

图 1-3　网格划分

由于多样化的网格类型及优秀的网格处理方式，可以保证 ANSYS Icepak 对任何模型进行网格的贴体划分处理。通常来说，电子热仿真模型需要使用混合网格进行处理，即不同区域或不同对象使用不同的网格类型和方式进行网格处理。

1.2.3　求解计算设置

在 ANSYS Icepak 里，当对模型划分完合理的网格以后，需要进行求解的一些设置，主要包括：

- 环境温度设置；
- 是否考虑自然对流及辐射换热；
- 设置湍流模型；
- 设置各类边界条件，如开口风速、温度等；
- 设置各热源热耗；

- 是否考虑太阳热辐射载荷；
- 求解的非定常设置（求解是否为瞬态/稳态）；
- 求解计算的初始条件或初始化值；
- 是否考虑高海拔对电子产品散热的影响；
- 是否考虑多组分计算模拟；
- 迭代步数及残差数值的设置；
- 是否考虑并行计算及设置并行计算的核数；
- N-S 方程离散格式、迭代因子、单双精度的设置；
- 温度、压力、速度监控点的设置（用于准确判断计算求解的收敛性）。

做完上述的部分设置（不同工况需要的设置不同）后，单击求解计算，ANSYS Icepak 将会自动跳出 Fluent 求解器进行计算，直至收敛，计算结束。

1.2.4 后处理显示

ANSYS Icepak 主要是使用自带的工具进行后处理显示如图 1-4 所示，可以得到求解的以下结果：

- 温度、速度、压力等变量的温度云图；
- 速度矢量图；
- 流动迹线图；
- 不同变量的等值云图；
- 不同点不同变量的处理；
- 不同变量沿不同直线变化的 Plot 图；
- 瞬态计算不同时刻变化的各变量云图等；
- 对不同模型各变量统计量化的具体数值；
- 统计模型中传导、对流、辐射三种方式各自的换热量；
- 不同变量最大最小值及位置显示；
- 模型内不同区域计算结果的数值显示；
- 芯片网络模型结温的显示；
- 各风机具体工作点的处理等。

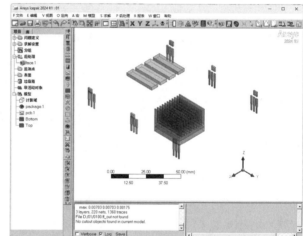

图 1-4 ANSYS Icepak 基本包的界面

另外，也可以将 ANSYS Icepak 的计算结果导入 CFD - Post 中，进行相应计算结果的后处理。

1.3 ANSYS Icepak 模块组成

针对电子产品散热的需求，ANSYS Icepak 软件内嵌了丰富的材料库、IC 器件库、风机库、散热器库等，通过相应的 CAD 接口和 EDA 接口，可导入电子产品相应的几何模型和 PCB 板模型，同时提供基于对象的快速自建模功能，大大方便了结构工程师或电子工程师的使用。Icepak 使用基于 Fluent 求解器的有限体积算法，可以帮助用户快速实现产品的散热模拟计算。

ANSYS Icepak 主要包含以下模块：

（1）CAD 导入接口模块

目前 ANSYS Icepak 位于 ANSYS Workbench 平台下，其拥有的 CAD 接口为 Ansys Workbench 下的 Geometry（Design Modeler，DM）。针对 ANSYS Icepak 的模型特点，ANSYS 公司在 DM 中开发了 Electronic 工具箱，通过此工具箱，可以将复杂的 CAD 模型进行转化，然后自动导入 ANSYS Icepak。

DM 可读入主流 CAD 软件（Catia、Autodesk Inventor、Pro/Engineer、Solidworks、Solid Edge、Unigraphics）输出的格式，各类格式如图 1-5 所示。

图 1-5　Design Modeler 支持的 CAD 数据格式

另外，如果读者安装了 ANSYS WB 与三维 CAD 软件的接口，也可以直接从 CAD 软件中启动 ANSYS WB，这样可以直接打开 WB，CAD 模型会自动进入 DM，双击进入 DM，即可对模型进行转化。

（2）ANSYS Icepak 基本包

该包提供丰富的物理模型，嵌入了 ANSYS Icepak 快速自建模的工具栏和丰富的库模型，支持用户自定义库的建立，提供基于对象的快速建模工具。该包有先进的多样化网格划分、显示、检查工具，也包含求解计算的各种设置，可进行参数化 / 优化计算，还包含丰富的后处理工具。

在 ANSYS WB 平台下，可与 Ansoft、Structural 进行电磁、热流、结构的协同耦合模拟等。

（3）ANSYS AnsoftLinks for EDA(Ansoftlinks) 模块

该模块用于帮助导入 PCB 板的布线及过孔信息，以此计算 PCB 各向异性的导热率。此模块可以将 Mentor Graphics、Altium Designer 的 Gerber、ODB++ 等布线过孔文件以及 Cadence 的 BRD 布线文件直接转化成 anf 后缀的中间格式文件，anf 文件可直接读入 ANSYS Icepak，用于反映 PCB 板上的布线过孔信息，接口如图 1-6 所示。

另外，如果机器上安装了 Cadence 软件，ANSYS Icepak 可直接读入 Cadence 输出的 BRD 布线文件格式。

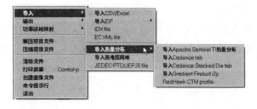

图 1-6　ANSYS Icepak 导入 EDA 布线过孔的接口

（4）参数化／优化模块

① ANSYS Icepak 自身支持参数化计算，在 ANSYS Icepak 里对输入的各种数据均可以设置为变量，然后在参数化面板中，输入此变量的范围及相应的增值，单击"Run"按钮，即可进行参数化计算，如图 1-7 所示。

② Design Exploration（简称 DX）参数化／优化计算模块。在 ANSYS Icepak 版本里，可以使用 Ansys Workbench 平台下的 Design Exploration 进行参数化／优化计算，其优化的速度快于 ANSYS Icepak 自带的优化模块 Iceopt。可以在 ANSYS Icepak 中定义参数，在 DM（几何接口）中定义几何变量参数，然后在图 1-8 中依次输入各变量的参数数值，单击 Update project，DX 即可驱动 ANSYS Icepak 进行参数化计算。

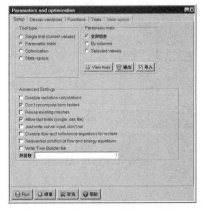

图 1-7   ANSYS Icepak 自身参数化面板

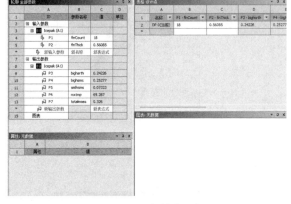

图 1-8   DX 参数化面板

对于 ANSYS Icepak 15 之前的版本，主要是使用 Iceopt 优化模块来对模型进行优化计算。而 ANSYS Icepak 目前主要是使用 DX 对热分析模型的不同参数进行优化计算。图 1-9 是 DX 的优化结果面板。

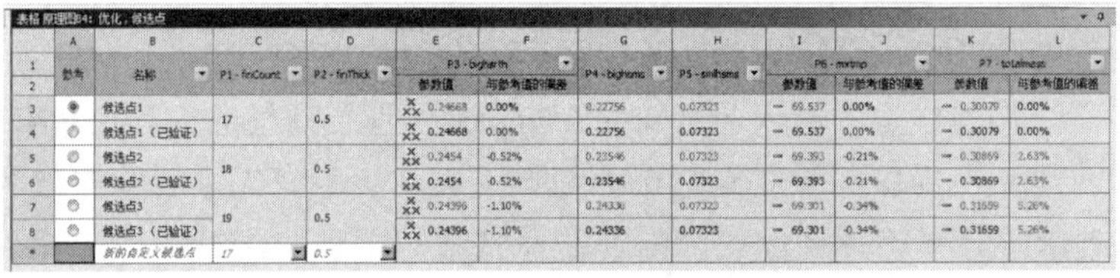

图 1-9   DX 优化结果面板

（5）ANSYS HPC 并行计算模块

ANSYS Icepak 可使用 ANSYS HPC 模块加速并行计算，尤其适用于计算网格数量比较多的模型，可大幅减少仿真计算的时间，多核的计算机或者分布式的计算机群均可使用 ANSYS HPC 模块进行并行计算。除此之外，ANSYS Icepak 还支持 Nvidia GPU 的加速计算。图 1-10 为并行计算的设置面板。

图 1-10   并行计算设置面板

第 **2** 章

电子热设计
基础理论

ANSYS
Icepak

2.1 流体运动的基本概念

（1）层流流动与紊流流动

当流体在圆管中流动时，如果管中流体是一层一层流动的，各层间互不干扰，互不相混，那么这样的流动状态称为层流流动。当流速逐渐增大时，流体质点除了沿管轴向运动外，还有垂直于管轴向方向的横向流动，即层流流动已被打破，完全处于无规则的乱流状态，这种流动状态称为紊流或湍流流动。我们把流动状态发生变化（例如从层流到紊流）时的流速称为临界速度。

大量实验数据与相似理论证实，流动状态不是取决于临界速度，而是由综合反映管道尺寸、流体物理属性、流动速度的组合量——雷诺数来决定的。雷诺数 Re 定义为

$$Re = \frac{\rho u d}{\mu} \tag{2-1}$$

式中，ρ 为流体密度；u 为平均流速；d 为管道直径；μ 为动力黏性系数。

由层流转变到紊流时所对应的雷诺数称为上临界雷诺数，用 Re'_{cr} 表示。由紊流转变到层流所对应的雷诺数称为下临界雷诺数，用 Re_{cr} 表示。通过比较实际流动的雷诺数 Re 与临界雷诺数，就可确定黏性流体的流动状态。

当 $Re < Re_{cr}$ 时，流动为层流状态。

当 $Re > Re'_{cr}$ 时，流动为紊流状态。

当 $Re_{cr} < Re < Re'_{cr}$ 时，可能为层流，也可能为紊流。

在工程应用中，取 $Re_{cr}=2000$，当 $Re < 2000$ 时，流动为层流流动，当 $Re > 2000$ 时，可认为流动为紊流流动。

实际上，雷诺数反映了惯性力与黏性力之比，雷诺数越小，表明流体黏性力对流体的作用较大，能够削弱引起紊流流动的扰动，保持层流状态。雷诺数越大，表明惯性力对流体的作用更明显，易使流体质点发生紊流流动。

（2）有旋流动与无旋流动

有旋流动是指流场中各处的旋度（流体微团的旋转角速度）不等于零的流动。无旋流动是指流场中各处的旋度都为零的流动。流体质点的旋度是一个矢量，用 ω 表示，其表达式为

$$\omega = \frac{1}{2} \begin{vmatrix} i & j & k \\ \dfrac{\partial}{\partial x} & \dfrac{\partial}{\partial y} & \dfrac{\partial}{\partial z} \\ u & v & w \end{vmatrix} \tag{2-2}$$

若 $\omega=0$，流动为无旋流动，否则为有旋流动。

流体运动是有旋流动还是无旋流动，取决于流体微团是否有旋转运动，与流体微团的运动轨迹无关。流体流动中，如果考虑黏性，由于存在摩擦力，这时流动为有旋流动，如果黏性可以忽略，而流体本身又是无旋流，如均匀流，这时流动为无旋流动。例如均匀气流流过平板，在紧靠壁面的附面层内，需要考虑黏性影响，因此附面层内为有旋流动，附面层外的流动，黏性可以忽略，为无旋流动。

（3）声速与马赫数

声速是指微弱扰动波在流体介质中的传播速度，它是流体可压缩性的标志，对于确定可压

缩流的特性和规律起着重要作用。声速表达式的微分形式为

$$c = \sqrt{\frac{\mathrm{d}p}{\mathrm{d}\rho}} \tag{2-3}$$

声速在气体中传播时，由于在微弱扰动的传播过程中，气流的压强、密度和温度的变化都是无限小量，若忽略黏性作用，整个过程接近可逆过程，同时该过程进行得很迅速，又接近一个绝热过程，所以微弱扰动的传播可以认为是一个等熵的过程。对于完全气体，声速又可表示为

$$c = \sqrt{kRT} \tag{2-4}$$

式中，k 为比热容比；R 为气体常数。

上述公式只能用来计算微弱扰动的传播速度，对于强扰动，如激波、爆炸波等，其传播速度比声速大，并随波的强度增大而加快。

流场中某点处气体流速 V 与当地声速 c 之比为该点处气流的马赫数，用 Ma 表示，公式如下：

$$Ma = \frac{V}{c} \tag{2-5}$$

马赫数表示气体宏观运动的动能与气体内部分子无规则运动的动能（即内能）之比。当 $Ma \leqslant 0.3$ 时，密度的变化可以忽略，当 $Ma > 0.3$ 时，就必须考虑气流压缩性的影响，因此，马赫数是研究高速流动的重要参数，是划分高速流动类型的标准。当 $Ma > 1$ 时，为超声速流动，当 $Ma < 1$ 时，为亚声速流动，当 $Ma = 0.8 \sim 1.2$ 时，为跨声速流动。超声速流动与亚声速流动的规律是有本质的区别，跨声速流动兼有超声速与亚声速流动的某些特点，是更复杂的流动。

（4）膨胀波与激波

膨胀波与激波是超声速气流特有的重要现象，超声速气流在加速时要产生膨胀波，减速时会出现激波。

当超声速气流流经由微小外折角所引起的马赫波时，气流加速，压强和密度下降，这种马赫波就是膨胀波。超声速气流沿外凸壁流动的基本微分方程如下：

$$\frac{\mathrm{d}V}{V} = -\frac{\mathrm{d}\theta}{\sqrt{Ma^2 - 1}} \tag{2-6}$$

当超声速气流绕物体流动时，在流场中往往出现强压缩波，即激波。气流经过激波后，压强、温度和密度均突然升高，速度则突然下降。超声速气流被压缩时一般都会产生激波，按照激波的形状，可分为以下 3 类。

正激波：气流方向与波面垂直。

斜激波：气流方向与波面不垂直，例如当超声速气流流过楔形物体时，在物体前缘往往产生斜激波。

曲线激波：波形为曲线形。

设激波前的气流速度、压强、温度、密度和马赫数分别为 v_1、p_1、T_1、ρ_1、Ma。经过激波后变为 v_2、p_2、T_2 和 ρ_2，则激波前后气流应满足以下方程。

连续性方程：

$$\rho_1 v_1 = \rho_2 v_2 \tag{2-7}$$

动量方程：

$$p_1 - p_2 = \rho_1 v_1^2 - \rho_2 v_2^2 \tag{2-8}$$

能量方程（绝热）：

$$\frac{v_1^2}{2} + \frac{k}{k-1} \times \frac{p_1}{\rho_1} = \frac{v_2^2}{2} + \frac{k}{k-1} \times \frac{p_2}{\rho_2} \tag{2-9}$$

状态方程：

$$\frac{p_1}{\rho_1 T_1} = \frac{p_2}{\rho_2 T_2} \tag{2-10}$$

据此，可得出激波前后参数的关系：

$$\frac{p_2}{p_1} = \frac{2k}{k+1} Ma^2 - \frac{k-1}{k+1} \tag{2-11}$$

$$\frac{v_2}{v_1} = \frac{k-1}{k+1} + \frac{2}{(k+1) Ma^2} \tag{2-12}$$

$$\frac{\rho_2}{\rho_1} = \frac{\dfrac{k+1}{k-1} Ma^2}{\dfrac{2}{k-1} + Ma^2} \tag{2-13}$$

$$\frac{T_2}{T_1} = \left(\frac{2kMa_1^2 - k + 1}{k+1} \right) \left[\frac{2 + (k-1) Ma_1^2}{(k+1) Ma_1^2} \right] \tag{2-14}$$

$$\frac{Ma_2^2}{Ma_1^2} = \frac{Ma_1^{-2} + \dfrac{k-1}{2}}{Ma_1^2 - \dfrac{k-1}{2}} \tag{2-15}$$

2.2　流体流动及换热的基本控制方程

流体流动要受到物理守恒定律的支配，即流动要满足质量守恒方程、动量守恒方程、能量守恒方程。本节将给出求解多维流体运动与换热的方程组。

（1）物质导数

把流场中的物理量认作是空间和时间的函数：

$$T = T(x, y, z, t) \qquad p = p(x, y, z, t) \qquad v = v(x, y, z, t)$$

研究各物理量对时间的变化率，例如速度分量 u 对时间 t 的变化率有：

$$\frac{\mathrm{d}u}{\mathrm{d}t} = \frac{\partial u}{\partial t} + \frac{\partial u}{\partial x} \times \frac{\mathrm{d}x}{\mathrm{d}t} + \frac{\partial u}{\partial y} \times \frac{\mathrm{d}y}{\mathrm{d}t} + \frac{\partial u}{\partial z} \times \frac{\mathrm{d}z}{\mathrm{d}t} = \frac{\partial u}{\partial t} + u\frac{\partial u}{\partial x} + v\frac{\partial u}{\partial y} + w\frac{\partial u}{\partial z} \tag{2-16}$$

式（2-16）中的 u、v、w 分别为速度沿 x、y、z 方向的速度矢量。

将式（2-16）中的 u 用 N 替换，代表任意物理量，得到任意物理量 N 对时间 t 的变化率：

$$\frac{\mathrm{d}N}{\mathrm{d}t} = \frac{\partial N}{\partial t} + u\frac{\partial N}{\partial x} + v\frac{\partial N}{\partial y} + w\frac{\partial N}{\partial z} \tag{2-17}$$

这就是任意物理量 N 的物质导数，也称为质点导数。

（2）质量守恒方程（连续性方程）

任何流动问题都要满足质量守恒方程，即连续性方程。其定律表述为：在流场中任取一个封闭区域，此区域称为控制体，其表面称为控制面，单位时间内从控制面流进和流出控制体的流体质量之差，等于单位时间该控制体质量增量，其积分形式为

$$\frac{\partial}{\partial t} \iiint_{Vol} \rho\, dxdydz + \oiint_A \rho\, dA = 0 \tag{2-18}$$

式中，Vol 表示控制体；A 表示控制面。第一项表示控制体内部质量的增量，第二项表示通过控制面的净通量。

式（2-18）在直角坐标系中的微分形式如下：

$$\frac{\partial \rho}{\partial t} + \frac{\partial(\rho u)}{\partial x} + \frac{\partial(\rho v)}{\partial y} + \frac{\partial(\rho w)}{\partial z} = 0 \tag{2-19}$$

连续性方程的适用范围没有限制，无论是可压缩或不可压缩流体，黏性或无黏性流体，定常或非定常流动都可适用。

对于定常流动，密度 ρ 不随时间的变化而变化，式（2-19）变为

$$\frac{\partial(\rho u)}{\partial x} + \frac{\partial(\rho v)}{\partial y} + \frac{\partial(\rho w)}{\partial z} = 0 \tag{2-20}$$

对于定常不可压缩流动，密度 ρ 为常数，式（2-19）变为

$$\frac{\partial u}{\partial x} + \frac{\partial v}{\partial y} + \frac{\partial w}{\partial z} = 0 \tag{2-21}$$

（3）动量守恒方程（N-S 方程）

动量守恒方程也是任何流动系统都必须满足的基本定律。其定律表述为：任何控制微元中流体动量对时间的变化率等于外界作用在微元上各种力之和，用数学式表示为

$$\delta_F = \delta_m \frac{dv}{dt} \tag{2-22}$$

由流体的黏性本构方程得到直角坐标系下的动量守恒方程，即 N-S 方程：

$$\rho \frac{du}{dt} = \rho F_x - \frac{\partial p}{\partial x} + \frac{\partial}{\partial x}\left(\mu \frac{\partial u}{\partial x}\right) + \frac{\partial}{\partial y}\left(\mu \frac{\partial u}{\partial y}\right) + \frac{\partial}{\partial z}\left(\mu \frac{\partial u}{\partial z}\right) + \frac{\partial}{\partial x}\left[\frac{\mu}{3}\left(\frac{\partial u}{\partial x} + \frac{\partial v}{\partial y} + \frac{\partial w}{\partial z}\right)\right]$$

$$\rho \frac{dv}{dt} = \rho F_y - \frac{\partial p}{\partial y} + \frac{\partial}{\partial x}\left(\mu \frac{\partial v}{\partial x}\right) + \frac{\partial}{\partial y}\left(\mu \frac{\partial v}{\partial y}\right) + \frac{\partial}{\partial z}\left(\mu \frac{\partial v}{\partial z}\right) + \frac{\partial}{\partial y}\left[\frac{\mu}{3}\left(\frac{\partial u}{\partial x} + \frac{\partial v}{\partial y} + \frac{\partial w}{\partial z}\right)\right] \tag{2-23}$$

$$\rho \frac{dw}{dt} = \rho F_z - \frac{\partial p}{\partial z} + \frac{\partial}{\partial x}\left(\mu \frac{\partial w}{\partial x}\right) + \frac{\partial}{\partial y}\left(\mu \frac{\partial w}{\partial y}\right) + \frac{\partial}{\partial z}\left(\mu \frac{\partial w}{\partial z}\right) + \frac{\partial}{\partial z}\left[\frac{\mu}{3}\left(\frac{\partial u}{\partial x} + \frac{\partial v}{\partial y} + \frac{\partial w}{\partial z}\right)\right]$$

对于不可压缩常黏度的流体，则式（2-23）可化为

$$\rho\left(\frac{\partial u}{\partial t} + u\frac{\partial u}{\partial x} + v\frac{\partial u}{\partial y} + w\frac{\partial u}{\partial z}\right) = \rho F_x - \frac{\partial \rho}{\partial x} + \mu\left(\frac{\partial^2 u}{\partial x^2} + \frac{\partial^2 u}{\partial y^2} + \frac{\partial^2 u}{\partial z^2}\right)$$

$$\rho\left(\frac{\partial v}{\partial t} + u\frac{\partial v}{\partial x} + v\frac{\partial v}{\partial y} + w\frac{\partial v}{\partial z}\right) = \rho F_y - \frac{\partial \rho}{\partial y} + \mu\left(\frac{\partial^2 v}{\partial x^2} + \frac{\partial^2 v}{\partial y^2} + \frac{\partial^2 v}{\partial z^2}\right) \tag{2-24}$$

$$\rho\left(\frac{\partial w}{\partial t}+u\frac{\partial w}{\partial x}+v\frac{\partial w}{\partial y}+w\frac{\partial w}{\partial z}\right)=\rho F_z \quad \frac{\partial \rho}{\partial z}+\mu\left(\frac{\partial^2 w}{\partial x^2}+\frac{\partial^2 w}{\partial y^2}+\frac{\partial^2 w}{\partial z^2}\right)$$

在不考虑流体黏性的情况下，则由式（2-24）可得出欧拉方程如下：

$$\frac{\mathrm{d}u}{\mathrm{d}t}=\frac{\partial u}{\partial t}+u\frac{\partial u}{\partial x}+v\frac{\partial u}{\partial y}+w\frac{\partial u}{\partial z}=F_x-\frac{\partial \rho}{\rho\partial x}$$

$$\frac{\mathrm{d}v}{\mathrm{d}t}=\frac{\partial v}{\partial t}+u\frac{\partial v}{\partial x}+v\frac{\partial v}{\partial y}+w\frac{\partial v}{\partial z}=F_y-\frac{\partial \rho}{\rho\partial y}$$

$$\frac{\mathrm{d}w}{\mathrm{d}t}=\frac{\partial w}{\partial t}+u\frac{\partial w}{\partial x}+v\frac{\partial w}{\partial y}+w\frac{\partial w}{\partial z}=F_z-\frac{\partial \rho}{\rho\partial z}$$

$$(2\text{-}25)$$

N-S 方程比较准确地描述了实际的流动，黏性流体的流动分析可归结为对此方程的求解。N-S 方程有 3 个分式，加上不可压缩流体连续性方程式，共 4 个方程，有 4 个未知数 u、v、w 和 p，方程组是封闭的，加上适当的边界条件和初始条件，原则上可以求解。但由于 N-S 方程存在非线性项，求一般解析非常困难，只有在边界条件比较简单的情况下才能求得解析解。

（4）能量方程与导热方程

描述固体内部温度分布的控制方程为导热方程，直角坐标系下三维非稳态导热微分方程的一般形式为

$$\rho c\frac{\partial t}{\partial \tau}=\frac{\partial}{\partial x}\left(\lambda\frac{\partial t}{\partial x}\right)+\frac{\partial}{\partial y}\left(\lambda\frac{\partial t}{\partial y}\right)+\frac{\partial}{\partial z}\left(\lambda\frac{\partial t}{\partial z}\right)+\Phi \qquad (2\text{-}26)$$

式中，t、ρ、c、Φ 和 τ 分别为微元体的温度、密度、比热容、单位时间单位体积的内热源生成热和时间；λ 为导热系数。如果将导热系数看作常数，在无内热源且稳态的情况下，上式可简化为拉普拉斯（laplace）方程：

$$\frac{\partial^2 t}{\partial x^2}+\frac{\partial^2 t}{\partial y^2}+\frac{\partial^2 t}{\partial y^2}=0 \qquad (2\text{-}27)$$

用来求解对流换热的能量方程为

$$\frac{\partial t}{\partial \tau}+u\frac{\partial t}{\partial x}+v\frac{\partial t}{\partial y}+w\frac{\partial t}{\partial z}=\alpha\left(\frac{\partial^2 t}{\partial x^2}+\frac{\partial^2 t}{\partial y^2}+\frac{\partial^2 t}{\partial y^2}\right) \qquad (2\text{-}28)$$

式中，$\alpha=\lambda/\rho cp$，称为热扩散率；u、v、w 为流体速度的分量，对于固体介质 $u=v=w=0$，这时能量方程即为求解固体内部温度场的导热方程。

2.3 电子热设计基础理论

传热学理论是电子产品热设计用到的基本知识。

依据热量转移过程的特点，热量的传递方式被划分为三类：导热、对流和辐射。

电子热设计是指对各类电子设备（芯片、PCB 板等）、系统整机的温升进行合理的控制，保证电子设备系统的正常工作，电子产品热设计处理的对象是热量，目标是将设备内元器件的温度控制在合理的范围内。因此，电子设备热设计的理论基础是传热学和流体力学。了解传热及流体的基本理论，可有助于解决电子设备的散热问题。传热的定义是因存在温差而发生的热能的转移。这里主要是讲解与 ANSYS Icepak 热仿真相关的传热、流体基础理论。

热量传递的基本规律是热量从高温区域流向低温区域传递，其基本的计算公式为

$$Q = KA\Delta t \tag{2-29}$$

式中，Q 为热流量，W；K 为换热系数，W/(m^2·℃)；A 为换热面积，m^2；Δt 为冷热流体之间的温差，℃。

热量传递包含三种基本方式，即导热、对流和辐射换热，如表 2-1 所示。一般电子热设计工程中，会将两种或三种方式一起进行，例如电子控制机箱涉及的散热方式包含导热、对流、辐射换热。而对于外太空的电子控制产品，其涉及的散热方式主要是导热和辐射换热。

表 2-1　导热、对流和辐射换热

基本形式	传热计算方法	公式
导热	傅里叶定律	$Q = -\lambda F \dfrac{\partial T}{\partial x}$
对流	牛顿冷却方程	$Q = \alpha F \Delta t$
辐射	四次方定律	$Q_{1,2} = \sigma_0 \varepsilon_x X_{1,2} F_1 (T_1^4 - T_2^4)$

热分析的另一个理论基础是流体力学，流体力学主要研究流体的流动特性，在连续介质力学范畴下，流体力学的基本方程为 Navier-Stokes 方程（N-S 方程），包括质量守恒、动量守恒、能量守恒三个方程，表 2-2 为三种方程的计算方式一览表。

表 2-2　三种方程的计算方式一览表

N-S 方程	公式	
质量守恒定律	$\dfrac{\mathrm{d}}{\mathrm{d}t}\displaystyle\int_\Omega \rho\,\mathrm{d}\Omega = \oint_\Sigma \rho(V_\Sigma - V)n\,\mathrm{d}\Sigma$ 质量变化率　质量流量	
动量守恒定律	$\dfrac{\mathrm{d}}{\mathrm{d}t}\displaystyle\int_\Omega \rho V\,\mathrm{d}\Omega = \oint_\Sigma \rho V(V_\Sigma - V)n\,\mathrm{d}\Sigma + \int_\Omega \rho F\,\mathrm{d}\Omega + \int_\Sigma Pn\,\mathrm{d}\Sigma$ 动量变化率　　动量流量　　体积力　面积力	
能量守恒定律	$\dfrac{\mathrm{d}}{\mathrm{d}t}\displaystyle\int_\Omega \rho E\,\mathrm{d}\Omega = I_1 + I_2 + I_3 + I_4$	能量流量　$I_1 = \oint_\Sigma \rho E(V_\Sigma - V)n\,\mathrm{d}\Sigma$ 体积力功　$I_2 = \int_\Omega \rho VF\,\mathrm{d}\Omega$ 面积力功　$I_3 = \oint_\Sigma VPn\,\mathrm{d}\Sigma$ 热扩散　$I_4 = -\oint_\Sigma qn\,\mathrm{d}\Sigma$

热分析时首先根据传热学和流体力学理论建立微积分方程，求解方程得到温度场分布情况，根据求解方法可以分为解析法和数值法。其中数值法更为贴合工程实际，有限容积法是数值求解法的一种，能适应复杂的求解区域，求解速度和精度较高。

2.3.1　导热（thermal conduction）

热量通过媒介从高温区域传递到低温区域，并且不引起任何形式的宏观相对运动，具备这种特点的热量转移方式，称为热传导或导热。

热传导在电子产品中广泛存在。芯片内部的热量传递到封装表面或印制板的过程，印制板内部的热量传递，导热界面材料内部的热量转移过程，芯片热量传递到安装在其上的散热器上的过程，等等。生活中导热的现象更是比比皆是，例如：手拿着一根金属棒放在火上烤，不仅与火焰接触的部位会变热，手拿的这一端也会很快升温；烧开水时，烧水壶的把手并未与热水接触，但其也会变热。

导热基本规律由傅里叶定律给出，表示单位时间内通过给定面积的热流量。传导的热流量与温度梯度及垂直于导热方向的截面积成正比。热传导表达式为

$$Q = -\lambda A \frac{\partial t}{\partial x} \tag{2-30}$$

式中，Q 为热传导热流量，W；λ 为材料的导热系数，W/(m·℃)；A 为垂直于导热方向的截面积，m²；$\frac{\partial t}{\partial x}$ 为沿等温面法线方向的温度梯度，℃/m。

式（2-30）中的负号表示热量传递的方向与温度梯度相反。可以看出，如果要增强热传导的散热量，可以增加导热系数，选择导热系数高的材料，如铜 [约 360W/(m·℃)]，以及增加导热方向的截面积等。

通常来说，金属导热率较高，非金属次之，液体较低，气体最小。ANSYS Icepak 内嵌了很多电子行业常见的材料库，常见材料的导热系数可通过 ANSYS Icepak 软件查询，表 2-3 所示为电子产品热设计中常用到的金属材料的导热系数、比热容和密度表，另外，ANSYS Icepak 支持用户建立自己的材料库。

表 2-3　电子产品热设计中常用到的金属材料的导热系数、比热容和密度表

材料	牌号	导热系数 / [W/(m·K)]	比热容	密度 /(kg/m³)
铝合金	AL6063-T5	201	900J/(kg·K)	2700
铝合金	ADC12	96	880J/(kg·K)	2710
铝合金	AL1070	226	0.22cal/g·℃	2710
铝合金	ADC6	138	880J/(kg·K)	2700
铝合金	ADC3	113	880J/(kg·K)	2710
铝合金	AL1100	210	880J/(kg·K)	2710
铝合金	AL5052	138	880J/(kg·K)	2700
铝合金	AL6061	155	880J/(kg·K)	2710
铝合金	AL1050	210	880J/(kg·K)	2710
锌合金	ZN-3	104	419J/(kg·K)	6600

傅里叶导热定律论述的是一维导热问题，直接用它来计算总是在三维空间中进行的传热过程会有所偏差，但通过分析具体的物理场景，这一公式在电子产品热设计中仍然有非常直接的应用。推算导热界面材料造成的温差就是之一。

当芯片上方装配散热器时，为了降低散热器和芯片表面直接接触不严导致的传热不畅，通常会在两者之间加装柔性的材料用来填充微小缝隙，这种材料就称为界面材料。通常提到的导热衬垫、导热硅脂、导热凝胶等介质，都属于界面材料。

这一数值与实际相比是偏大的。测试工程师测试时，如果不方便测试芯片表面的温度，就可以通过测试散热器中心的温度，然后加上这 5℃的温差，来推算芯片表面的温度。

从傅里叶导热定律可以看出，传递相同的热量，材料导热系数和导热面积越大，厚度越小，产生的温差也就越低。三者都是线性的关系，非常容易快速推测相关变更带来的影响（以上面导热衬垫的温差为例，如果导热衬垫厚度成 1mm，则温差就是 10℃）。

导热系数表征物质导热能力的大小，是物质的物理性质之一。物体的导热系数与材料的组成、结构、温度、湿度、压强及聚集状态等许多因素有关。一般来说，金属的导热系数最大，非金属次之，液体的较小，而气体的最小。各种物质的导热系数通常用实验方法测定。

2.3.2　对流（thermal convection）

对流指流体内部由于宏观运动导致冷热部分发生相互掺混，由此导致的热量转移。热对流只发生在流体中，单纯研究这一过程，对强化电子产品散热设计意义不大。工程中更加关注的是对流换热（convective heat transfer），即一个物体与其相邻的运动流体之间的传热。本书所有讲述，只针对对流换热。如图 2-1 所示为强迫对流换热和自然对流换热。

影响对流换热的因素很多，主要包含流态（层流／湍流）流体本身的物理性质、换热面的因素（大小、粗糙度、放置方向）等。

对流换热可以使用牛顿冷却公式表达：

$$Q = h_c A(t_w - t_f) \tag{2-31}$$

式中，Q 为对流换热量，W；h_c 为对流换热系数，W/($m^2 \cdot$ ℃）；A 为壁面的有效对流换热面积，m^2；t_w 为固体表面的温度，℃；t_f 为冷却流体的温度，℃。

可以看出，要增强对流换热，可增大对流换热系数和对流的换热面积。对于自然对流换热和强迫对流换热来说，前人提出了计算对流换热系数的准则方程，根据不同准则方程计算的对流换热系数，可以应用到 ANSYS Icepak 中进行散热计算。例如某通信机柜的热仿真，可将通过自然对流准则方程计算的对流换热系数输入机柜 Wall 的属性中，用于考虑外壳和外界空气的换热过程。

电子产品散热设计中，风扇提供的风掠过散热翅片，翅片与掠过的风之间的热量交换就是典型的对流换热。实际上，只要存在温差，壁面总是会与其产生相对运动且直接接触的流体之间发生对流换热。从这个概念上理解，笔记本的外壳与空气之间、自然散热的室外基站外壳与空气、冷板中的流体工质与流道壁面间都在发生着对流换热。

另外，ANSYS Icepak 本身也提供了计算换热系数的准则方法。作为一款 CFD 热仿真软件，ANSYS Icepak 也可以计算出机箱外壳和外界空气自然对流的真实换热系数。

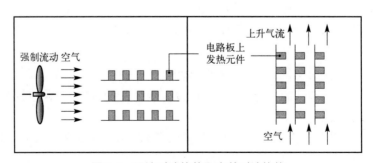

图 2-1　强迫对流换热和自然对流换热

2.3.3 辐射（thermal radiation）

辐射是处于非绝对零度下的物体辐射出的热能。自然界中的物体不停地向空间中辐射热能，同时也在不断地吸收其它物体发出的热辐射，这种通过发射和吸收热辐射的过程，就称为辐射换热（radioactive heat transfer）。辐射是物质的内在属性，不会因为外界的变化而发生变化。当物体与周围环境达到热平衡时，辐射过程仍在进行，只不过物体发出的辐射能与接收的辐射能相等了，电磁波谱如图 2-2 所示。

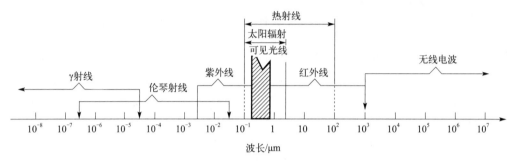

图 2-2　电磁波谱

虽然气体和液体也会产生辐射，但电子产品热设计中，气体和液体的热辐射对于当前的产品特点来看，没有显著影响。本书只讨论固体的热辐射。

辐射换热与热传导和对流换热的区别主要有三点：

● 辐射换热不需要中间介质：实际上，真空中两个表面间的辐射换热效率最高；

● 辐射换热不仅涉及能量的转移，还涉及能量形式的转化：发射时热能转换为辐射能，而吸收时辐射能转换为热能；

● 辐射换热的效率与两个面温度的四次方差成正比，而对流换热和热传导则都是一次方差，因此，物体表面温度越高，辐射换热所占据的比例就越大。

太阳与地球之间的换热，就是典型的辐射换热。类似对流换热，辐射换热的计算公式往往也非常繁杂。其换热强度不仅与温度和物体表面材质有关，还与物体间的几何相对位置有关。不同的物体，即使在相同的温度下，其辐射热能的能力也是不同的。黑体是一种概念性的物体，它表示自然界中同等温度下辐射能力最强物质。黑体单位时间内辐射出的热能用斯特藩 - 玻尔兹曼（Stefan-Boltzmann）定律来描述：

$$\Phi = \sigma A T^4 \tag{2-32}$$

式中，σ 为斯特藩 - 玻尔兹曼常量（Stefan-Boltzmannconstant），大小为 $5.67 \times 10^{-8} \text{W/(m}^2 \cdot \text{K}^4)$；$A$ 为辐射表面积，m^2；T 是辐射表面的温度，K。

对于实际的物体，其辐射能力总是弱于黑体，通常用如下公式表示其单位时间内辐射出的热能：

$$\Phi = \varepsilon \sigma A T^4 \tag{2-33}$$

式中，$0 < \varepsilon < 1$，称为物体的发射率。物体的发射率与众多因素有关，正确理解其影响因素，对于自然散热产品的热设计有关键影响。

物体总的辐射换热量，需要综合计算发出的辐射和吸收的辐射两个效果。对于两个无限接近的温度均匀的表面 1 和表面 2，表面 1 通过辐射换热所得的热量可以按照下式计算：

$$\Phi = \varepsilon_1 \sigma A_1 (T_2^4 - T_1^4) \tag{2-34}$$

通过公式可以看到，加强表面辐射的有效手段之一是增强表面发射率。

电子产品散热设计中经常用到的一些表面的表面发射率为如表 2-4 所示。

维恩位移定律（Wien displacement law）是热辐射的基本定律之一，它的内容是在一定温度下，绝对黑体的温度与辐射本领最大值相对应的波长 λ 的乘积为一常数，即 $\lambda(m)T = b$。式中，$b=0.002897m\cdot K$，称为维恩常量。电子产品热设计中常用到的温度范围为 $-40 \sim 150℃$（$233 \sim 423K$），对应的辐射波长为 $7 \sim 12\mu m$，恰好位于红外线波段。可见光波长为 $390 \sim 780nm$，对应热源温度是 $3714 \sim 7428K$，因此，对于室内自然散热的产品（不接收太阳光），颜色与辐射换热强度没有任何关系。说哪种颜色的外壳有利于散热，是一种误解。

表 2-4　室温下常见表面的可见光吸收率和红外线表面发射率

材料名称	表面	可见光吸收率	红外辐射率
铝	抛光	0.09	0.03
	阳极氧化	0.14	0.84
铜	抛光	0.18	0.03
	生锈	0.65	0.75
不锈钢	抛光	0.37	0.60
	钝化	0.50	0.21
电镀金属	黑色氧化镍	0.92	0.08
	黑铬	0.87	0.09
其他	水泥	0.60	0.88
	红砖	0.63	0.93
	沥青	0.90	0.90
	黑漆	0.97	0.97
	白漆	0.14	0.93
	雪	0.28	0.97

2.3.4　增强散热的几种方式

从上述三种基本的传热表达式可以看出，电子产品的散热设计可以通过以下几种方式增强换热。

① 增加有效换热面积：如对芯片、IGBT 安装合理的散热器；将芯片 Die 的热耗通过金线导至 PCB 板上，利用 PCB 板的表面进行散热。

② 增加强迫风冷的风速，增大物体表面的对流换热系数。

③ 减小接触热阻：在芯片和散热器之间涂抹导热硅脂或者填充导热垫片，可有效减小接触面的接触热阻，这种方法在电子产品中最常见。

④ 破坏固体表面的层流边界层，增加紊流度。由于固体壁面速度为 0，在壁面附近会形成流动的边界层，凹凸的不规则表面可以有效地破坏壁面附近的层流边界，增强对流换热。例如：两个散热面积相同的交错针状散热器和翅片散热器，针状散热器的换热量可增加 30% 左右，这主要是湍流的换热效果远高于层流，而针状散热器可增大紊流度；某螺旋形液冷板，在流道内增加小尺寸的圆柱形扰流器，可增大流体的紊流度，增强换热效果，如图 2-3 所示。

⑤ 减小热路的热阻：在空间狭小的密闭腔体内，器件主要是通过自然对流、导热和辐射进行散热。因为空气的导热系数比较小，狭小空间内的空气容易形成热阻塞，因此热阻较大。如果在器件和机箱外壳间填充绝缘的导热垫片，则热阻势必降低，有利于其散热。

⑥ 增加壳体内外表面、散热器表面等的发射率：高温元件可通过辐射换热将部分热量传递给壳体，壳体表面的吸收率越高，元件和壳体间的辐射换热量越大，比如对于一个密闭的、自然对流的电子机箱，当壳体内外表面氧化处理比不氧化处理时元件的温升平均下降约 10%。

另外，可对物体表面进行喷砂处理，以增大其辐射换热面积。图 2-4 中的粗糙度表示表面喷砂处理后的粗糙度。

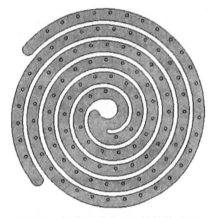

图 2-3　螺旋流道内置圆柱体扰流器

图 2-4　表面材料属性面板

2.4　电子热设计常用概念

在使用 ANSYS Icepak 过程中，经常会碰到传热学、流体力学等相关的变量、概念，本节主要是对软件涉及的相关概念进行解释。

● 面热流密度：单位面积的热流量（W/m^2）。

● 体积热流密度：单位体积的热流量（W/m^3）。

● 热沉：热量经传热路径到达的最终位置，通称为热沉。热沉可能是大地、大气、大体积的水或者宇宙，取决于电子设备所处的环境。

● 热阻：热量在传热路径上的阻力，$R=\Delta t/Q$，其中 Δt 为温差，Q 为热耗（℃/W），表示传递 1W 热量所引起的温升大小。

● 温升：指元器件温度与环境温度的差值。

● 热耗：器件正常运行时产生的热量，热耗小于器件输入的功耗。

● 导热系数：表示物体导热能力的物理参数，主要是指单位时间内，单位长度温度降低 1℃时，单位面积导热传递的热量。

● 稳态：也称为定常，即系统内任何一点的压力、速度、密度、温度等变量均不随时间进行变化，称为稳态；反之，如果这些变量随着时间进行变化，称之为瞬态，也称为非定常。

● 温度场：系统或模块内空间的温度分布，称为温度场。

● 接触热阻：在实际电子散热模拟中，由于两个固体壁面的接触只发生在某些点上，其余狭小空间均为空气，由于空气的导热系数较小，在此传热路径上会产生比较大的热阻。通常主要是在两个面上涂抹导热硅脂或者填充导热垫片来减小空气导致的接触热阻。

- 对流换热系数：表示单位时间内，单位面积温差为 1℃ 时流体固体间所传递的热量 [W/(m² · ℃)]。
- 角系数：F12 表示表面 1 到表面 2 的角系数，即表面 1 向空间发射的热辐射，落到表面 2 上的热耗占表面 1 整体热辐射的百分数。
- 黑体：落在物体表面上的所有辐射均能全部吸收，这类物体称为黑体。
- 发射率（黑度）：实际物体表面的辐射力和同温度下黑体的辐射力之比，在 0 ～ 1 之间。将实际物体的发射率和吸收率看成与波长无关的物体，称为灰体，在热射线范围内，绝大多数材料均可近似当作灰体处理，其发射率等于吸收率。
- 格拉晓夫数（Gr）：反映流体所受浮升力与黏滞力的相对大小。
- 普朗特数（Pr）：反映流体物理性质对换热影响的相似准则数。
- 努谢尔数（Nu）：反映流体在不同情况下的对流换热强弱，是说明对流换热强弱的准则数。自然对流和强迫对流的 Nu 准则方程不同。
- 结至空气热阻（R_{ja}）：元器件的热源结点（Junction）与环境空气的热阻。
- 结至壳热阻（R_{jc}）：元器件的热源结点至封装外壳的热阻。
- 结至板热阻（R_{jb}）：元器件的热源结点至 PCB 板的热阻。
- 风机的特性曲线：指风机在某一固定转速下，静压随风量变化的关系曲线。当风机出口被堵住时，风量为 0，风压最高；当风机不与任何系统连接时，静压为 0，风量最大。
- 系统阻力曲线：指流体流过系统风道时所产生的压降随空气流量变化的关系曲线，与流量的平方成正比。
- 风机的工作点：系统的阻力特性曲线与风机特性曲线的交点就是风机的工作点，表示此时风机给系统提供的流量和压力。
- 第一类热边界条件：固定边界上的温度值，即规定某边界温度保持恒定。
- 第二类热边界条件：规定了某边界上的热流密度值。
- 第三类热边界条件：规定某边界上物体与周围流体间的表面换热系数及周围流体的温度。
- 系统阻力损失：沿程阻力损失和局部阻力损失之和。
- 沿程阻力损失：气流相互运动所产生的阻力和气流与系统的摩擦引起的阻力损失。
- 局部阻力损失：气流方向发生变化或者管道截面积突变所引起的阻力损失。
- 不可压缩流体：当流体的密度为常数时，流体为不可压缩流体。在电子散热中，由于气流速度较低，因此均为不可压缩流体。

2.5 电子热设计要求

2.5.1 热设计基本要求

（1）热设计应满足设备可靠性的要求

高温对大多数电子元器件将产生严重的影响，它会导致电子元器件的失效，进而引起整个设备的失效。过应力（即电、热或机械应力）容易使元器件过早失效。电应力和热应力之间有着紧密的内在联系，减少电应力（降额）会使热应力相应地降低，可以提高其可靠性。例如硅 PNP

晶体管，其电应力比为 0.3 时，高温 130℃时的基本失效率为 13.9×10⁻⁶/h，而在 25℃时的基本失效率为 2.25×10⁻⁶/h；高低温失效率之比为 6∶1。冷却系统的设计必须在预期的热环境下，把电子元器件温度控制在规定的数值以下。

应根据所要求的设备可靠性和分配给每个元器件的失效率，可利用"元器件应力分析预计法"，确定元器件的最高允许工作温度和功耗。

（2）热设计应满足设备预期工作的热环境的要求

电子设备预期工作的热环境包括：

① 环境温度和压力（或高度）的极限值；

② 环境温度和压力（或高度）的变化率；

③ 太阳或周围其他物体的辐射热载荷；

④ 可利用的热沉状况（包括种类、温度、压力和湿度等）；

⑤ 冷却剂的种类、温度、压力和允许的压降（对于由其他系统或设备提供冷却剂进行冷却的设备而言）。

（3）热设计应满足对冷却系统的限制要求

① 对供冷却系统使用的电源的限制（交流或直流及功率）；

② 对强迫冷却设备的振动和噪声的限制；

③ 对强迫空气冷却设备的空气出口温度的限制；

④ 对冷却系统的结构限制（包括安装条件、密封、体积和重量等）。

2.5.2　热设计应考虑的问题

在进行电子设备热设计时，除应满足上小节热设计所列的基本要求外，还应考虑本小节所列的一些问题。

① 应对可供选择的冷却方法进行权衡分析，使设备的寿命周期费用降至最低，而可用性最高。

② 热设计必须与维修性设计相结合，提高设备的维修性。

a. 在设备维修或试验期间，应具有良好的冷却措施。

b. 对冷却系统进行维修时，应具有良好的安全性和可达性。

c. 空气或其他冷却剂的过滤器的安装位置应设置在便于维修与更换的地方。

d. 舰船用的淡水 - 空气换热器必须易于拆卸与清洗。

e. 液体冷却系统的管路连接，应采用快速自动密封接头装置，以免冷却剂溢出。

③ 热设计应保证电子设备在紧急或战斗情况下，具有最起码的冷却措施。关键的部件或设备，即使在冷却系统某些部分遭到破坏或不工作的情况下，应具有继续工作的能力。

还应考虑在战斗环境下，短时间内供给电子设备的冷却剂流量可能比规定值少得多的情况，以免设备出现过热，例如：舰船或地面电子设备，在某种战斗环境下要求中断空调和通风系统；机载电子设备在飞机高速俯冲时会减少从喷气发动机引出的冷却空气流量等情况。

④ 对于强迫空气冷却，冷却空气的入口应远离其他设备热空气的出口，以免过热。不能二次利用冷却空气进行冷却。装有大量空气冷却设备的空间还应有适当的通风或空调。

⑤ 对于舰船用电子设备，应避免在空气的露点温度以下工作，以免水汽冷凝造成电气短路、电化学腐蚀等。

对于机载电子设备，由于飞行高度、温度及湿度变化很大，采用直接强迫空气冷却的设备易被潮气所充塞，因此应把电子设备与冷却空气隔离开，或采用间接冷却。

⑥ 应考虑太阳辐射给电子设备、设备保护罩、运输车厢及飞机带来的严重热问题，应有相应的防护措施。

⑦ 应具有防止诸如燃料油微粒、灰尘、纤维微粒等沉积物和其他老化的措施，以免增大设备的有效热阻，降低冷却效果。

⑧ 应尽量防止由于工作周期、功率变化、热环境变化以及冷却剂温度变化引起的热瞬变，使元器件的温度波动减少到最低程度，以免影响设备的可靠性。

⑨ 在选择冷却剂时，冷却剂对操作人员的健康应无影响。用于直接液体冷却的冷却剂应与元器件及相接触的表面相容，不产生腐蚀和其他化学反应。

2.6　热设计方法

2.6.1　热设计目的

热设计的目的是控制电子设备内部所有电子元器件的温度，使其在设备所处的工作环境条件下不超过规定的最高允许温度。最高允许温度的计算应以元器件的应力分析为基础，并且与设备可靠性的要求以及分配给每一个元器件的失效率相一致。

2.6.2　热设计的基本问题

电子设备的有效输出功率比所需的输入功率小得多，而这部分多余的功率则转化为热而耗散掉。随着电子技术的发展，电子元器件和设备日趋小型化，使得设备的体积功率密度大大增加。因此，对电子设备必须配置冷却系统（包括自然冷却），在热源至热沉（外部环境）之间提供一条低热阻通路，保证热量顺利传递出去。

耗散的热量决定了温升，因此也决定了任一给定结构的工作温度。热流量是以导热、对流和辐射传递出去的，每种传热形式所传递热量与其热阻成反比。在稳态条件下，存在着热平衡，符合能量守恒定律。

热流量、热阻和温度是热设计中的重要参数。温度是衡量热设计有效性的重要参数。

所采用的冷却系统应该是最简单又最经济的，并适用于特定的电气和机械设备、环境条件，同时满足可靠性要求。热设计应与其他设计（电气设计、结构设计、可靠性设计等）同时进行，当出现矛盾时，应进行权衡分析，折中解决。但不得损害电气性能，并符合可靠性要求，使设备的寿命周期费用降至最低。

热设计中允许有较大的误差。在设计过程的早期阶段应对冷却系统进行数值分析和计算。

2.6.3　传热基本原则

凡有温差的地方就有热量的传递。热量传递的两个基本规律是：热量从高温区流向低温区；高温区发出的热量必定等于低温区吸收的热量。

热量的传递过程可区分为稳定过程和不稳定过程两大类：凡是物体中各点温度不随时间而变化的热传递过程称为稳定热传递过程；反之则称为不稳定过程。

热传导是介质内无宏观运动时的传热现象，其在固体、液体和气体中均可发生，但严格而言，只有在固体中才是纯粹的热传导，而流体即使处于静止状态，其中也会由于温度梯度所造成的密度差而产生自然对流，因此在流体中热对流与热传导同时发生。

热传导实质是由物质中大量的分子热运动互相撞击，而使能量从物体的高温部分传至低温部分，或由高温物体传给低温物体的过程。在固体中，热传导的微观过程是：在高温部分，晶体中结点上的微粒振动动能较大；在低温部分，微粒振动动能较小。因微粒的振动互相作用，所以在晶体内部热能由动能大的部分向动能小的部分传导。固体中热的传导，就是能量的迁移。

2.6.4 换热计算

自然对流换热的准则方程式为

$$Nu = CRa^n \tag{2-35}$$

式中　Nu——努谢尔特数；

　　　Ra——瑞利数；

　　　C——定性温度取壁面温度与流体温度的算术平均值。

2.6.5 热电模拟

这种方法有利于电气工程师用熟悉的电路网络表示方法来处理热设计的问题，也有利于用计算机进行热分析。

将热流量（功耗）模拟为电流。温差模拟为电压（或称电位差）。热阻模拟为电阻，热导模拟为电导。这种模拟方法适用于各种传热形式，尤其是导热，可以把热容模拟为电容。元器件和结构件的热容仅在分析瞬态传热过程时才有意义。

2.6.6 热设计步骤

① 熟悉和掌握与热设计有关的标准、规范及其他有关文件，确定设备（或元器件）的散热面积、散热器或冷却剂的最高和最低环境温度范围。

② 确定可以利用的冷却技术和限制条件。允许采用哪些冷却技术？可采用哪些冷却剂？它们的温度、压力、流量各为多少？

③ 对每个电子元器件进行应力分析，并根据设备可靠性及分配给每个元器件的失效率，确定每个元器件的最高允许温度。确定每个发热元器件的功耗。

④ 画出热电模拟回路图。确定散热器或冷却剂的最高环境温度。

⑤ 按元器件及设备组装形式，计算热流密度。

⑥ 由电子元器件的内热阻，确定元器件的最高表面温度。

⑦ 确定元器件表面至散热器或冷却剂所需的回路总热阻。

⑧ 根据热流密度及有关因素，对热阻进行分析与初步分配。

⑨ 对初步分配的各类热阻进行评估，以便确定这种分配是否合理，并确定可以采用的或允许采用的冷却技术是否能达到这些要求。

⑩ 选择适用于回路中每种热阻的冷却技术或传热方法。

⑪ 采用所选择的冷却方法的具体设计程序，对回路中每个热阻进行初步热设计。

⑫ 估算所选冷却方案的成本，研究其他冷却方案，进行对比，以便找到最佳方案。

⑬ 最后按本书后面的有关章节所规定的程序进行热设计。

⑭ 热设计的同时，还应考虑可靠性、安全性、维修性及电磁兼容性设计。

2.6.7　规定电子元器件和设备热特性的额定值

电子元器件是根据某确定的表面温度规定额定值的，并且给出这些表面对温度最敏感的内部环节的内热阻。

元器件的环境温度是指元器件工作时周围介质的温度。对安装密度高的元器件的环境温度只考虑其附近的对流换热量，而不包括辐射换热和导热。

电子设备是根据热环境温度规定额定值的，它只适用于对流换热的设备。这种额定值包括对流、辐射和导热的热流量。热环境按下列条件规定：

① 冷却剂的种类、温度、压力和速度；

② 设备的表面温度、形状和黑度；

③ 电子元器件或设备周围的传热路径。

2.6.8　计算机辅助热分析

对电子设备进行计算机辅助热分析的基础是计算传热学。其数值计算方法主要有有限差分法和有限元素法等。

有限差分法的数学基础是用差商代替微商。导热问题中有限差分法的物理基础是能量守恒定律。它可以从物体内取任一元体，通过建立该元体的能量平衡来得到有限差分方程。也可以直接从已有的导热方程和边界条件得到相应的差分方程。把本来求解物体温度随空间、时间连续分布的问题，转化为求时间域与空间域有限个离散点的温度值问题，用这些离散点上的温度值去逼近连续的温度分布。

电子设备热分析常用的是建立在有限差分法基础上的节点热阻网络法，具体步骤包括：将连续区域离散化；将每个区域离散的网格内的热量集中于此网络的中心（节点），无热量时可用零热量代表；用热阻连接各节点；根据热平衡原理建立各节点的热平衡方程；联立解方程组即可求出各节点的温度，如果整个区域的节点足够多，则离散点的温度分布就近似代替了区域内的连续温度分布。

有限元素法是根据变分原理求解问题的一种数值计算方法。其具体步骤包括：区域离散化、列出每个单元的泛函表达式、构成每个单元的插值函数、求解泛函极值条件的代数方程表达式、建立代数方程组并求解各点温度值。

计算机辅助热分析的工作内容包括编制程序（建立计算模型、编制和调整程序），热参数的计算与测量、验证等。程序应用范围应包括单个晶体管散热器、印制板组装件、密封型和非密封型各类电子设备或系统热性能分析设计的程序等。

2.7　冷却方法

冷却方法的选择应与电子线路的模拟试验研究同时进行，保证设备既能满足电气性能的要求，又能满足热可靠性的指标。选择冷却方法时，应考虑下列因素：设备的热流密度、体积功率密度、总功耗、表面积、体积、工作环境条件（温度、湿度、气压、尘埃等）、热沉及其他特殊条件等。

2.7.1　冷却方法的分类

① 按冷却剂与被冷却元器件（或设备）之间的配置关系，可分为：直接冷却；间接冷却。

② 按传热机理，可分为：自然冷却（包括导热、自然对流和辐射换热的单独作用或两种以上换热形式的组合）；强迫冷却（包括强迫风冷和强迫液体冷却等）；蒸发冷却；热电制冷；热管传热；其他冷却方法。

2.7.2 冷却方法的选择

冷却方法可以根据热流密度与温升要求，按图 2-5 所示关系进行选择，这种方法适用于温升要求不同的各类设备的冷却。

设备内部的散热方法应使发热元器件与被冷却表面或散热器之间有一条低热阻的传热路径。冷却方法应简单、冷却设备重量要轻、可靠性与维修性好、成本低。

利用金属导热是最基本的传热方法，其热路容易控制。而辐射换热则需要比较高的温差，且传热路径不易控制。对流换热需要较大的面积。在安装密度较高的设备内部难以满足要求。

大多数小型电子元器件最好采用自然冷却方法。自然对流冷却表面的最大热流密度为 0.039W/cm^2。有些高温元器件的热流密度可高达 0.078W/cm^3，如图 2-5 所示。

强迫空气冷却是一种较好的冷却方法。若电子元器件之间的空间有利于空气流动或可以安装散热器时，就可以采用强迫空气冷却，迫使冷却空气流过发热元器件。

直接液体冷却适用于体积功耗密度很高的元器件或设备。也适用于那些必须在高温环境条件下工作，且元器件与被冷却表面之间的温度梯度又很小的部件。

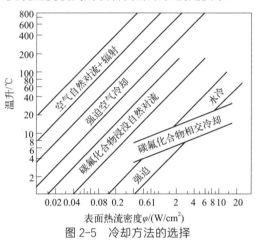

图 2-5 冷却方法的选择

直接液体冷却要求冷却剂与电子元器件相容，能够承受由于液体的高介电常数和功率因数引起寄生电容的增加和电气损失的电路。其典型热阻为每平方厘米 1.25℃/W，直接液体冷却可以分为直接浸没冷却和直接强迫冷却。直接强迫液体冷却的热阻为每平方厘米 0.03℃/W，这种冷却方法的效果较好，但增加了泵功率和热交换器等附件。如果采用喷雾浸没冷却，可以减轻浸没冷却设备的重量。

直接沸腾冷却适用于体积功率密度很高的设备和元器件，其热阻值为每平方厘米 0.006℃/W。热电制冷是一种产生负热阻的制冷技术。其优点是不需外界动力、可靠性高，其缺点是重量大、效率低。

热管是一种传热效率很高的传热器件，其传热性能比相同的金属的导热要高几十倍，且两端的温差很小。应用热管传热时，主要问题是如何减小热管两端接触界面上的热阻。

2.7.3 冷却方法选择示例

功耗为 300W 的电子组件，拟将其装在一个 248mm×381mm×432mm 的机柜里，放在正常室温的空气中，是否需要对此机柜进行特殊的冷却措施？是否可以把此机柜设计得再小一些？

体积功率密度：

$$\varphi_v = \frac{\Phi}{V} = \frac{300}{0.248 \times 0.381 \times 0.432} = 7350\text{W}/\text{m}^3$$

热流密度：

$$\varphi = \frac{300}{2 \times (0.248 \times 0.381 + 0.248 \times 0.432 + 0.381 \times 0.432)} = 410\text{W}/\text{m}^2$$

由于 φ_v 很小，而 φ 值与自然空气冷却的最大热流密度比较接近，所以不需要采取特殊冷却方法，而依靠空气自然对流冷却就足够了。

若采用强迫风冷，热流密度为 3000W/m^2，因此采用风冷时，可以把机柜表面积减小到 0.1m^2（自然冷却所需的面积为 0.75m^2）。

2.8　电子元器件的热特性

2.8.1　半导体器件的热特性

半导体器件对高温、低温或温度交变极为敏感。高温影响载流子的运动和器件的电参数，器件内部结构是由热胀系数不同的材料制成的，而且热容量较小。因此，温度变化会使器件的材料受到机械应力的作用，某些材料可能发生化学反应，其反应速度随温度升高而按指数方式增快，在低温或温度交变的情况下，会造成疲劳损坏、机械性断裂或永久变形，使工作特性发生变化。结温升高将使穿透电流和集电极电流增大，使器件的工作点不稳定。同时又导致结温升高和集电极电流增大的恶性循环，使器件失效。在某种较高的温升情况下，在器件的一个很小的区域内，电流密度和温度均有增高的趋势，从而产生热点，此热点的温度会比预期值高得多，将发生局部熔融合金和局部扩散，最后导致器件过早失效。器件所发生的二次击穿大多数均由热点扩展所致。器件的失效，可能造成电路功能的暂时性或永久性变化。由于固态器件的热时间常数很短，因而由于特性随温度变化而引起的周期性负载变化，会引起信号失真。

器件生产厂应提供的热特性参数包括：工作参数与温度的关系曲线、最高和最低的贮存温度、最高工作结温以及有关的热阻值。

进行电路设计时，应参照 GJB 299 中规定的失效率与温度的关系曲线降低工作结温，以便获得理想的可靠性。由于设备和系统的可靠性是元器件失效率的函数，因此只有经过细致的可靠性设计，才能控制结温不超过允许值。

2.8.2　电子管的热特性

电子管内的传热形式比较复杂。高温发射表面是保持电子发射所需的。灯丝温度可达1000℃以上，而阴极工作温度为750℃左右。为了把灯丝功率降至最低，管的结构应设计成使灯丝和阴极至外壳及外部引线的热阻尽可能大。但从管子内部构件引出的引线又必须很短，以便使它们对外电路的电感和电阻均很小。这些引线把阴极或灯丝的热量传递出去，从而产生了这两种不相容的要求之间的折中方案。

电子管阳极温度变化范围为 350～600℃。阳极耗散的热量大部分靠辐射通过真空透射出去。根据透射特性，波长从 2.5μm 开始，电子管的玻璃成为红外辐射的不透射体，其透射属于半吸收辐射方式。大多数电子管玻璃对来自 350℃ 左右热源的辐射，基本上是不透射的，在此温度下由阳极辐射出来的能量只有 3% 可以直接通过一般的玻璃外壳透射出去，其余 97%的热量为玻璃所吸收。来自阳极的一些热量（5%～10%）沿阳极引线经管脚传出。当阳极在 400～500℃ 范围内工作时，辐射能量有很大一部分可以直接穿过玻璃辐射出去。若阳极在750～850℃ 范围内工作，阳极的大部分辐射能量可以直接穿过玻璃。玻璃外壳（简称"玻壳"）

透射的总辐射量受下列因素的影响：阳极的发射率；阳极的温度和玻璃的温度；对玻璃辐射的入射角；玻璃的透射特性（它随玻璃的种类和成分而变化）；玻璃的厚度；玻璃周围物体或介质的温度及黑度。

从电子管内部排放的热量集中在阳极附近的玻壳上，在某种程度上还会使热量集中在管座上。如果电子管垂直安装在自由空气中工作，由于引线导热，在管座上将出现一个热点，同时由于真空辐射，在玻壳高度的 2/3 处与阳极相对应的位置上也会出现一个热点。由于玻璃是一种不良导热体，因此，在玻壳上靠近阳极结构的上部和下部边缘会产生温度梯度（温差），过大的温差将引起热应力而导致玻壳破裂。所以电子管的上限温度受到玻壳物理特性的限制。

玻璃是离子导电性物质，其中钠离子起着主要作用。玻璃的电导率随温度和玻璃中钠含量的增加而迅速提高。玻璃的体电阻率对温度很敏感。在 50 ～ 250℃ 之间，变化可达 50 倍。在高温下玻璃内会迅速发生导电与电解作用。

电子管玻璃的失效与长期受高电压应力和热不稳定状态的高温有关。在电应力作用下发生的介质损耗使介质温度升高，它又能使损耗加大，而使温度进一步升高。击穿电压随温度升高而降低。

当电子管内有热耗时，因温升使外壳吸收的热量将限制其工作电平。由于阳极工作范围处于真空管玻璃红外吸收或透射的范围内，这时可能外壳处于正常温度而内部元件是过热的，或者内部元件处于正常温度而玻壳温度高于正常温度。阳极温度是电子管实际热状态的最好标志。在恒定功耗下，阳极和外壳温度将同时升高或降低，但程度不同，它取决于受辐射阳极照射面积的温度、黑度等因素。

2.8.3 磁芯元件的热特性

磁芯元件热性能失效的主要形式是绝缘材料和导体的失效。绝缘材料不是温度到某个临界值时立即击穿失效的，而是随时间的推移逐渐失效。就 A 类绝缘材料而言，在实际工作温度范围内，温度每增加 10 ～ 12℃，绝缘材料的寿命将减小一半，对油浸渍式绝缘材料，温度每增加 7 ～ 10℃，寿命也减半。

电感器的热量是由磁芯和导体产生的。导热是铁芯电感器的主要传热方式。由于需要逐匝和逐层进行电绝缘，故内部热点和表面之间的热阻较大，使绕组具有较高的温度。

任何一类绝缘材料在极限温度下工作的寿命受下列因素的影响：材料的成分与质量；材料制作工艺；绝缘材料所受的机械应力。

2.8.4 电阻器的热特性

电阻器通常按自然冷却方式设计，导线的长度及连接点的温度对电阻器的工作温度影响很大。

GJB 299 规定了所有通用电阻器的热性能额定值，并提供了应力分析数据。温度对电阻器的影响，主要表现为阻值和失效率随温度的变化而变化。

2.8.5 电容器的热特性

电容器一般不作热源处理，但漏电很高的电解电容器以及在发射机射频电路中损耗系数很高的电容器应作为一个热源考虑。通常电容器的表面温度就是周围的环境温度。电容器的漏泄电阻随温度的升高而降低，其最高温度决定于许用的电路损耗及其安全温度。

GJB 299 规定了电容器的热性能数据。以下为高温电介质的数据。

- 玻璃介质电容器的最高工作温度规定为 200℃；
- 塑料外壳云母介质电容器的最高温度为 120℃；
- 釉瓷电容器的工作温度为 120℃；
- 钛酸钡介质电容器的温度上限约为 85℃；
- 普通的高质量电解电容器的最高环境温度为 85℃，钽电解电容器的最高环境温度按不同型号分别规定为 125℃、150℃、175℃ 和 200℃；
- 可变电容器（除钛酸钡以外）所使用的介质材料都能在 200℃ 工作。

2.8.6　铁氧体器件的热特性

相控阵天线系统中用的微波铁氧体有特殊的传热问题。这种器件一般以板状形式装接于波导管或功率输出器上，板吸收微波能量并转换为热量。

铁氧体的导热系数与烧结压力及所用的特定材料有关。材料的导热系数各不相同。铁氧体的热量可以用下列方法确定：

- 在低微波功率电平下测量损耗（温度是均匀的）；
- 按所需的功率电平推算。

2.8.7　铁氧体存储磁芯的热特性

每个铁氧体存储磁芯的功耗为 75 ～ 200mW，一块磁芯板上的磁芯数量较多，故其功耗相当可观。由于穿过磁芯的引线很细，且通过引线的电流较大，因而它们耗散的热量较多。磁芯的热设计问题之一是确定磁芯是否会使引线发热或引线是否会使磁芯发热。由于磁芯是烧结的，其导热系数随尺寸而变化。

磁芯的最高和最低工作温度是根据电学和磁学的要求确定的。铜引线和铁氧体磁芯可以在高温下工作而不影响其寿命，但计算机内的电气误差却集中在磁芯存储器上，故需要调节磁芯开关不良的磁芯温度。无论是有源的还是无源的磁芯，只能在 24 ～ 32℃ 之间工作。

图 2-6 是一个磁芯的热模拟图。图中 R_w 为引线 - 空气（无磁芯）热阻，R_c 是磁芯 - 引线热阻，t_c 为磁芯温升，t_w 为引线温升，Φ_c 为磁芯耗散热量，Φ_w 为引线耗散热量。引线向空气排出的总热量为 116mW，磁芯排到空气的总热量为 120mW。

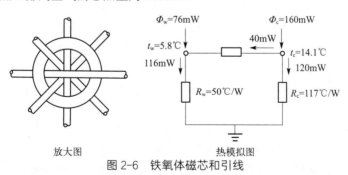

放大图　　　　　　　热模拟图

图 2-6　铁氧体磁芯和引线

2.9　电子设备自然冷却设计

电子设备自然冷却是不使用外部动力（如风机、泵和压缩空气等）情况下的传热方法。它包括导热、辐射换热和自然对流换热等。

2.9.1 电子元器件的自然冷却设计

（1）半导体器件

半导体器件的面积较小，自然对流及其本身的辐射换热不起主要作用，而导热是这类器件最有效的一种传热方法。

① 功率晶体管　功率晶体管一般均有较大的且平整的安装表面，并具有螺钉或导热螺栓将其安装到散热器上。其内热阻为 0.2 ～ 2.5℃ /W。管壳与集电极有电连接时，安装设计必须保证电绝缘。对某一特定的晶体管而言，内热阻是固定的。为减小管壳与散热器之间的界面热阻，应选用导热性能好的绝缘衬垫（如导热硅橡胶片、聚四氟乙烯、氧化铍陶瓷片、云母片等）和导热绝缘胶，并且应增大接触压力。散热器热阻主要取决于散热器型式及安装位置。

对宇航电子设备或接插件较多的电子设备（例如计算机），使用导热胶（膏）降低接触热阻时，应采用挥发性小的导热胶（膏）。

② 半导体集成电路　半导体集成电路的特点是引线多，可供自然对流换热的表面积比较大，配用适当的集成电路用散热器，可以得到较好的冷却效果。

③ 整流管和半导体二极管　整流管和二极管的热设计与晶体管的热设计相类似。可以将二极管直接装在具有电绝缘的散热器上，使界面热阻降低。当散热器与二极管的电位相同时，必须防止维修人员受电击危险的可能性。

④ 半导体微波器件　微波二极管、变容二极管等半导体器件，一般均封装在低内热阻的腔体或外壳中。这些器件的工作可靠性取决于对本身的热阻的控制。而它们对温度比较敏感，应采用适当的导热措施，降低其外壳的表面温度。

⑤ 塑料封装器件　电子元器件用塑料封装来加强机械强度并进行电绝缘，灌封和包装材料的导热系数不高。其范围为 0.138 ～ 0.394W/（m•℃）。

塑料封装器件主要靠塑料及连接导线的导热进行散热。有时也在这种部件内加金属导热体，此时，主要靠金属导热进行散热。这类部件的热设计以金属导热为依据，适用于体积功率密度为 0.015W/cm^3 以上的热设计。

由于塑料的热阻较大，故功率元器件不得采用塑料封装的方法。而对一些不发热或体积功率密度很小的发热元器件可以用塑料封装。当体积功率密度为 0.031W/cm^3 时，容易出现很大的温度梯度，从而导致塑料机械破裂及电子元器件失效。当体积功率密度低于 0.015W/cm^3 时，若环境温度较低，塑料灌封可以提供良好的冷却。

某些要承受强烈振动与冲击的电子元器件或部件是用合成树脂灌封的，可在树脂中添加铝颗粒以形成良好的导热性能。

⑥ 散热器的选择　散热器的品种很多，如平板式、柱式、扇顶式、辐射肋片式、型材散热器和叉指型散热器等。

扇顶型散热器如图 2-7 所示。它是用弹性较好的镀青铜、磷青铜做成的，可保证管壳与散热有良好的热接触。扇顶部分面积较大，散热效果较好，适用于小功率晶体管的散热，其耗散功率范围为 0.5 ～ 2W。

图 2-7　扇顶型散热器

型材散热器通常用铝挤压成型，如图 2-8 所示，这种散热器可以根据需要截取长度，其热阻并不直接随长度的增加而减少。这种散热器在机壳的背后既作散热器，又起着骨架作用。

叉指型散热器是一种体积小、重量轻、散热效果好的散热器。由于指状散热片是交叉排列的，故其对流和辐射散热效果均比较理想（如图 2-9）。

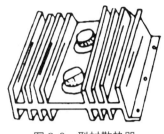

图 2-8　型材散热器

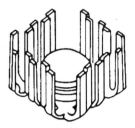

图 2-9　叉指型散热器

（2）电子管

电子管的工作温度比其它电子元器件高得多，由电子管发射出来的热量将损害邻近的电子元器件。对同时装有电子管和晶体管的设备，要特别注意热设计。

① 无屏蔽罩的电子管　这种裸体电子管的主要传热方式是辐射与对流，只有 5% 以下的热量靠导热排出。若电子管周围的表面温度较低，且与其相距 25mm 以上，自然对流将增强，但由对流传递的热量仍少于辐射传递的热量。若与周围表面的距离很近（例如 13mm 以下），或者电子管装在一个封闭的容器内时，则自然对流不起作用，要靠气体导热，但仍比辐射传递的热量少。

为了提高对流冷却效果，应在电子管周围装导流装置，降低其环境温度。这种无屏蔽罩的电子管不可成群排列，最多也只能单行安装，且管间距至少大于电子管直径的 1.5 倍。若电子管必须成群安装，则每个电子管均应装有与底座有热连接的导流套。

② 电子管屏蔽罩　屏蔽罩应具有良好的电屏蔽和冷却作用，并能牢固地支撑在其插座内的电子管。

屏蔽罩应能吸收管壳及阳极的辐射热，并且依靠导热将管壳所发射的热量传走。屏蔽罩与管壳配合越紧越好，以使空气间隙减至最小。为了使屏蔽罩与管壳紧密接触，可将屏蔽罩开槽或分割开，或加入瓦楞式弹性物等。此外，还应提高屏蔽罩内表面的吸收率，以便增强管壳的辐射。内表面一般采用无光泽的、氧化的和涂黑的表面。

屏蔽罩及其底部与底座或安装面之间的接触热阻应减至最小。安装表面或底座应该是金属的，并具有连接至散热器的低热阻通路。

③ 玻壳电子管　中小功率玻壳电子管一般不带屏蔽罩。这类电子管可按阳极温度分为高和低两种。高温阳极能将自身的热量通过中波红外辐射穿透玻壳直接辐射出去，此时，热设计应采用辐射屏蔽罩或"热屏蔽板"等结构，防止热量对邻近的其他元器件的影响，应保证屏蔽罩或"热屏蔽板"与底座的接触热阻最小。

采用低温阳极电子管的设备的热设计方法与高温阳极电子管的方法相似，但要降低辐射换热，增强对流冷却。

（3）电阻器

电阻器的热特性指标是其表面温度、电压以及阻值随温度的变化量。

自然冷却的电阻器的热量，大约有 40% 靠自然对流、10% 靠辐射、50% 靠引线导热。当环境温度为 40℃ 时，碳膜电阻器自然冷却的典型热阻值：功耗为 0.5W 时，热阻为 200℃/W；功耗为 1W 时，热阻为 100℃/W；功耗为 2W 时，热阻为 58℃/W。经引线至环境的总热阻约为 200℃/W，因此，有相当一部分热量是通过该热路散掉的。

电阻器的主要冷却方法是靠电阻器本身与金属底座或散热器之间的金属导热。用金属导热夹是一种很好的安装方法，但应保证紧密接触。

（4）变压器和电感器

变压器的热量是由于铁芯的磁滞及涡流损耗和绕组的铜耗所造成的。而电感器的铁芯损耗比较小。

电感器的热极限取决于绝缘材料的温度极限和铁芯材料的居里温度。绝缘材料在高温下渐渐变质，经长期使用和热循环之后，绝缘性能降低、材料变脆，可使变压器因短路而损坏。

（5）无源元件

无源元件包括电容器、开关、连接器、熔断器和结构元件等。它们本身不产生热，但受高温影响将变质而失效。它们可以由三种传热方式（导热、对流和辐射）从附近的有源器件接受热量。设计中应保证它们的失效率低于可靠性设计所要求的值。

电容器对温度特别敏感，Q 值会随温度升高而降低。熔断器的断路电流会随温度升高而降低。所以应使所有无源电路元件与热源之间有热隔离，以免过热，并且使它们不致构成不需要的热流通路。

2.9.2 电子设备的自然冷却设计

自然冷却适用于小型、安装密度较高的电子设备内部的冷却。其优点是结构紧凑、简单，不需外界动力和可靠性高。自然冷却的主要传热方式应采用金属导热。尽量不采用辐射作为主要的传热方式，因为大量的辐射传热需要很大的温差，且由于辐射能量的散射，控制热流通路比较困难。也不要将对流冷却用作主要传热方式，因为保持合理的温升需要较大的面积，而大的面积对军用设备来说是少有的。而且对流容易将热量传入其他区域，影响这些区域的冷却。

（1）热安装技术

采用自然冷却时，设备中的电子元器件的热安装及布置具有重要意义。

电阻器在分组安装时，必须降低功率使用。此规则对大功率电阻器更为适用。图 2-10 给了单个电阻功率额定值的百分数对应于每组安装的电阻器数量的关系曲线。对五种不同间距分别绘制了曲线。并且在任何三个或多于三个电阻器的组合中，电阻器间的距离是相同的。图 2-10 中数据只适用于垂直安装并靠对流和辐射冷却的大功率电阻器。应采用带有合适夹子和安装耳柄的大功率电阻器，以便将热量传导到它们的安装支架进行冷却。

大型线绕电阻器可散发出大量的热。它的安装不仅要注意采取适当的冷却措施，而且还应考虑减少对附近元器件的辐射热。大功率电阻器的工作温度一般都很高，若没有良好的导热通路，它的热量几乎大部分靠辐射传递出去。若有多个电阻器，最好将它们垂直安装。长度超过100mm 的单个电阻器应该水平安装，其平均温度稍高于垂直安装的平均温度，但水平安装时，其热点温度要比垂直安装时低得多，而且温度分布也比较均匀。如果元件与功率电阻器之间的距离小于 50mm，则需要在大功率电阻器与热敏元器件之间加热屏蔽板（抛光的金属屏蔽板）。

当碳膜电阻器以及与其外形相似的电阻器安装位置距低温金属表面 3mm 时，将出现气体导热，它们的表面温升将低于在自由空气中相应的温升。反之，若这种电阻器的安装位置与低温金属板表面相距在 3 ～ 6mm 之间，对流空气受到阻碍，其温升将高于自由空气中的相应值。若电阻器紧密安装，而间距小于或等于 6mm 时，就会出现相互加热的现象。这种电阻器的安装方式（水平或垂直安装）影响不明显。

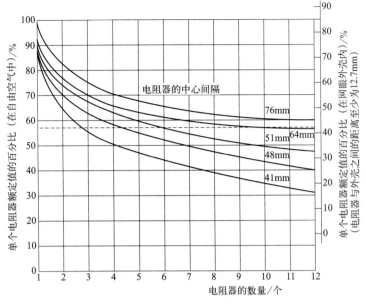

图 2-10　成组安装的大功率电阻器

（2）热屏蔽和热隔离

为了减少元件之间热的相互作用，应采取热屏蔽和热隔离的措施，保护对温度敏感的元器件。具体措施包括：

a. 尽可能将流通路直接连接到热沉；

b. 减少高温与低温元器件之间的辐射耦合，加热屏蔽板形成热区与冷区；

c. 尽量降低空气或其他冷却剂的温度梯度；

d. 将高温元器件装在内表面具有高的黑度、外表面低黑度的外壳中，这些外壳与散热器有良好的导热连接。元器件引线是重要的导热通路，引线尽可能粗大。

（3）印制板组装件的自然冷却设计

印制板印制导体尺寸的确定。根据流入印制板电流的大小以及允许温升范围，可以根据图 2-11 所示确定印制导体的尺寸。图 2-11 是多层板内导体的导体宽度（或面积），温升与电流之间的关系曲线。对外层导体，相同的导体宽度，其工作电流可大 2 倍左右。

自然冷却用印制板的确定，适用于电子设备的印制电路板的品种较多，为提高其传热（导热）性能，目前常用的有以下几种散热印制电路板：

① 在印制电路板上敷有导热金属板的导热板式散热印制板；

② 在印制电路板上敷有金属导热条的导热条式散热印制板；

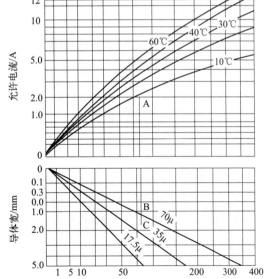

图 2-11　印制导体温升、电流与印制导体尺寸的关系（μ 为铜厚）

③ 在印制电路板中间夹有导热金属芯的金属夹芯式散热印制板。

印制电路板上电子元器件的热安装技术，安装在印制电路板上的电子元器件的冷却，主要依靠导热提供一条从元器件到印制板及机箱侧壁的低热阻路径。元器件与散热印制板的安装形式如图 2-12 所示。电子元器件的热安装技术除前面规定外，还应考虑下列几项：

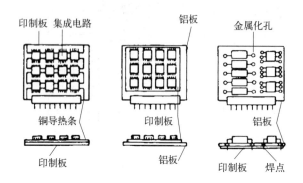

图 2-12　印制板上电子元器件传导冷却方法

① 为降低从元器件壳体至印制板的热阻，可用导热绝缘胶直接将元器件粘到印制板或导热条（板）上。若不用粘接时，应尽量减小元器件与印制板或导热条（板）间的间隙。

② 大功率元器件安装时，若要用绝缘片，应采用具有足够抗压能力和高绝缘强度及导热性能的绝缘片，如导热硅橡胶片。为了减小界面热阻，还应在界面涂一层薄的导热膏。

③ 同一块印制板上的电子元器件，应按其发热量大小及耐热程度分区排列，耐热性差的电子元器件放在冷却气流的最上游（入口处），耐热性能好的元器件放在最下游（出口处）。

④ 有大、小规模集成电路混合安装的情况下，应尽量把大规模集成电路放在冷却气流的上游处，小规模集成电路放在下游，以使印制板上元器件的温升趋于均匀。

⑤ 因电子设备工作温度范围较宽，元器件引线和印制板的热胀系数不一致，在温度循环变化及高温条件下，应注意采取消除热应力的一些结构措施，如图 2-13 所示。

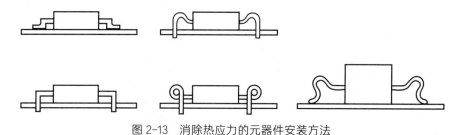

图 2-13　消除热应力的元器件安装方法

（4）环境影响问题

电子设备内的换热受环境条件的影响较大。材料的导热系数等热性能取决于环境温度，野外工作的电子设备将受到太阳的辐射作用，这种作用增加了冷却系统的负载。自然对流的换热量随空气密度的降低而降低，随温升的升高而增加，随重力加速度的降低而降低，在零重力场中，自然对流就不起作用。

太阳辐射或高温设备（如核反应堆）的热辐射是一个极其严重的环境因素。电子设备在这种环境中工作时，必须采用辐射屏蔽的方法，此时屏蔽体必须与热沉有良好的热连接。

（5）传导冷却

热源与散热器连接器或典型传导冷却装置的传热表面之间存在热阻。若仅考虑各主要热源，而将次要热源合并，就可以绘出供热分析用的热路图。每个热源的功耗，所需工作温度及散热器连接器的温度均已知，按导热热阻计算方法可以确定代表电子管、半导体器件、电子管屏蔽罩，安装架、电阻器和变压器的热阻以及金属构件的热阻。

元器件的表面温度和内部温度由可靠性设计确定。当每个热源的功耗、元器件工作温度及散热器温度已知的情况下，热阻网络中的其他热阻均可计算出来。导热路径中元器件间交界面处的接触热阻是一个比较大的热阻，应采用导热夹层材料、平滑表面和较大的接触压力等措施来减小。接触热阻与下列因素有关：实际接触面积，表面间缝隙中是否存在固体、液体或真空，以及在接触表面是否存在氧化层，等等。实际接触面积与接触材料的物理特性和接触压力有密切关系。材料软、接触压力大，可以增大实际接触面积。

2.10　电子设备强迫空气冷却设计

当电子设备的热流密度超过 0.08W/cm^2，体积功率密度超过 0.18W/cm^3 时，单靠自然冷却不能完全解决它的冷却问题，需要外加动力进行强迫空气冷却或强迫液体冷却及其他冷却方法。强迫空气冷却是利用通风机（轴流式或离心式）或冲压空气使冷却空气流经电子设备（或电子元器件）将热量从热源传至热沉。显然，设备中每一个地方的空气温度必须低于它所流经的热表面的温度，但高于热沉的温度。

2.10.1　强迫空气冷却的热计算

强迫空气的换热主要靠强迫对流作用。然而，热设计时应考虑导热和辐射换热的作用，在重量和成本许可的条件下，应该最大限度地利用导热，而辐射则要视具体情况而定。

判断流体流动状态的准则是雷诺数（Re）。当 $Re \leqslant 2200$ 时，流动属层流，$Re > 10^4$ 时，流动属紊流，$2200 < Re \leqslant 10^4$ 时，流动属层流向紊流过渡的过渡状态。

由于流体是平行流动的，故流体温度随离开换热表面的距离而变化。分析表明，流体流动的速度梯度与温度梯度相似。图 2-14 表示温度分布的规律。

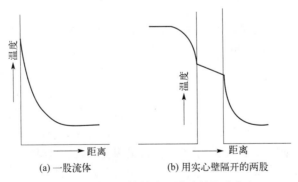

(a) 一股流体　　　　(b) 用实心壁隔开的两股

图 2-14　流体沿换热表面流动的温度分布

2.10.2　通风机

通风机可分为轴流式和离心式两类，如图 2-15 所示。

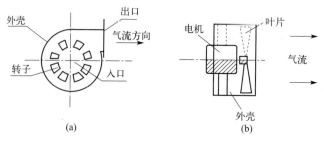

图 2-15　通风机类型

通风机的选择取决于下列因素：空气流量、压力大小、效率、流速、空气管道系统、噪声及通风机特性等。

由于通风机的驱动装置是电机，而电机本身就有功耗，也需要冷却，虽然它的温升不会太高，但在设计时应考虑这一点。

（1）离心式通风机

离心式通风机有三个主要部件：带有空气入口和出口的蜗壳、转子（叶轮）和驱动电机。空气从垂直于蜗壳侧面（与叶轮轴线平行）的单向或双向进口进入蜗壳，经叶轮的作用在垂直于叶轮轴线方向排出。离心式通风机的特点是风压较高。一般用于阻力较大的发热元器件或机柜的冷却。

离心式通风机按叶轮的叶片开形状，可分为前弯式、径向式和后弯式三种，如图 2-16所示。

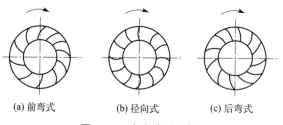

图 2-16　离心式通风机

前弯式叶片是离开径向叶轮旋转方向弯曲，后弯式叶片的弯曲与旋转方向相反。在叶轮速度和直径给定的条件下，前弯式叶片产生压力的能力最大，而后弯式叶片产生压力的能力最小。因此，当通风机尺寸受限制时，应该采用前弯式叶片的通风机。但是前弯式叶片通风机的工作稳定性比较差，用在飞机上，控制的灵活性就比较小。径向式叶片通风机介于这两种通风机之间，其机械强度比前两种风机都好。径向式和前弯式最适用于电子设备的冷却。在给定的转速和尺寸的条件下，前弯式通风机最好，因为它的风压最大，但是使用时应防止电机的过载。在设备比较小而要求的风压又比较大的情况下，应该采用径向式通风机。

（2）轴流式通风机

轴流式通风机的空气进出口与叶轮轴线平行，其特点是风量大、风压小。根据其结构型式可以分为螺旋桨式、圆筒式和导叶式三种。其中螺旋桨式通风机压力最小，一般用于空气循环装置。圆筒式和导叶式通风机用于中、低系统阻力并且要求提供较大空气流量的电子设备的冷却。轴流式通风机可以装在风道中，而不改变气流的方向。

当电机用 400Hz 电源时，由于电机转速高，轴流式通风机的性能有较大的提高，但是这种小型高速通风机产生的噪声大。

（3）通风机特性曲线

通风机特性曲线是指通风机在某一固定转速下工作时，静压、效率和功率随风量而变化的关系曲线。图 2-17 是前弯式离心式通风机的特性曲线。当通风机出口封闭时，没有气流（风量为零），静压最大。当通风机不与任何风道连接时（即自由送风），其静压为零，而风量达最大值。在这两个极点之间有一点的效率最高。通风机应在效率最高这一点附近工作时，功率消耗最小。这就需要选择最佳通风机，以便满足空气流量和静压的要求。由于空气密度随海拔高度的增加而减少，所以在飞机上采用通风机时，其性能会随高度而变化。可以采用具有不随高度变化的恒定质量流量特性的特殊通风机，一般以控制通风机的转速来达到质量流量不变的目的。

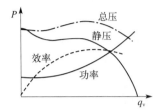

图 2-17　前弯式离心式通风机特性曲线

（4）通风机的选择

选择通风机时应考虑的因素包括：风量、风压（静压）、效率、空气流速、系统（或风道）阻力特性、应用环境条件、噪声以及体积、重量等。其中风量和风压是主要参数。根据电子设备风冷系统所需之风量和风压及空间大小确定风机的类型。当要求风量大、风压低的设备，尽量采用轴流式通风机，反之则选用离心式通风机。通风机的类型确定以后，再根据工作点来选择具体的型号和尺寸。

对于机载设备，由于高空的空气密度降低，风量应采用质量流量，保证质量流量满足冷却要求。通风机工作时的噪声应控制在一定范围以内，以免影响操作人员的正常工作。

2.10.3　强迫空气冷却系统的设计

电子设备强迫空气冷却系统的设计主要是使热源的工作温度控制在规定的范围内，以及尽可能地减少冷却系统输送空气所需的冷却功率。同时也应尽量减少冷却系统的体积、重量、成本及降低噪声等。

强迫空气冷却系统设计的步骤包括：

① 确定冷却空气入口和出口的温度和压力；

② 根据可靠性要求确定每个电子元器件的最高允许温度（或温升）；

③ 根据电性能和空间位置以及冷却功率的要求确定电子元器件的排列和布置方式；

④ 确定雷诺数；

⑤ 根据系统的结构尺寸和规定的雷诺数，计算空气流过每个电子元器件或元器件组的质量流量（或体积流量）；

⑥ 计算系统的总压力损失及需要的冷却功率。

（1）半导体器件

① 小功率晶体管可以采用直接强迫空气冷却，一般不需要附加散热器或扩展表面，但应有足够大的外表面积，以获得所需之热阻值，该热阻一般都很小。

② 大功率晶体管的外表面积不够大，不能满足直接强迫空气冷却，必须采用扩展表面的散热器，以便保证表面积满足冷却的要求。半导体器件内部发出的热量应主要依靠导热将热量传给散热器。因此，必须采用传导冷却技术。

大功率鳌流二极管和可控硅整流器大多数带有强迫空气冷却用的肋片散热器，设计的空气流量必须流经该散热片。

③ 对柱形小功率金属外壳集成电路的强迫空气冷却与小功率晶体管的设计技术相同。大功率集成电路，特别是双列直插式集成电路，一般均需要专用的散热器，可以把散热器安装在印制电路板上，与集成电路构成一个整体进行强迫空气冷却。

④ 大规模集成电路的功率密度比较大，可以采用直接强迫空气冷却。应使其一个平面（最好是两个平面）暴露在流速较高的风道中进行冷却。

⑤ 微波半导体器件应满足生产厂规定的空气流量的要求。

⑥ 半导体混合电子器件的功耗较高，要求在外壳与印制电路之间以及通向印制电路板导轨的导热通路之间涂有导热黏结剂，减小其传导热阻，保证混合器件内部芯片温度在可靠性要求的规定值范围内。

（2）电子管

① 对普通电子管（玻壳发射管等）可以采用强迫空气冷却。一般应采用顺流冷却方式，即气流沿玻壳轴线方向流动。若在玻壳外围加一屏蔽罩（或导流罩），其冷却效果将得到进一步的改善。

② 大功率高频发射管通常装有供强迫风冷用的带散热片的外阳极冷却器，其热性能比较理想。这种结构形式消除了管子内部的热阻，外阳极的温度比普通电子管的阳极温度低得多，因此内部控制栅极可以在比较高的热流密度下正常工作。

外阳极电子管对其外表面的温度梯度比较敏感，如果不采用均匀冷却技术，将在玻璃或陶瓷封接处产生严重的热应力等。阳极温度受到陶瓷封口温度或散热片焊接到阳极上所用焊料熔点温度的限制。风冷设计时，应根据温度、可靠性要求，确定其质量流量。

气流与电子管的相互位置关系可以根据不同情况采用顺流或横向流动。采用顺流时，应使气流首先冷却管座和封接处，然后再流过阳极。在可能的情况下，应在板极一帘栅极封接处采用导流套，以便在封接表面上的紊流程度达到最强，可以降低封口处的温度。

（3）电阻器

有的电阻器单靠自然对流冷却是不够的，强迫风冷可以提高正常工作条件下的合成碳膜电阻器及类似的电阻器的工作可靠性。

当电阻器成组安装时，它们之间的间隙应尽可能地大。当电阻器装在一块垂直板或底座上时，电阻器的轴线必须垂直。当电阻器轴线呈水平方向时，电阻器必须叉排，以便提高其紊流程度和冷却效果。

（4）变压器和电感器

电子设备用的变压器和电感器的内热阻很大，而相对于功耗而言，外表面面积比较小，采用强迫风冷时，变压器与肋片或板式散热器之间应具有低热阻的传热路径。

（5）紊流器

强迫空气冷却时，就局部冷却而言，紊流比层流的冷却效果好。强迫空气冷却的设备应保证紊流出现在靠近发热元器件的表面，其措施是使热源相互靠近，或者靠近管道壁使距离间隙缩小，或者加装紊流器以便增加其紊流程度。图2-18（a）是在垂直于气流方向上装一个紊流器，图2-18（b）是在热源前放一横排小棒的紊流器，以便破坏层流层提高对流换热系数。气流通道上加紊流器的一个缺点是增加了通风机的功率。

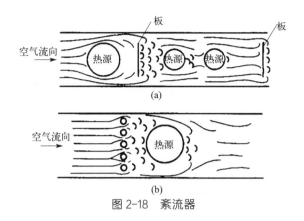

图 2-18 紊流器

2.10.4 通风管道的设计

（1）通风管道设计的基本原则

① 尽量采用直管道输送空气；

② 避免采用急剧拐弯和弯曲的管道，可采用气体分离器和导流器，以减小阻力损失；

③ 避免骤然扩展或骤然收缩，扩展的张角不得超过 20°，收缩的锥角不得大于 60°；

④ 为了取得最大的空气输送能力，应尽量使矩形管道接近于正方形，矩形管道长边与短边之比不得大于 6∶1；

⑤ 尽量使管道密封，所有搭接都应顺着流动方向；

⑥ 应采用光滑材料制作管道，以减少摩擦损失；

⑦ 应在各管道支路中装配阻尼器。

（2）通风管道设计程序

① 设计气体合理分布的最方便、最直接的系统；

② 设计回路系统；

③ 根据功耗及预计温升确定冷却空气的温度和每个被冷却对象所需的流量；

④ 确定管道尺寸；

⑤ 计算从通风机至每个支路末端排气口的摩擦损失；

⑥ 确定风道的局部阻力损失；

⑦ 计算总的阻力损失，以便确定适当的通风机压力。

2.10.5 强迫空气冷却的机箱和机柜的设计

强迫空气冷却的非密封式或敞开式机箱设计时应满足下列要求：

① 进气孔应设置在机箱下侧或底部，但不要过低，以免污物和水进入安装在地面的机柜内，紧靠的系列机柜的进气孔应开在机柜的前下侧；

② 排气孔应设置在靠近机箱的顶部，但不要开在顶面，以免外部物质或水滴落入机箱，机箱上端边缘应是首先选择的位置，应采用面向上的放热排气孔或换向器，使空气导向上方；

③ 空气应自机箱下方向上循环，应采用专用的进气孔或排气孔，至少应将空气导向通风机或鼓风机的入口处；

④ 应使冷却空气从热源中间流过，防止气流短路；

⑤ 应在进气孔设置过滤网，以防杂物进入机箱；

⑥ 抽风比鼓风好。

密封式机箱的强迫风冷系统，一般在内部应设有空气循环系统，外表面有换热器（或散热片）。舰船电子设备常用空气 - 淡水换热器，机载设备采用空气 - 空气换热器。

2.10.6 空气过滤器

为了保证进入电子设备内部的空气是清洁的，必须配备空气过滤器。过滤器的种类有：

（1）干过滤器

这种过滤器可使空气挤过小于尘埃颗粒的小孔。过滤网由纤维、编织毛毡或类似材料做成，其过滤能力取决于网眼的细度。这种过滤器的阻力较大。

（2）湿过滤器

这种过滤器是通过撞击粘涂层的挡板起作用，挡板的孔隙大于灰尘颗粒，粘涂层过滤器一般用油作为隔尘剂，效果很好。

（3）静电干过滤器

保持永久静电电荷的碎塑料装入普通过滤器，电场把尘粒吸附到带电的塑料过滤器。过滤器沾污时可拆下并用冷水细雾清洗，细雾可使静电电荷中和，释放出脏物，干燥后恢复其静电电荷，可再次使用。

2.11 电子设备液体冷却设计

液体冷却可分为两种方式：

① 直接液体冷却——将电子元器件直接浸渍于液体冷却剂进行冷却；

② 间接液体冷却——电子元器件与冷却剂不直接接触，热量通过换热器或冷板进行冷却。

液体的对流又可分为自然对流（即靠液体密度差引起的）和强迫对流（即靠外动力源产生的压差迫使液体循环）两种方式。

2.11.1 直接液体冷却

直接液体冷却是将发热的或对热敏感的电子元器件直接浸渍于液体中进行冷却。对该冷却系统设计时，应考虑热、电、化学和机械等各方面的影响因素。

直接液体冷却是一种高效率的散热方式。自然对流换热系数与液体的导热系数的 0.23 次方成正比，例如在 40℃时，水的导热系数为空气导热系数的 10 倍。

由于冷却剂与电子元器件直接接触，应根据电性能的要求慎重地选择冷却剂。在设计频率较高的电路时，应从冷却剂的传热能力与介电常数两方面统一考虑。对于高压电路的设计，还应考虑冷却剂的介电强度。

在电子设备预期的工作温度范围内，冷却剂与电路及组装件材料，不得产生化学反应。从安全上考虑，冷却剂应具有无毒、不易燃的性质。

组装件的机械结构必须经受内部产生的压力。

（1）自然对流冷却

自然对流冷却是直接液体冷却的最简单形式，适用于小型、密封和可变换组装件的液体冷却。液体受电子元器件耗散的热量的加热作用，密度减小，向上浮升，然后不断由冷却液体补充，形成自然循环流动，再通过导热形式将热量传出。

为了能使元器件周围形成自然对流循环，应在发热元器件的周围有足够的空间。同时，在冷却系统设计时，还应将发热元器件的主轴垂直地沿自然对流流动方向放置。

（2）强迫对流冷却

当热流密度超过 $3.1 \times 10^3 \sim 4.65 \times 10^3 \text{W/m}^2$，或内部有较集中的热源时，则应采用强迫液体循环冷却。

图 2-19 为电子元器件完全浸渍于液体冷却剂（如硅油、变压器油）中的冷却系统，利用低压泵迫使冷却剂流经电子元器件，印制电路板。当冷却剂吸收热量后，进入液 - 气换热器被冷却（由空气冷却），再经泵输入，形成一个循环。

膨胀箱（空气缓冲箱）允许液体膨胀，减少系统内的蒸气堵塞。为获得较好的冷却效果，应慎重处理液体流经元器件的方向。当使用高压泵时，应避免液流直接冲刷脆弱易损的电子元器件。

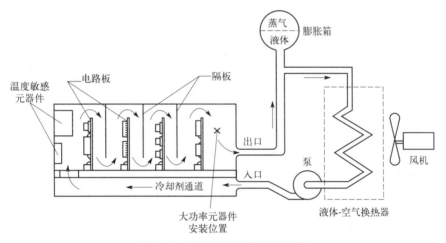

图 2-19　直接强迫液体冷却系统

（3）膨胀和压力的影响

为了避免冷却剂的渗漏、蒸发和外界物质污染，任何直接液体冷却系统均需设计成密封系统。由于大多数液体的体积膨胀系数比容器材料的体积膨胀系数大，因此必须采取措施以减轻液体温度上升时产生的压力。这些措施包括：

① 在容器内填充部分空气（或惰性气体），利用气体的可压缩性来补偿液体温度升高而发生的体积膨胀。容器的结构和密封性应适应内压增高的要求，防止元器件的损坏和产生永久性变形。

② 将整个部件（含冷却剂）加热至预期的最高温度（组装件的工作温度），再对容器进行填充和密封。在冷却过程中，由于容器压力下降，液体挥发形成一个低压蒸气空间，允许液体的膨胀。此时，容器外的大气压高于容器内部的冷却剂的局部压力。

2.11.2　间接液体冷却

间接液体冷却与直接液体冷却的区别在于液体冷却剂不与电子元器件直接接触。电子元器件耗散的热量通过导热，对流和辐射的形式传给冷却装置（如冷板），再经散热器耗散至空间。

2.11.3 液体冷却设计应考虑的问题

液体冷却系统的设计应符合设计规范和布局的原则，例如：应将有源与无源元器件分开，尤其是热敏元器件应隔离开；应充分利用设备内金属构件的导热通路；等等。

（1）直接液体冷却

在直接液体冷却系统的设计中，应遵循以下原则：

① 应使发热元器件的最大表面浸渍于冷却液中，热敏元器件应置于底部；

② 发热元器件在冷却剂中的放置形式应有利于自然对流，例如沿自然对流流动方向垂直安装，某些元器件确需水平方向放置时，则应设计多孔槽道的大面积冷却通道；

③ 相邻垂直电路板和组装件壁之间，应保证有足够的流通间隙；

④ 应保证冷却剂与热、电、化学和机械等各方面的相容性；

⑤ 为防止外部对冷却剂的污染，冷却系统应进行密封设计，同时应保证容器内有足够的膨胀容积。

（2）间接液体冷却

间接液体冷却系统的设计，主要应保证热源与冷源之间有良好的导热通路，尽可能减少接触热阻。

间接液体冷却与直接液体冷却相比有如下特点：

① 冷却剂不与电子元器件相接触，减少对设备的污染；

② 可使用传热性能良好的冷却剂，并在热负载和环境条件发生变化时，可进行温度调节；

③ 维修方便、简单。

2.11.4 换热器

（1）换热器类型

列管式换热器，图 2-20 为两种流体沿同一方向平行流动的顺流式换热器。图 2-21 为两种流体沿相反方向平行流动的逆流式换热器。图 2-22 为两种流体在其中相互垂直地进行流动的交叉流式换热器。

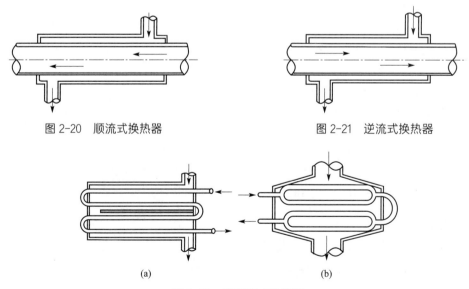

图 2-20　顺流式换热器　　　　　　图 2-21　逆流式换热器

(a)　　　　　　　　(b)

图 2-22　交叉流式换热器

紧凑式换热器，图 2-23（a）、（b）分别为扁管式和板翅式换热器。

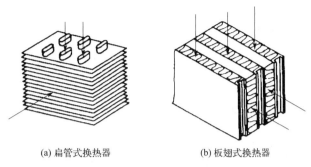

(a) 扁管式换热器　　　　　　　　(b) 板翅式换热器

图 2-23　紧凑式换热器

（2）结构特性比较

列管式换热器的管内便于清洗、通常将易沾污壁面的流体在管内流动。管内的承压强度较大，适合高压流体流动。管外清洁困难，通常应使黏度较大又不结垢的流体在管外流动。

紧凑式换热器多用于电子设备的换热。这种形式的换热器单位体积的传热面积大，效率高、重量轻、应用广泛。但对换热器的制造、维修和清洗的要求较高，成本较高。

（3）换热器的设计计算

换热器的设计应保证在换热面积和流体压降为最小的条件下，达到需要的换热量。因此，设计问题可归纳为两种类型：

① 经校核计算——已知换热面积、冷热两种流体的流量和入口温度，求解换热量及两流体的出口温度。

② 设计计算——已知各有关物理量，确定为满足两流体之间换热量所需要的换热面积。换热器性能的校核，可采用对数平均温差法，即预先假设流体的出口温度，采取逐步逼近试算法，以达到其要求。但这种方法，运算过程冗长，程序复杂。因此，近年来普遍采用换热器有效度——传热单元数法。

2.12　其他冷却技术

2.12.1　热管

热管是一种高效率的传热装置，其特点如下：

① 热管的传热能力高。热管的传热主要靠工质相变过程中吸收、释放汽化潜热和蒸气流的传热，所以它的传热能力较其他导热材料高几十倍。

② 热管的均温特性好。热管工作时，管内的蒸气处于饱和状态，蒸气流动和相变时的温差小，所以沿热管蒸发端表面的温度梯度较小，可自动地形成均匀的热流温度。

③ 具有可变换热流密度的能力。由于热管中的蒸发和冷凝空间是分开的，若在蒸发端输入高热流密度，则在冷凝端可得到低的输出热流密度，实现"热变压器"的作用。

④ 具有良好的恒温特性。采用一种充有惰性气体的可控热管，当输入端的热量变化时，因蒸气压力的变化使冷凝端的冷凝面积改变，以维持热源温度的稳定。

热管的其他问题，包括：热管对重力的影响较敏感、低温起动困难、热管的内部气压高，以及热源与蒸发端、冷源与冷凝端的界面接触热阻较大，在设计时应注意认真解决。

（1）热管的类型

按热管的工作温度范围可分为：

① 深冷热管。工作温度范围为 –170 ～ –70℃。热管的工质可选用纯化学元素，如氦、氩、氮、氧等，或乙烷、氟利昂等化合物。

② 低温热管。工作温度范围为 –70 ～ 270℃。热管的工质可选用水、氟利昂、氨、酒精、丙酮等有机物质。

③ 中温热管。工作温度范围为 270 ～ 470℃，热管的工质可选用导热姆（Dowtherm）、水银、硫等物质。

④ 高温热管。工作温度大于 500℃的热管，其工质可选用钾、钠、锂、铅、银等高熔点的液态金属。

按热管冷凝液的回流方式可分为：

① 重力辅助热管。冷凝液靠重力进行回流的热管。

② 吸液芯热管。利用各种吸液芯的毛细力作用，将冷凝液输送回热管的蒸发端。

③ 旋转热管。利用高速旋转时液体所受到的离心力沿壁面的分力作用，将冷凝液输送回蒸发端。

④ 电流体动力热管。靠电渗透液的抽吸力作用，将冷凝液输送回热管的蒸发端。

⑤ 磁流体动力热管。靠磁体积力的作用，将冷凝液输送回热管的蒸发端。

（2）热管的工作原理

图 2-24 为吸液芯热管的典型结构，它由管壳、吸液芯和工质组成。热管的工作段，一般可分为蒸发端、绝热段和冷凝端三个部分。当蒸发端受热时，通过管壁使浸透于吸液芯中的工质蒸发，蒸气在蒸发端和冷凝端之间所形成的压差作用下流向冷凝端。由于冷凝端受到冷却作用，蒸气冷凝为液体，释放汽化潜热。冷凝后的液体，靠吸液芯与液体相结合所产生的毛细力作用，将液体输送回蒸发端，形成一个工作循环。

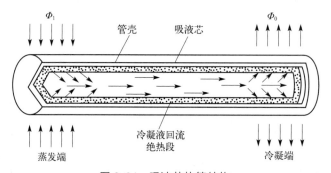

图 2-24　吸液芯热管结构

（3）热管设计

① 热管设计的技术要求：

a. 工作温度：根据电子元器件或整机设备的温升控制要求，热管的工作温度范围一般为 –50 ～ 200℃。个别电子元器件，如速调管等的集电极温度可达 270℃。可按此工作温度范围来选择热管的工质和管壳设计。

b. 传热量：根据电子元器件所耗散的功率及其工作的环境条件确定热管的传热量，并按此传热址可确定热管的尺寸、数量、吸液芯种类和热管的结构型式。

c. 热特性：应根据电子元器件或系统温升控制要求，确定热管的热特性（如均温、恒温或控温特性）并按此热特性进行设计。

d. 工作环境：应根据热管的使用条件（如地面、舰载或机载等环境条件）来估计重力场的影响，并确定冷凝端与冷却介质的连接方式。

e. 结构型式及尺寸：应根据热管的用途，确定热管的结构型式及尺寸、重量指标的要求。

f. 其他：对热管的密封要求、相容性、结构工艺及寿命因素进行综合分析比较，并进行热管的优化设计。

② 工质的选择。热管工质选择的技术要求包括：

a. 工质应与管壳材料和吸液芯相容，对热管的安全性和可靠性，不产生有害的影响。

b. 工质的工作温度范围，可选在工质的凝固点与临界温度之间，一般接近工质的沸点为宜。

c. 选用品质因数（N_1）高的工质。

d. 对在重力场条件下工作的热管，选用工质时应考虑毛细力提升高度的影响。

e. 工质应无毒、不易爆、使用安全。在某些情况下还应考虑工质的电绝缘性。

2.12.2　冷板

电子设备用的冷板是指一种单流体（空气、水或其他冷剂）的换热器，作为电子设备换热的装置。

在目前电子设备热设计中，尤其是对于中、大功率密度的设备，冷板可以有效地带走功率器件、印制板组装件或分机设备中的耗散热量。该装置的特点是：

① 冷板上的温度梯度小，热分布均匀，可带走较大的集中热负载；

② 由于它采用间接冷却的方式，可使电子元器件不与冷却剂直接接触，减少各种污染（如潮湿、灰尘以及包含在冷却剂中的其他污染物质），提高工作的可靠性；

③ 与直接冷却（浸没冷却）相比较，冷却剂的耗损少，同时也便于采用较有效的冷却剂，提高其冷却效率；

④ 冷板装置的组件简单，结构紧凑，便于维修。

气冷式冷板的功率密度可达 $15.5 \times 10^3 W/m^2$，液冷式冷板的功率密度达 $45 \times 10^3 W/m^2$。冷板换热系数高的原因在于：

① 有一组扩展表面的结构；

② 冷板通道的当量直径较小；

③ 采用有利于增强对流换热的肋表面几何形状。

因此，冷板装置在电子设备热控制技术中的应用受到了广泛的重视，尤其是在设备的空间和重量受限制（如机载电子设备）的条件下，冷板有更明显的优势。

（1）冷板的结构类型

冷板的类型，一般可分为：

① 气冷式冷板。它以空气为介质，使其与冷板的对流带走电子设备耗热的装置。

② 液冷式冷板。它以液体（水或其他冷却剂）为介质，使其与冷板的对流带走电子设备耗热的装置。

（2）冷板的选用原则

① 冷板的选用可根据热源的分布（集中分布、均布、非均布）、设备或元器件的热流密度、

许用温度和强迫冷却时流体的许用压降、工作环境条件等因素进行综合考虑。

② 对于大功率密度和大功率器件的散热，可选用强迫液冷冷板。

③ 对于热量均布的中、小功率器件，可选用强迫空气冷却冷板，气流速度宜在 1 ～ 4m/s 范围内选择。

（3）冷板的设计

冷板的设计，通常可分为两类问题：校核计算和设计计算。

① 校核计算。已知冷板的结构类型、尺寸，以及冷却剂的流量和工作环境条件，要求校核该冷板是否满足所要求的传热量以及克服流经冷板通道的压降。

② 设计计算。已知热负载功率、冷却剂的流量、压降和工作环境条件。要求设计一个满足要求的冷板装置（结构尺寸）。

在这两类设计问题中，都存在着冷板上的热负载是属于均温或非均温分布的问题。

2.12.3　热电制冷

根据某些电子元器件或组件工作性能的要求，其工作环境的温度需低于周围的环境温度。

例如微波混频器，红外探测器、量子放大器、参量放大器等器件，为维持其正常工作，均需采用制冷措施。利用热电制冷的装置，主要包括：

① 设置一个电子元器件需要的冷表面。靠消耗电能的方法，通过热电器件泵出热量，使其温度低于环境温度。

② 提供一个比环境温度高的热表面。其热量靠热电器件从冷表面泵出和制冷系统耗散的热量组成。

③ 设置一个从冷表面至热表面泵出热量的制冷系统。

电子元器件利用热电制冷装置进行冷却的示意图见图 2-25 所示。由图可见，与冷面紧贴的电子元器件为冷却对象，热电器件靠消耗电能将冷面的热量泵至热面，再经散热器（热面）以对流和辐射的传热形式，排向周围环境。由于冷面的温度为最低温度，因此热电器件泵出的热量中，除电子元器件工作时耗散的热量外，还包括周期环境、热面向冷面的传热。热量的总和构成了泵的负载功率。

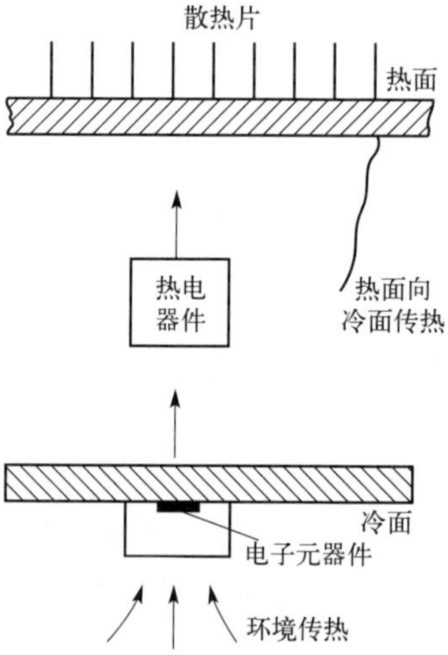

图 2-25　热电制冷装置示意图

热电制冷装置的优点是：

① 可采用直流电源。通过改变电流的方向实现加热或制冷。

② 装置无运转部件，无磨损、无噪声、无振动，维修量少，可靠性高。

③ 对重力的影响不敏感，任何方位装置均可正常运转。

④ 制冷的速度和温度，可通过工作电流进行控制。

⑤ 制冷装置的尺寸不受限制，可根据电子设备制冷量的要求进行组装。

热电制冷装置的缺点主要是性能系数（COP）比较低，例如一个 10W 的热源要求冷却至比散热器温度低 30℃的温度，消耗的电功率需 50W，散热器消耗的总功率为 60W，性能系数比较低。

2.13　电子模块的热设计

电子模块的散热有两个途径：

① 与模块组成一个整体的散热片，靠强迫空气对流带走热量；

② 通过模块两侧的导轨（如图 2-26 所示），采用强迫空气对流或液体冷却带走热量。

模块的热设计就是使模块在上述任一传热路径上的热阻足够低，以保证元器件的温度不超过规定的值，即控制电子元器件的临界温度和瞬态临界温度。

元器件的临界温度是指比有关规范规定的额定值的 100% 低 20℃ 的温度，超过该温度，可靠性将受到不良影响。元器件的瞬态临界温度是指有关规范规定的额定值。界面温度是指散热片或导轨的表面温度。

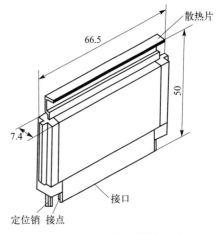

图 2-26　电子模块

电子模块的工作环境可分为最高界面温度为 60℃（0 ～ 60℃）和最高界面温度为 100℃（−55 ～ 100℃）两类。

电子模块的热设计有两类问题：

① 根据模块内部要求进行设计，包括界面温度、功耗和元器件的许用温度等；

② 根据系统的环境、封装、单个或组合的模块功耗等要求，对整个系统进行热设计。

2.13.1　电子模块内部的热设计

为了满足电子模块的可靠性要求，电子模块的设计必须保证模块处于最大功耗时及在其额定界面温度下使所有元器件的温度低于元器件的临界温度。

元器件的瞬态临界温度可作为系统在异常状态下工作时的安全因子。要求电子模块在最大功耗、界面温度高于规定值 20℃ 时，所有元器件的温度均应低于元器件的瞬态温度。

当散热片或导轨的温度为 60℃ 时，元器件的温度应低于或等于元器件的临界温度。当散热片或肋片的温度为 80℃，并持续 60min 时，所有元器件的温度应低于或等于元器件的瞬态临界温度。

一般利用热电模拟的方法将热回路模拟成电回路进行分析计算。回路内只包括温度和热阻，一般不考虑热容量，因为元器件临界温度试验都是稳态的，即使在瞬态临界温度条件下工作时，在 60min 内就可达到热平衡。

2.13.2　采用电子模块系统的热设计

采用电子模块的系统，其热设计是以电子模块的原有假设为出发点。按热界面（散热片或导轨）的环境温度，保证电子模块得到适当的冷却。最简单和最保守的方法是假定全部热量均通过散热片或导轨耗散，将模块与系统的界面温度限制在规定的范围内。其方法为：

① 对发热量较小的模块，散热片采用自然对流冷却。

② 对发热量稍大的模块，散热片可采用强迫空气冷却。

③ 使散热片与金属板（或冷板）相连，再对金属板采用自然冷却或强迫空气冷却。但应注意减少散热片与金属板之间的接触热阻，这种系统的优点是冷空气不直接接触模块，对于机载电子设备，因冷空气中的污物对电路有影响，较适合采用此方法。

④ 通过导轨至底座的导热作用对模块进行冷却。底座通常构成冷板结构，冷板再采用强迫空气冷却或液体冷却。导轨与底座上导槽之间，可采用弹簧夹紧的方法减少接触热阻。

2.13.3 电子设备及电子元器件的热安装技术

电子设备在工作环境中的放置位置对其传热有很大影响。热设计性能良好的电子设备，如果热安装不当或安装环境不符合技术条件的规定，将使设备产生过热，影响其热可靠性。设备内部的电子元器件的安装应符合低热阻的热安装要求，保证其良好的传热性能和可靠性。

技术条件中规定的热环境是指存在于设备周围的热环境。热设计应保证设备能在此环境中正常工作，例如舰船用电子设备的热环境，包括设备所处空间的局部空气温度和淡水冷却剂（若使用时）的温度等。设备安装的实际环境与战术技术条件中规定的热环境不得有明显的差别，否则将使设备冷却效果发生变化或导致设备过热。

2.14 电子设备的热性能评价

2.14.1 热性能评价的目的与内容

（1）目的

热性能评价的目的是确定热设计与冷却系统的合理性与有效性。

（2）内容与方法

① 通过草测或检查设备中的各种元器件，尤其是关键元器件的表面温度或温度分布。

② 分析热设计所采用的冷却方式是否为优选的方案。

③ 分析与比较所采用的冷却方式在规定的使用环境的空间限制的条件下，它们的经济效益指标（例如重量、尺寸、热阻值大小、成本、可靠性等）。

④ 应采取定性分析与定量分析的方法，评价电子设备的热性能。

定性分析是用于评价设计的合理性及所选择的冷却方案对专用的系统和使用环境的适用性。定量分析是指对系统的热阻网络进行分析，寻求设备中存在的热点或温度分布情况，进而采取有效的冷却措施。

⑤ 开展热性能的评价试验。这种试验一般在实验室或试验工厂内进行。舰载电子设备的热性能评价可在舰上进行。机载电子设备一般在实验室内进行。

对一种设备或系统进行热性能评价时，应选择一台在热性能方面具有典型特性的设备。如果设备或系统在设计上进行了更改，尤其是冷却系统的更改，则应对更改后的设备或系统重新进行热性能评价。

2.14.2 热性能草测

对电子设备的热性能进行"快速而不精确"的测量，称为草测。热性能草测的步骤：

（1）检查

应仔细检查设备中是否有过热的现象，如电子元器件的变色、变黑、起泡、变形、漆起皱或变脏等现象。

（2）确定关键元器件

应根据可靠性要求，确定关键元器件及其耗热量。具有最高热应力的元器件表面温度，可作为设备的热性能指标。可根据 GJB 299 来确定关键元器件的最高安全工作温度。

（3）测量

应在额定环境条件和设备处于最大功耗的工况下，测量设备中关键元器件的表面温度。

热性能的草测一般应在设备正常工作时进行，例如：对于机载电子设备，可在执行正常的飞行任务时进行；对于陆用及舰载电子设备，可在其额定环境条件下工作时进行。

2.14.3　热性能检查项目

对冷却系统检查时，应根据系统的类型选择检查项目。

（1）自然冷却

① 是否使用最短的热流通路？

② 是否利用金属作为导热通路？

③ 电子元器件是否采用垂直安装和交错排列？

④ 对热敏感的元器件是否与热源隔离，当二者距离小于 50mm 时，是否采用热屏蔽罩？

⑤ 对于发热功率大于 0.5W 的元器件，是否装在金属底座上或与散热器之间设置良好的导热通路？

⑥ 热源表面的黑度是否足够大？

⑦ 是否有供通风的百叶窗口？

⑧ 对于密闭式热源，是否提供良好的导热通路？

（2）强迫空气冷却

① 流向发热元器件的空气是否经过冷却过滤？

② 是否利用顺流气流来对发热元器件进行冷却？

③ 气流通道大小是否适当？是否畅通无阻？

④ 风机的容量是否适当？抽风或鼓风是否选择恰当？

⑤ 风机的电动机是否得到冷却？对风机的故障，是否采用防护措施？

⑥ 空气过器是否适当？是否易于清洗和更换？

⑦ 是否已对设备或系统中的气流分布进行过测量？

⑧ 关键的功率器件是否有适当的气流流过？

⑨ 是否测量过功率器件的临界温度？

⑩ 是否测量过风机的噪声？

⑪ 易损坏的散热片是否有保护措施？

⑫ 在机载电子设备中，是否具有防水措施？

（3）液体冷却

① 使用的冷却剂是否具有阻燃和无毒特性？在化学上是否呈中性？能否自由膨胀？在最高温度时能否沸腾？

② 容器能否耐受膨胀压力？是否设计有膨胀空间？

③ 各管路系统是否设计了可靠的防泄漏装置？

④ 换热器的设计和容量是否适当？

⑤ 设备是否有气密封装置？

⑥ 管路是否设置有排水塞和给水栓？

（4）蒸发冷却

除应考虑上面的因素外，还应注意以下几点：

① 管路系统是否配备有压力控制阀、减压阀、贮液槽等装置？

② 蒸气冷凝器的设计是否适当？

③ 蒸发冷却系统的冷却剂供应是否充足？

④ 冷凝系统是否已进行过环境试验？

2.14.4　电子元器件检查项目

电子元器件的电应力水平是否与设备可靠性要求相一致？在电路设计中是否进行了降额设计？

（1）半导体器件

① 对热敏感的器件是否与高温热源隔离？

② 功率器件是否安装有散热器？散热器的安装方式是否合理（垂直于冷气流方向）？散热器的表面是否经过涂覆处理？

③ 器件与散热器的接触面之间，是否采取了减小接触热阻的措施？

（2）电容器

电容器与热源是否采取隔离或绝热措施？

（3）电阻器

① 功耗大的电阻器是否采取了冷却措施？

② 对功耗大的电阻器是否采用机械夹紧或封装材料来提高它的导热能力？

③ 对电阻器的安装，是否采取了减小热阻的措施（如短引线、与底座接触良好等）？

（4）变压器和电感器

① 是否为变压器或电感器提供了良好的导热通路？

② 是否将变压器或电感器置于对流冷却良好的位置？

③ 对功耗较大的变压器或电感器是否采取了专门的散热措施？

（5）印制电路板

① 是否将发热元器件与对热敏感的元器件进行热隔离？

② 对于多层印制电路板中采用金属芯的中间层，这些层与支承结构件或散热器之间是否有良好的导热通路？

③ 是否采用保护性涂覆和封装，以降低印制电路板至散热器或结构件之间的热阻？

④ 是否在必要的通路上采用较粗的导线？

2.14.5　热性能测量

电子设备热性能测量的目的是对热设计的效果进行检验，对冷却系统的适用性和有效性进行评价。其内容包括：

① 检查新设计的冷却系统是否达到预定的技术指标；

② 对各种电子设备的机柜、集中发热元器件，整机系统的热性能参数进行测量，为热设计提供技术数据。

热测量的参数包括：

① 电子设备中的关键元器件，散热器及其他冷却装置的表面温度；

② 电子设备机柜、系统内的温度分布；

③ 电子设备机柜内或风道处的空气流量和压力损失；

④ 液冷系统中，液体的流量和压力损失等。

因此，热测量的参数主要是温度及其分布、流量（流速）和流体的压力损失。

2.15　现有电子设备热性能的改进

当现有电子设备的热性能存在某些缺陷或设备需在比原设计更严酷的环境条件下工作时，则应对其热设计进行改进。

进行热性能改进应考虑现有设备热设计的合理性、热性能改进的可能性及热性能改进方案的论证（包括技术和经济两个方面）。

2.15.1　确定热设计缺陷

① 对热性能有缺陷的设备进行草测或较详细的热测量。通过测量来确定元器件的温度、热流通路的热阻和系统的热平衡情况，为热性能的改进提供数据。

② 应确定元器件的电功率耗损、额定功率和应力等级。可从设备生产厂家得到这些数据，或根据 GJB 299 来确定元器件的最高安全温度。

当实测的元器件温度超过最高安全温度时，则认为设备过热。应根据元器件的应力等级寿命与温度的关系等具体情况评价过热的程度。对于一般的设备，其温度比最高安全温度高 20℃时，则认为过热。对于某些关键元器件，当其温度超过安全温度 10℃，就应采取有效的冷却措施。

2.15.2　热性能改进的制约条件

对现有设备热性能的改进，受下列因素限制：

- 缺乏容纳大风量风机、换热器或管道的空间；
- 设备尺寸、重量和体积的限制；
- 不适合采用液体冷却，冷却剂的流量不能增加；
- 风机的噪声指标或不允许使用风机的限制；
- 电路性能指标与所采用的冷却方式产生矛盾；
- 经济（改进费用）限制。

由于上述限制的存在，应对热性能的改进方案进行仔细分析和权衡，以降低设备的全寿命周期费用。

进行权衡研究必备的资料：

- 设备预计继续使用的年限；
- 设备现行的维修费用，包括劳务、后勤、元器件及补给费用等；
- 预计改进后的可靠性和维修性；
- 设备改进热性能需用的总费用，包括研究与开发、测试、制造、安装、采购器材及人员培训等；
- 每年节约的费用及回收投资所需的时间等。

2.15.3　改进费用与寿命周期费用的权衡

对现有电子设备的热性能进行改进，可以提高设备的可靠性。这种改进所需的费用必然要比在设备的初始设计阶段就进行合理的热设计所需的费用高。因此，在进行改进之前，必须进行权衡分析。

热性能改进的依据：

- 基于任务的需要，必须对设备的热设计改进，以提高其可靠性；
- 改进设备的热性能，可以减少维修、后勤保障以及元器件的费用，提高设备的可用度。

第 **3** 章

ANSYS
Icepak 基础

扫码看视频

3.1 ANSYS Icepak 的直接启动

ANSYS Icepak 的启动包括直接启动和通过 Workbench 中的 Icepak 项目模块来启动。

3.1.1 设置中文界面操作步骤

默认情况下直接启动 ANSYS Icepak 的图形界面为英文，下面介绍如何将其设置成中文界面。

① ANSYS Icepak 2024 R1 安装包内包含有中文配置文件，直接使用 Windows 资源管理器打开路径 C：\Program Files\ANSYS Inc\v241\Icepak\icepak24.1\lib\icepak（默认安装目录），可以看到里面有三个文件，如图 3-1 所示，分别对应着中文、英文和日文。

language_text_icepak_Chinese.tcl	2021/3/9 5:00	TCL 文件	92 KB
language_text_icepak_English.tcl	2021/3/9 5:00	TCL 文件	23 KB
language_text_icepak_Japanese.tcl	2021/8/5 0:36	TCL 文件	256 KB

图 3-1 配置文件

② 可以用记事本打开"language_text_icepak_Chinese.tcl"文件，如图 3-2 所示。这里面就是命令对应的汉化名称，如果文中翻译得不合适可以手动修改。因为刚开始学习，所以此时不建议修改。一般情况下可以不用修改。

③ Icepak 的启动是依靠位于 C：\Program Files\ANSYS Inc\v241\Icepak\bin 下的"icepak23.1win64.bat"文件，用记事本打开此文件，并添加语句"set lang= chinese"，如图 3-3 所示。如果系统显示无法保存，则先将此文件另存到其他可以保存的位置，然后再粘贴回来替换原文件。

图 3-2 中文配置文件

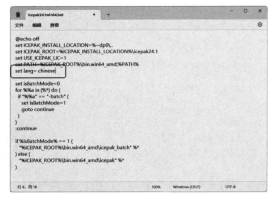

图 3-3 添加语句

3.1.2 直接启动

选择"开始"→"所有应用"→"ANSYS 2024 R1" →"Ansys Icepak 2024 R1"命令，如图 3-4 所示，启动 ANSYS Icepak 已经更改为中文界面了，如图 3-5 所示。也可以将此命令快捷方式发送到桌面，从桌面双击图标打开软件。如果要恢复到英文界面，可以直接删除前面添加的语句。

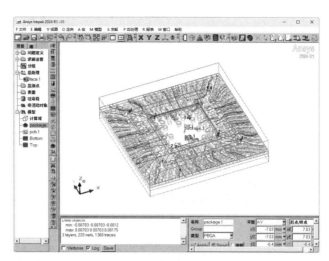

图 3-4　开始菜单启动 ANSYS Icepak

图 3-5　中文操作界面

3.2　ANSYS Workbench 界面

启动 ANSYS Workbench 2024 R1，进入图 3-6 所示的 ANSYS Workbench 项目图形界面。默认情况下 Workbench 的图形界面为英文，下面介绍如何将其设置成中文界面。

图 3-6　ANSYS Workbench 2024 R1 项目图形界面

① 打开"Options"（选项）对话框。选择"Tools"（工具栏）→"Options"命令，如图 3-7 所示，打开 Options 对话框。

② 设置中文语言。在 Options 对话框左侧选择"Regional and Language Options"（区域和语言选项）标签，在 Language（语言）下拉列表中选择 Chinese（中文）选项，如图 3-8 所示。单击"OK"按钮，弹出图 3-9 所示的警告对话框，提示需重新启动应用后语言变更才能生效。重新启动后进入软件界面，就可以看到中文界面，如图 3-10 所示。

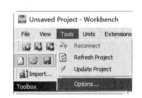

图 3-7　选择 Options 命令

图 3-8　设置中文语言

图 3-9　重新启动提示对话框

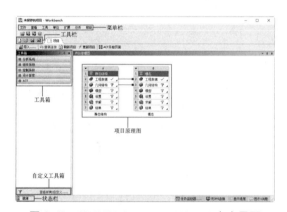

图 3-10　ANSYS Workbench 2024 R1 中文界面

大多数情况下，Workbench 的图形用户界面主要由菜单栏、工具栏、工具箱、项目原理图、自定义工具箱、状态栏等组成。

3.2.1　菜单栏

菜单栏主要包括文件、查看、工具、单位、扩展、任务、帮助等，单击任意一个主菜单，将会弹出相应的下拉菜单。下拉菜单中的菜单条右侧如果有箭头，则表示该项操作有下一级下拉子菜单，菜单条右侧如果有省略号，则表示单击该菜单条将弹出相应的对话框。这里只对主要菜单和菜单中的主要命令进行说明。

（1）"文件"菜单

"文件"菜单如图 3-11 所示，提供了各种处理文件的命令，如新、打开、保存、另存为、保存到库、导入、存档、退出等。

① 新：选择"文件"→"新"命令，将关闭当前文件并创建一个新的项目文件。

② 打开：选择"文件"→"打开"命令，将打开已有的项目文件。

③ 保存：选择"文件"→"保存"命令，将保存当前的项目文件。保存的项目文件包括"*.wbpj"文件和"*_files"文

图 3-11　"文件"菜单

档，两个项目文件必须同时存在，才能在下次打开文件时打开。

④ 另存为：选择"文件"→"另存为"命令▣，将另存一个项目文件。

⑤ 保存到库：选择"文件"→"保存到库"命令▣，将项目文件保存到档案库，用 EKM（extensible key management，可扩展密钥管理）管理。

⑥ 导入：选择"文件"→"导入"命令▣，将导入一个 Workbench 支持的导入类型的外部文件。

⑦ 存档：选择"文件"→"存档"命令▣，将保存的项目文件压缩成"*.wbpz"格式的压缩包。该压缩包里包含"*.wbpj"文件和"*_files"文档，避免将项目文件发给第三人时缺失文件，导致第三人无法打开。

⑧ 退出：选择"文件"→"退出"命令，将关闭 Workbench 应用程序。

（2）"查看"菜单

"查看"菜单如图 3-12 所示，提供各种窗口查看的命令，如刷新、重置窗口布局、工具箱、项目原理图、文件、轮廓、属性、消息、进度、工具栏、显示系统坐标等。选择"查看"菜单中的命令，将打开相应的窗口，图 3-13 右侧为属性窗口，可以在其中查看和调整项目原理图中单元的属性。

（3）"工具"菜单

"工具"菜单如图 3-14 所示，包括重新连接、刷新项目、更新项目和选项。

选择"工具"→"选项"命令，打开"选项"对话框，如图 3-15 所示。在该对话框中可以对 Workbench 进行整体设置，包括外观、区域和语言选项、图形交互、项目报告、求解过程等。

图 3-12　"查看"菜单

图 3-13　属性窗口

图 3-14　"工具"菜单

图 3-15　"选项"对话框

（4）"单位"菜单

"单位"菜单如图 3-16 所示，提供了国际上常用的度量单位，也有美国惯用单位和工程单位。选择"单位"→"单位系统"命令，打开"单位系统"对话框，如图 3-17 所示，可以调出需要的单位和隐藏不用的单位。

"单位系统"对话框分为左右两栏，其中左侧栏中有 A、B、C、D 4 列：A 列是定义好的单位系统；B 列是当前正在使用的单位，用户想使用哪个单位系统，则选中 A 列对应的 B 列中的单选按钮即可；C 列是默认的单位系统，默认情况下，每次启动 Workbench，都会选择默认的单位系统；D 列是抑制的单位系统，已选中的是已经抑制的单位系统，未选中的是激活的单位系统。右侧栏中列出的是常用的数量名称和单位。

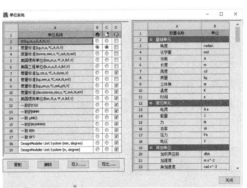

图 3-16 "单位"菜单　　　　　　　　　图 3-17 "单位系统"对话框

（5）"扩展"菜单

"扩展"菜单如图 3-18 所示。该菜单是对分析系统的扩展，包括管理扩展、安装扩展等。对于高级有限元分析师来说，如果想要将编程好的数据扩展安装到 Workbench 中进行衔接，将会用到该功能。另外，在 Workbench 中有一些已经扩展好的工具，选择"扩展"→"管理扩展"命令，可打开"扩展管理器"对话框，如图 3-19 所示。其中用得比较多的扩展工具有BladeInterference（桨叶干涉）、LS-DYNA、MechanicalDropTest（机械跌落试验）、MotionLoads（运动载荷）等。

图 3-18 "扩展"菜单　　　　　　　　　图 3-19 "扩展管理器"对话框

3.2.2　工具箱

ANSYS Workbench 2024 R1 的工具箱中列举了可以使用的系统和应用程序，可以将这些系统和应用程序添加到项目原理图中。工具箱由 5 个子组组成，如图 3-20 所示。它可以被展开或折叠起来，也可以通过工具箱下面的"查看所有 / 自定义"按钮自定义工具箱中应用程序或系统的显示或隐藏。

图 3-20　ANSYS Workbench 2024 R1 工具箱

工具箱中的 5 个子组如下。

① 分析系统：可用在示意图中的预定义模板，是已经定义好的分析体系，包含工程数据模拟中不同的分析类型，在确定好分析流程后可直接使用。

② 组件系统：相当于分析系统的子集，包含各领域独立的建模工具和分析功能，可单独使用，也可通过搭建组装形成一个完整的分析流程。

③ 定制系统：为耦合应用预定义分析系统（FSI、热 - 应力、随机振动等）。用户也可以建立自己的预定义系统。

④ 设计探索：参数化管理和优化设计的探索。

⑤ ATC（扩展连接）：外部数据的扩展接口。

注意　工具箱中列出的系统和组成取决于安装的 ANSYS 产品。

3.2.3　自定义工具箱

勾选或取消勾选"工具箱自定义"窗口中的复选框，可以展开或闭合工具箱中的各项，如图 3-21 所示。不用工具箱中的专用窗口时一般将其关闭。

		D	C	D	E
1		名称	物理场	求解器类型	AnalysisType
2	□	分析系统			
3	☑	IC Engine (Fluent)	任意	FLUENT,	任意
4	☑	LS-DYNA	Explicit	LSDYNA@LSDYNA	结构
5	☑	LS-DYNA Restart	Explicit	RestartLSDYNA@LSDYNA	结构
6	☑	SPEOS	任意	任意	任意
7	☑	电气	电气	Mechanical APDL	稳态导电
8	☑	刚体动力学	结构	刚体动力学	瞬态
9	☑	静磁的	电磁	Mechanical APDL	静磁的
10	☑	静态结构	结构	Mechanical APDL	静态结构
11	□	静态结构（ABAQUS）	结构	ABAQUS	静态结构
12	□	静态结构（Samcef）	结构	Samcef	静态结构
13	☑	静态声学	多物理场	Mechanical APDL	静态
14	☑	流体动力学响应	Transient	AQWA	流体动力学响应
15	☑	流体动力学衍射	Modal	AQWA	流体动力学衍射
16	☑	流体流动 - 吹塑（Polyflow）	流体	Polyflow	任意
17	☑	流体流动 - 挤出（Polyflow）	流体	Polyflow	任意
18	☑	流体流动（CFX）	流体	CFX	任意
19	☑	流体流动（Fluent）	流体	FLUENT	任意
20	☑	流体流动（Polyflow）	流体	Polyflow	任意
21	☑	流体流动（带有Fluent网格剖分功能的Fluent）	流体	FLUENT	任意
22	☑	模态	结构	Mechanical APDL	模态
23	□	模态（ABAQUS）	结构	ABAQUS	模态

图 3-21　工具箱显示设置

3.3　Workbench 文档管理

ANSYS Workbench 2024 R1 可以自动创建所有相关文件，包括一个项目文件和一系列的子目录。用户应允许 Workbench 管理这些目录的内容，最好不要手动修改项目目录的内容或结构，否则会导致程序读取出错。

在 ANSYS Workbench 2024 R1 中，当指定文件夹里保存了一个项目后，系统会在磁盘中保存一个项目文件（*.wbpj）及一个文件夹（*_files）。Workbench 是通过此项目文件和文件夹及其子文件来管理所有相关文件的。图 3-22 为 Workbench 文件夹目录结构。

图 3-22　Workbench 文件夹目录结构

3.3.1　目录结构

Workbench 中生成的项目文件目录内文件的作用如下。

① dpn：设计点文件目录，这实质上是特定分析的所有参数的状态文件，在单分析情况下只有一个 dp0 目录。它是所有参数分析所必需的。

② global：包含分析中各个单元格中的子目录。其下的 MECH 目录中包括数据库及 Mechanical 单元格的其他相关文件。其内的 MECH 目录为仿真分析的一系列数据及数据库等相关文件。

③ SYS：包括项目中各种系统的子目录（如 Mechanical、FLUENT、CFX 等）。每个系统的子目录都包含特定的求解文件，如 MECH 的子目录有结果文件、ds.dat 文件、solve.out 文件等。

④ user_files：包含输入文件、用户文件等，这些可能与项目有关。

3.3.2　显示文件明细

如需查看所有文件的具体信息，可选择"查看"→"文件"命令，如图 3-23 所示，打开包含文件明细与路径的"文件"窗口，如图 3-24 所示。

图 3-23　选择"文件"命令

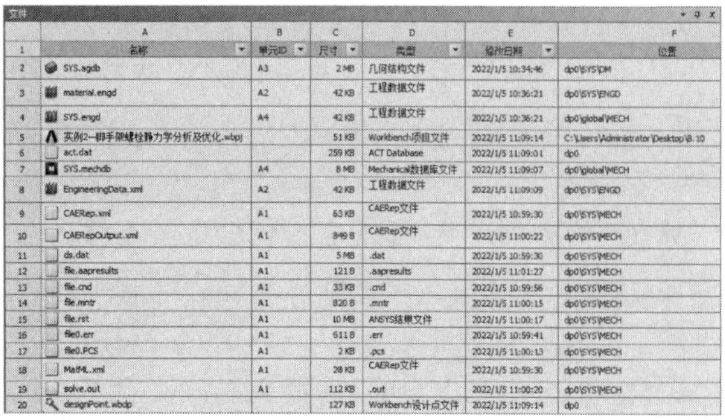

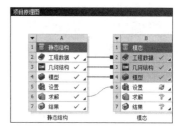

图 3-24　"文件"窗口

3.4　项目原理图

项目原理图是通过放置应用或系统到项目管理区中的各个区域来定义全部分析项目的，其表示项目结构和工作流程，为项目中各对象和它们之间的相互关系提供了一个可视化的表示。项目原理图由一个个单元格组成，如图 3-25 所示。

项目原理图随要分析项目的不同而不同，可以仅由一个单一的单元格组成，也可以是含有一套复杂链接的系统耦合分析或模型的方法。

图 3-25　项目原理图

项目原理图中的单元格由将工具箱中的应用程序或系统直接拖曳到项目管理界面中载入或是直接在项目上双击载入。

3.4.1　系统和单元格

要生成一个项目，需要从工具箱中添加单元格到项目原理图中形成一个系统，一个系统由一个个单元格组成。要定义一个项目，还需要在单元格之间进行交互。也可以在单元格中右击，在弹出的快捷菜单中选择可使用的单元格。通过一个单元格可以实现下面的功能。

① 通过单元格进入数据集成的应用程序或工作区。
② 添加与其他单元格间的链接系统。
③ 分配输入或参考的文件。
④ 分配属性分析的组件。

每个单元格含有一个或多个单元，如图 3-26 所示。每个单元都有一个与它关联的应用程序或工作区，如 ANSYS Fluent 或 Mechanical 应用程序，可以通过此单元单独打开这些应用程序。

图 3-26　项目原理图中的单元格

3.4.2　单元格的类型

单元格包含许多可以使用的分析和组件系统，下面介绍一些通用的分析单元。

（1）工程数据

使用工程数据组件可以定义或访问材料模型中的分析所用数据。双击工程数据的单元格，或右击，在弹出的快捷菜单中选择"编辑"命令，可显示出工程数据的工作区。用户可从工作区中定义数据材料等。

（2）几何结构

使用几何结构单元可以导入、创建、编辑或更新用于分析的几何模型。

① 4 类图元。

- 体（三维模型）：由面围成，代表三维实体。
- 面（表面）：由线围成，代表实体表面、平面形状或壳（可以是三维曲面）。
- 线（可以是空间曲线）：以关键点为端点，代表物体的边。
- 关键点（位于三维空间）：代表物体的角点。

② 层次关系。从最低阶到最高阶，模型图元的层次关系如下：关键点、线、面、体。如果低阶的图元连在高阶图元上，则低阶图元不能删除。

（3）模型

模型建立之后，需要划分网格，其涉及以下四个方面的内容。

① 选择单元属性（单元类型、实常数、材料属性）。

② 设定单元尺寸控制（控制单元大小）。

③ 网格划分以前保存数据库。

④ 执行网格划分。

（4）设置

使用设置单元可打开相应的应用程序。设置包括定义载荷、边界条件等。也可以在应用程序中配置分析。在应用程序中的数据会被纳入 ANSYS Workbench 的项目中，其中也包括系统之间的链接。

载荷是指加在有限单元模型（或实体模型，但最终要将载荷转化到有限元模型上）上的位移、力、温度、热、电磁等。载荷包括边界条件和内外环境对物体的作用。

（5）求解

在所有的前处理工作进行完后，要进行求解。求解过程包括选择求解器、对求解进行检查、求解的实施及对求解过程中出现的问题进行解决等。

（6）结果

分析问题的最后一步工作是进行后处理，后处理就是对求解得到的结果进行查看、分析和操作。结果单元用于显示分析结果的可用性和状态。结果单元不能与任何其他系统共享数据。

3.4.3　单元格状态

（1）典型的单元格状态

典型的单元格状态如下。

① 无法执行❓：丢失上行数据。

② 需要注意❓：可能需要改正本单元或上行单元。

③ 需要刷新🔁：上行数据发生改变，需要刷新单元（更新也会刷新单元）。

④ 需要更新⚡：数据一改变，单元的输出也要相应地更新。

⑤ 最新的✔：更新已经完成并且没有执行失败的过程。

⑥ 发生输入变动✔：单元是局部更新的，但上行数据发生变化也可能导致其发生改变。

（2）解决方案时特定的状态

解决方案时特定的状态如下。

① 中断🚫：表示已经中断的解决方案。此选项执行的求解器正常停止，将完成当前迭代，并生成一个解决方案文件。

② 挂起⏸：标志着一个批次或异步解决方案正在进行中。当一个单元格进入挂起状态时，可以与项目和项目的其他部分一起退出 Workbench 或工作。

（3）故障状态

典型故障状态如下。

① 经刷新失败🔄：需要刷新。

② 更新失败⚡：需要更新。

③ 存在问题❓：需要注意。

3.5　在 Workbench 中启动 Icepak

① 选择"开始"→"ANSYS 2024 R1"→"Workbench 2024 R1"命令，打开"Workbench"主界面，如图 3-27 所示。

② 展开左边工具箱中的"组件系统"栏，将工具箱里的"Icepak"选项直接拖动到"项目原理图"界面中或直接双击"Icepak"选项，建立一个含有"Icepak"的项目模块，如图 3-28 所示。

③ 双击"Icepak"项目模块中的"设置"栏，启动 Icepak。

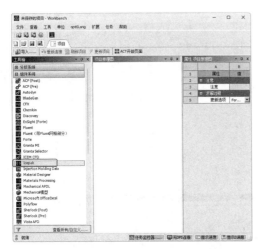

图 3-27　"Workbench"主界面

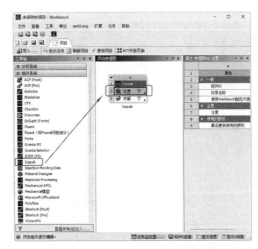

图 3-28　创建"Icepak"项目模块

3.6　调整 ANSYS Icepak 窗口的大小

当启动 ANSYS Icepak 时，将显示操作界面。操作界面控制 ANSYS Icepak 程序的执行，有六个主要组件：菜单栏（顶部）、模型显示窗口或图形窗口（右侧）、模型树（左侧）、消息窗口（左下）、编辑窗口（右下）和工具栏。

可以通过调整四个主要 ANSYS Icepak 窗口中的任何一个窗口的大小来自定义操作界面的外观：模型树、消息窗口、编辑窗口和模型显示图形窗口。

要调整 ANSYS Icepak 窗口的大小，单击并按住分隔符，然后将分隔符拖动到所需位置。每个 ANSYS Icepak 窗口的滑块位于每个窗口的右下角或左下角。

3.7　Icepak 菜单栏

菜单栏包含 11 个菜单，位于操作界面顶部，这些菜单分别是"文件""编辑""视图""定向""宏""模型""求解""后处理""报表""窗口"和"帮助"，如图 3-29 所示。当在菜单栏中选择其中一个菜单时，将显示一组特定于菜单的选项。某些特定于菜单的选项也有可供选择的子选项。

| F 文件 | E 编辑 | V 视图 | O 定向 | A 宏 | M 模型 | S 求解 | P 后处理 | R 报表 | W 窗口 | 帮助 |

图 3-29　菜单栏

（1）文件菜单

文件菜单如图 3-30 所示，包含使用 ANSYS Icepak 项目和项目文件的选项。在此菜单中，可以打开、合并和保存 ANSYS Icepak 项目。此外，还可以导入、导出、压缩和解压缩与 ANSYS Icepak 模型相关的文件。还有一些实用程序设计用于保存或打印模型几何图形。下面简要介绍"文件"菜单选项。

图 3-30　文件菜单

● 新建项目：能够使用"新建项目"对话框创建一个新的 ANSYS Icepak 项目，如图 3-31 所示。在这里，可以浏览目录结构，创建一个新的项目目录，并输入项目名称。注意，在 Workbench 中运行 ANSYS Icepak 时，此选项不可用。

● 打开项目：能够使用"打开项目"对话框打开现有的 ANSYS Icepak 项目，如图 3-32 所示。在这里，可以浏览目录结构，找到项目目录，然后输入项目名称，或者从最近的项目列表中指定旧的项目名称。此外，还可以为项目指定版本名或版本号。

图 3-31　"新建项目"对话框

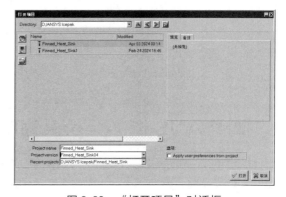

图 3-32　"打开项目"对话框

● 合并项目：可以使用"合并项目"对话框将现有项目合并到当前项目中。

- 载入主版本：当项目有多个版本时，重新加载主版本能够重新打开 ANSYS Icepak 项目的原始版本。
- 保存：保存当前的 ANSYS Icepak 项目。
- 另存为：通过将项目另存为，可以使用"保存项目"对话框将当前 ANSYS Icepak 项目保存为其他名称。
- 导入：提供了将相关文件几何图形导入 ANSYS Icepak 的选项。包括 CSV/Excel、IDF、IDX file 和 ECXML file 等多种格式，如图 3-33 所示。
- 输出：将 Icepak 模型导出为 IDF 2.0 或 3.0 库文件、逗号分隔值或电子表格格式（CSV）等多种格式的文件，如图 3-34 所示。

图 3-33　导入菜单

图 3-34　输出菜单

- 功率损耗映射：执行从 HFSS、Q3D 或 Maxwell 到 Icepak 的体积热量损耗或表面热量损耗信息的单向映射，以获得稳态或瞬态解决方案。对于稳态解决方案，必须选择一个解决方案 ID 和一个频率。对于瞬态解决方案，必须选择解决方案 ID 以及开始和结束时间步长，如图 3-35 所示。

图 3-35　功率损耗映射菜单

- 解压项目文件：将打开一个"File selection"对话框，使用该对话框可以浏览和解压缩 .tzr 文件，如图 3-36 所示。
- 压缩项目文件：将打开一个"File selection"对话框，能够将项目压缩为压缩的 .tzr 文件，如图 3-37 所示。
- 清除文件：将打开一个"清除项目数据"对话框，可以通过删除或压缩与 ECAD、网格、后处理、屏幕捕获、摘要输出、报告和暂存文件相关的数据来清理项目，如图 3-38 所示。

图 3-36　解压项目文件"File selection"对话框

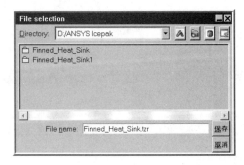

图 3-37　压缩项目文件"File selection"对话框

图 3-38　清除项目数据

● 打印屏幕：打印屏幕允许使用"打印选项"对话框打印 ANSYS Icepak 模型的 PostScript 图像，该图像显示在图形窗口中。如图 3-39 所示的"打印选项"对话框里面可以设置类型、颜色模式和比例系数等。

图 3-39 "打印选项"对话框

● 创建图像文件：创建图像文件将打开"保存图像"对话框，使用该对话框可以将图形窗口中显示的模型保存为图像文件。支持的文件类型包括：PNG、GIF（8 位颜色）、JPEG、PPM、TIFF、VRML 和 PS。PNG 是默认的文件类型。

● 命令提示行：打开一个运行操作系统 Shell 的单独窗口。该窗口最初位于 ANSYS Icepak 项目目录的子目录中，该目录包含当前项目的所有文件。在此窗口中，可以在不退出 ANSYS Icepak 的情况下向操作系统发出命令。在窗口中键入"exit"可以在使用完窗口后关闭该窗口。

● 退出：退出 ANSYS Icepak 应用程序。

> **注意**
>
> 单独启动 ANSYS Icepak 和在 Workbench 下启动 ANSYS Icepak（暂时还是英文界面），File 菜单栏是不同的，如表 3-1 所示。

表 3-1　File 菜单栏

（2）编辑菜单

编辑菜单包含用于编辑 ANSYS Icepak 模型的选项，如图 3-40 所示。下面提供了"编辑"菜单选项的说明。

● 撤消：使用"撤销"可以撤消上次执行的模型操作。"撤销"可以重复使用，返回到执行的第一个操作。

● 再做："再做"能够重做一个或多个以前撤消的操作。此选项仅适用于通过选择"撤销"选项撤消的操作。

图 3-40 编辑菜单

● 检索：打开"在树结构中查找"对话框，能够在树结构中搜索特定对象，如图 3-41 所示。

在"查找对象名"文本字段中键入对象名称可以定位到特定命名的对象。单击"Next"按钮，在树层次结构中查找下一个名称。每次找到对象名称时，其名称都会在树层次结构中高亮显

图 3-41 "在树结构中查找"对话框

示。单击"Prev"按钮以查找以前找到的对象名称。

可以键入一个包含星号或问号来代替字符串或字符对象的名称，例如：键入"fan*"将在树中搜索所有名称以 fan 开头的对象；键入"vent？"将在树中搜索所有名称由单词 vent 加一个字符组成的对象。当单击"在树中查找"对话框中的"Next"或"Prev"按钮时，模型中任何名称与此文本模式匹配的对象都将高亮显示。

● 显示剪贴板：显示剪贴板能够显示已放置在剪贴板中的对象或材质。

● 清除剪贴板：使用"清除剪贴板"可以删除放置在剪贴板中的对象或材质。

● 对齐网格：捕捉到栅格将打开"捕捉到栅格"对话框，使用该对话框可以将图形窗口中的选定对象捕捉到栅格。

● 用户设置：打开"用户设置"对话框，可以在其中配置图形用户界面。

图 3-42　"注释"对话框

● 注释：使用"注释"对话框将注释（例如标签和箭头）添加到图形窗口中，如图 3-42 所示。

（3）视图菜单

视图菜单，如图 3-43 所示，包含控制图形窗口外观的选项。下面简要介绍"视图"菜单选项。

● 摘要（HTML）：能够显示模型摘要的 HTML 版本。在"视图"菜单中选择"摘要（HTML）"命令，则 ANSYS Icepak 将自动启动网络浏览器，如图 3-44 所示。

图 3-43　视图菜单

图 3-44　模型摘要

● 位置：使用"位置"可以显示模型中某个点的坐标。要查找点的坐标，在"视图"菜单中选择"位置"命令，然后在图形窗口中单击选择点。ANSYS Icepak 将在图形窗口和消息窗口中显示选择的点的坐标。在图形窗口中右击可退出"位置"模式。

● 距离：能够计算 ANSYS Icepak 模型中两点之间的距离。要查找两点之间的距离，在"视图"菜单中选择"距离"命令，单击选择图形窗口中的第一个点。ANSYS Icepak 将在图形窗口和消息窗口中显示选择的点的坐标，然后在图形窗口中单击选择第二个点，ANSYS Icepak 将在图形窗口中显示第二个点的坐标，并在消息窗口中计算显示两个点距离。要退出"距离"

模式，可在图形窗口中右击。

● 角度：使用"角度"可以计算 ANSYS Icepak 模型中两个向量之间的角度。要查找两个矢量之间的角度，在"视图"菜单中选择"角度"命令，首先在图形窗口中单击选择一个顶点，然后单击选择第一个向量的终点。接着单击选择第二个矢量的终点。ANSYS Icepak 将在消息窗口中显示两个矢量的角度。

● 边框：使用边框可以确定模型边界框的最小和最大坐标。要查找模型边界框的最小和最大坐标，在"视图"菜单中选择"边框"命令。ANSYS Icepak 将在消息窗口中显示模型机柜的最小和最大 x、y、z 坐标。

● 接线：能够选择接线或网络来查看 PCB 板各个布线层信息。要显示接线或网络，在"视图"菜单中选择"接线"命令，然后单击"网络信息"或"接线信息"命令。单击选择轨迹或网络，选择"接线信息"命令，会显示跟踪 ID 以及相关的网络名称、层名称，如果是过孔，还会显示过孔名称。单击鼠标中键或鼠标右键退出。

● 标注：能够在 ANSYS Icepak 模型的图形窗口中添加或删除标记。要添加标记，选择"标注"→"添加标注"，这将打开"添加标记"对话框，如图 3-45 所示。要指定标记的位置，可以在"位置"旁边输入点的坐标（用空格分隔），也可以单击"选择"按钮，然后单击图形窗口中的某个位置来选择点。要指定标记的文本，在文本框中输入文本。单击"接受"按钮，将标记添加到图形窗口中。如果要删除标记则选择"标注"→"清除标注"，清除图形窗口中的所有标记。

● 标尺：使用标记可以在图形窗口中添加和删除两个对象之间的标尺。要添加标记，选择"标记"→"添加标记"，在图形窗口中的两个对象上的两个点之间添加标尺。单击选择图形窗口中第一个对象上的点，然后在图形窗口中单击选择第二个对象上的点。ANSYS Icepak 将计算两点之间的总距离，以及 x、y 和 z 坐标方向上的距离。它将在图形窗口中显示这些信息，旁边是在对象之间绘制的箭头。如果移动其中一个对象，ANSYS Icepak 将更新两个对象之间距离的显示。如果要删除标尺则选择"标注"→"清除标尺"，清除图形窗口中的所有标尺。

● 工具栏：编辑工具栏能够通过使用"可用工具栏"对话框显示或隐藏任何 ANSYS Icepak 工具栏来自定义 ANSYS Icapak 的外观，如图 3-46 所示为选择"工具栏"命令后弹出的"可用工具条"对话框。默认情况下，所有工具栏都可见。要隐藏工具栏，取消选择相应的工具栏选项，然后单击"Accept"，单击"重置"显示所有以前隐藏的工具栏。

图 3-45 "添加标记"对话框

图 3-46 "可用工具条"对话框

● 阴影：表示几何模型的显示类型，如图 3-47 所示。默认着色包含控制 ANSYS Icepak 模型渲染的选项。选项如下所述。

◆ 线框阴影：勾勒出模型的外边缘及其组件的外边缘。

◆ 实体阴影：为模型内部组件的可见表面添加了纯色着色，使其具有实体外观。

◆ 实体 / 线框阴影：将纯色着色添加到对象"编辑"窗口中当前选定对象的可见表面，使其具有纯色外观。此外，表面的轮廓将根据背景颜色以白色或黑色显示。

◆ 隐藏线阴影：激活隐藏线移除算法，使绘制为透明的对象现在看起来是实心的。

◆ 选定实体阴影：仅为当前选定的对象添加纯色着色。

● 显示：使用本命令可以控制显示坐标轴、网格、原点标记、标尺、项目名、日期等，如图 3-48 所示。

图 3-47　"阴影"菜单　　　　　　　　　　　图 3-48　"显示"菜单

● 显示 / 隐藏：用于控制显示或关闭某类型的器件模型，例如计算域、组合、网络、热交换器、开孔等，如图 3-49 所示。要使这些项目中的任何一个在显示中可见（或不可见），选择（或取消选择）所需的子选项。隐藏对象在"模型树"窗口中显示为"非活动"节点下的灰显项目，但在图形窗口中不可见。可以查看和编辑模型的部分，同时将其余部分隐藏在视图之外。

● 设置光源选项：能够调整用于查看 ANSYS Icepak 模型的照明参数，如图 3-50 所示为选择"设置光源选项"命令后弹出的"Lighting options"对话框。在"Advanced lighting"（高级照明）下，可以选择"Simple lighting"（简单照明）或"Complex lighting"（复杂照明）。在这两种情况下，照明方向相对于模型视图都是固定的。如果选择了复杂照明，则：可以控制环境光的"强度"和"颜色"，以及最多四个附加灯光的"强度、颜色"和原点方向（X、Y、Z）；强度可以在 0 到 1 之间；可以编辑如图形样式中所述指定颜色；可以通过切换特定灯光名称旁边的复选框来启用或禁用该灯光。

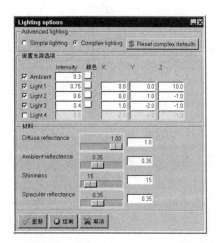

图 3-49　"显示 / 隐藏"菜单　　　　　　　图 3-50　"Lighting options"对话框

（4）定向菜单

定向菜单包含一些选项，可用于修改在图形窗口中查看模型的方向，如图 3-51 所示。除了选择沿 x、y 和 z 轴的视图外，还可以缩放模型，将其缩放到图形窗口中，或者沿负轴将其恢复为默认视图。以下提供了"定向"菜单选项的说明。

图 3-51　视图菜单

- 缺省视图：沿负 z 轴定向的模型的默认视图。
- 正等轴侧：从与所有三个轴等距的矢量方向查看模型。
- 正 X、Y、Z 轴向：朝正 x、y 或 z 轴的方向查看模型。
- 负 X、Y、Z 轴向：朝负 x、y 或 z 轴的方向查看模型。
- 缩放：通过打开所需区域周围的窗口并调整其大小，可以将注意力集中在模型的任何部分。选择此命令后，将鼠标指针放在要缩放的区域的一角，按住左键并将选择框拖动到所需的大小，然后释放鼠标按钮，所选区域将填充图形窗口。
- 整屏显示：调整模型的整体大小，以最大限度地利用图形窗口的宽度和高度。
- 反向：沿当前视图向量但从相反方向（即旋转 180°）查看模型。
- 最近坐标轴向：将视图定向到与平面垂直的最近轴。
- 保存视图：打开 "Save user view" 对话框，如图 3-52 所示，提示输入视图名称，然后使用指定的名称保存当前视图。新视图名称将附加到"定向"菜单底部的用户视图列表中。

- 清除视图：从"定向"菜单的底部删除用户视图列表。
- 保存视图到文件：将用户视图保存到文件中。

图 3-52　"Save user view" 对话框

- 从文件中导入视图：从文件中加载保存的视图，并在"方向"菜单的底部列出这些视图。

（5）宏菜单

宏菜单，如图 3-53 所示。包含额外的 Icepak 功能，有助于自动化常规任务，如几何体创建、建模（求解器）、后处理和生产力（验证、网格划分等）。下面提供了部分宏菜单选项的简要说明。

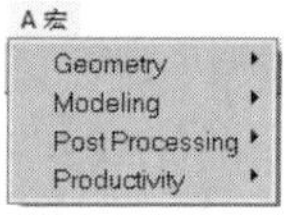

- Geometry（几何结构宏）：对于近似、简化和创建新对象非

图 3-53　宏菜单

常有用。主要用于建立多边形圆柱、圆面、圆桶、半球、绝热箱体（Enclosure），建立数据中心热模型，建立异形散热器，建立各种类型的芯片封装，建立 PCB 及其周边附件热模型，旋转立方体 Block，多边形 Block、Plate。

● Modeling（建模宏）：可以用来模拟各种各样的电子设备冷却现象。在这个宏菜单类别中，将找到有效的方法来表征散热器和封装，建模热电冷却器，对风扇和热源使用恒温控制，运行 SIwave Icepak 耦合模拟，使用取决于时间和温度的源等。主要用于建立散热器风洞模型、芯片封装的 JEDEC 测试机箱模型、TEC 热电耦合模型及命令、恒温求解计算命令等。

● Post Processing（后处理宏）：可帮助编写报告、导出数据文件、报告最高温度值以及计算 ECAD 对象的金属分数，报告变量最大数值、与 Ensight 耦合、输出 PCB 各层铜箱百分比云图、输出详细报告等。

● Productivity（生产力宏）：于模型验证和执行常规任务很有用，自动网格划分、查找零松弛组件、复制组件网格设置、调试差异、删除未使用的材料 / 参数等。包括项目自动检查工具、小尺寸间隙检查、自动网格划分命令，修改背景区域颜色、复制 Assemblies 的设置、调试寻找引起发散的网格命令 Debug Divergence、删除无用材料及参数、无量纲参数计算器、对抑制节点（Inactive Node）模型树下的器件进行排序等。

（6）模型菜单

模型菜单如图 3-54 所示，包含一些选项，使能够生成网格、加载非本地文件、编辑 CAD 数据、创建对象和执行其他与模型相关的功能。下面提供了"模型"菜单选项的说明。

● 创建对象：能够将 ANSYS Icepak 对象（例如，块、风扇等）添加到 ANSYS Icepak 模型中，如图 3-55 所示。

图 3-54　模型菜单

图 3-55　"创建对象"菜单

● 辐射系数：打开"形状因子"对话框如图 3-56 所示，可以在其中为 ANSYS Icepak 模型中的特定对象建立辐射。

● 网格生成：打开"网格控制"对话框，如图 3-57 所示，可以在其中提供设置，为 ANSYS Icepak 模型创建网格。

● 优先级：打开"对象优先级"对话框，如图 3-58 所示，通过该对话框可以对模型中的对象进行优先级设置。ANSYS Icepak 提供基于对象创建的优先级，并在划分模型时使用优先级。

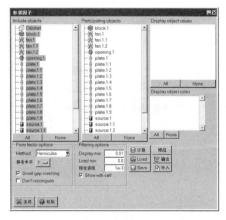

图 3-56　"形状因子"对话框

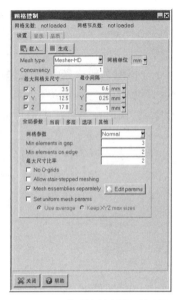

图 3-57　"网格控制"对话框

图 3-58　"对象优先级"对话框

● 过滤设置：当开口、风扇或格栅被放置在块体内部或与壁面部分重叠时，块体中会自动产生流体孔或切口，使流体能够通过开口、风扇和格栅。

例如，如果在块附近放置一个自由洞口，则可以使用如图 3-59 "编辑网格切除设置"对话框来进行剪切设置。

在某些情况下，通过块的内部通道已经通过单独的流体块（例如流体 CAD 块）定义，可以通过将"编辑网格切除设置"对话框中每个对应条目的"允许剪切"设置为 0，选择性地禁用自动剪切创建。也可以通过取消选中"编辑网格切除设置"对话框中的"启用网格切除设置"来禁用所有剪切。

默认情况下，不考虑重叠剪切。如果要包括重叠，则在"编辑网格剪切"对话框中选择"启用重叠"。

● 创建材料数据库：通过创建材质库，可以保存一个材质库，以便与 ANSYS Icepak 模型一起使用。

● 功耗 / 温度限度：打开如图 3-60 所示的 "Power and temperature limit setup"（功率和温度极限设置）对话框，可以在其中查看或更改对象的功率并指定温度限制。

图 3-59　"编辑网格切除设置"对话框

图 3-60　"Power and temperature limit setup"对话框

- 检查模型：检查模型执行检查，以测试模型在设计中是否存在问题。
- 按材料显示对象：通过模型的材料进行显示。
- 按属性显示对象：通过模型热源的热耗进行显示。
- 按类型显示对象：通过模型的类型（Block、Plate）以及相应子类型进行显示。
- 显示导体率：显示 PCB 板 / 芯片 Package 各层铜箔的百分比云图。

（7）求解菜单

"求解"菜单包含一些选项，如图 3-61 所示，能够控制 ANSYS Icepak 模型的解决方案。下面提供了"求解"菜单选项的说明。

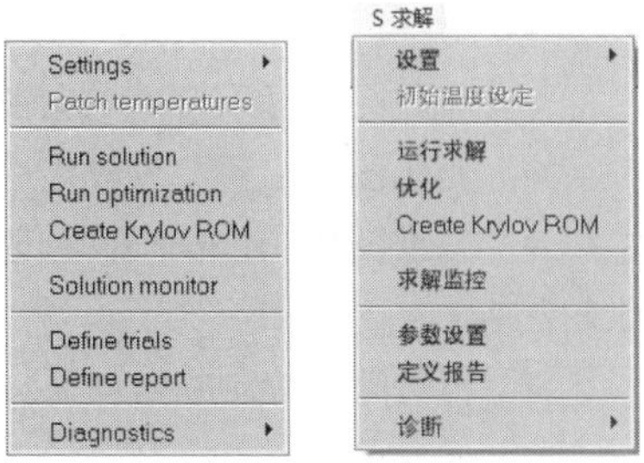

- 设置：通过设置，可以为 ANSYS Icepak 项目设置各种解决方案参数。如图 3-62 所示包括以下选项。

图 3-61　"求解菜单"

  - ◆ 基本设置：打开"基本设置"对话框，可以在其中指定每次形成的迭代次数以及 ANSYS Icepak 在开始 CFD 计算之前应使用的收敛标准。
  - ◆ 高级设置：打开"高级求解器设置"对话框，可以在其中指定离散化方案、松弛因子和多重网格方案。
  - ◆ 并行计算：打开"并行设置"对话框，可以在其中指定要执行的执行类型［例如串行（默认）、并行、网络并行或 Microsoft Job Scheduler］。

图 3-62　"设置"选项

- 初始温度设定：打开"初始温度设定"对话框，可以在其中设置块和板的初始温度。
- 运行求解：打开"求解"对话框，可以在其中为 ANSYS Icepak 模型设置求解参数。
- 优化：打开"Parameters and optimization"（参数和优化）对话框，可以在其中定义参数（设计变量）并设置优化过程。
- Create Krylov ROM：创建 Krylov ROM 打开创建"Krylov ROM"对话框，可以在其中选择输入对象以创建降阶模型并运行稳态和瞬态模拟。
- 求解监控：解决方案监控器打开"求解监控器定义"对话框，可以在其中指定计算过程中要监控的变量。
- 参数设置：打开"Parameters and optimization"（参数和试验）对话框，可以在其中定义模型的试验计算。每个试验都基于 ANSYS Icepak 中定义的参数值的组合。
- 定义报告：打开"定义总结报告"对话框，可以在其中为 ANSYS Icepak 模型中的任何或所有对象的变量指定摘要报告。
- 诊断：编辑为模型生成案例文件和解决方案后创建的输出文件。

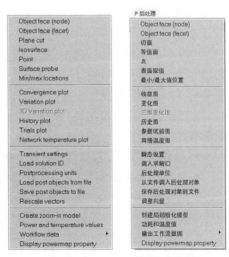

图 3-63　"后处理"菜单

（8）后处理菜单

后处理菜单包含一些命令，如图 3-63 所示，能够访问 ANSYS Icepak 的后处理对象。下面提供了"后处理"菜单选项的说明。

- Object face（node）：可以基于模型中的节点显示对象面上的结果。
- Object face（facet）：可以基于模型中的 facet 显示对象面上的结果。
- 切面：在模型的横截面上显示结果。
- 等值面：显示模型中已定义的等值面上的结果。
- 点：创建点并在模型中的点处显示结果。
- 表面取值：在模型中创建的后处理对象上的某个点显示结果。
- 最小 / 最大值位置：显示后处理变量的最小值和最大值的位置。
- 收敛图：显示解决方案的收敛历史。
- 变化图：沿着穿过模型的直线创建变量的二维图。
- 三维变化图：在不同的时间值沿着一条线、通过模型创建变量的三维图。此选项仅适用于瞬态问题。
- 历史图：绘制随时间变化的解决方案变量历史记录。
- 参数试验图：绘制多个试验中指定点的解决方案变量。
- 网络温度图：通过绘制网络温度，可以绘制模型中存在的网络对象和网络块的内部节点的温度。该图显示了瞬态模拟情况下节点温度与溶液温度或时间的关系。
- 瞬态设置：打开"后处理时间"对话框，可以在其中设置瞬态模拟的参数。
- 调入求解 ID：选择要检查的特定解决方案集。
- 后处理单位：打开"后处理单位"对话框，可以在其中为不同的后处理变量选择单位。
- 从文件调入后处理对象：可以从文件加载后处理对象。
- 保存后处理对象到文件：可以将后处理对象保存到文件中。
- 调整向量：可以重新显示按原始大小绘制的矢量。
- 创建局部细化模型：放大并在 ANSYS Icepak 模型中定义一个区域，并将该区域保存为一个单独的 ANSYS Icapak 项目。
- 功耗和温度值：打开"功率和温度限制设置"对话框，可以在其中设置和查看对象的功率和温度极限，以及将温度极限与对象温度进行比较。
- 输出工作流数据：输出可以加载到 CFD Post 和 Mechanical 中的数据文件。
- Display powermap property：可以在二维或三维中可视化源对象的功率图。

（9）报表菜单

报表菜单，如图 3-64 所示，包含用于生成与 ANSYS Icepak 模型结果有关的输出的选项。下面提供了"报表"菜单选项的说明。

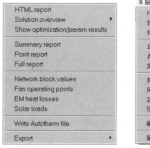

- HTML 格式报表：打开"HTML 报告"对话框，可以在其中自定义结果并写出可在 web 浏览器中查看的 HTML 文档。
- 结果汇总：查看和创建解决方案概述文件。
- 优化 / 参数求解结果：打开"优化运行"对话框，可以在其中查看每个优化迭代的所有函数值、设计变量和运行时间，以及函数值和设计变量与迭代次数的关系图。

图 3-64 "报表"菜单

- 总结报表：打开"定义摘要报告"对话框，可以在其中为 ANSYS Icepak 模型中的任何或所有对象上的变量指定摘要报告。

● 点对象报表：打开"定义点"报告对话框，可以在其中为 ANSYS Icepak 模型中的任何点的变量创建报告。

● 定制报表：打开"定义完整报告"对话框，从中可以自定义结果报告。

● 网络块结果：为 ANSYS Icepak 模型中的网络块和网络对象创建内部节点温度报告。

● 风扇工作点：使用模型中的风扇曲线为风扇创建风扇操作点的报告。

● 功率损耗：创建模型中对象的体积损失和表面损失的报告。

● Solar loads：在"基本参数"对话框的"高级"选项卡上启用太阳能负载时，在"消息"窗口中显示暴露表面上的太阳能负载值。

● 输出 Autotherm 格式文件：将温度和传热系数数据导出到 Autotherm 文件中。

● 输出：导出芯片级热分析工具可以读取的封装管芯热阻和温度数据。对于导出管芯热阻，需要选择代表封装管芯的块，并在导出电阻文件之前输入适当的环境温度。对于导出温度数据，需要先选择块对象，然后才能导出温度文件。

（10）窗口菜单

"Windows"菜单只针对被"最小化"的对话框才会有用，例如在求解完毕后，将 Icepak 窗口中显示的残差监控曲线和温度监控曲线对话框最小化之后，再单击"Windows"菜单，在弹出的下拉菜单中即可显示出被最小化的窗口名称，选中其中某一个窗口并单击，将在 Icepak 窗口中恢复显示该窗口。

（11）帮助菜单

帮助菜单，如图 3-65 所示，包含访问在线 ANSYS Icepak 文档、ANSYS Icepak 网站，还可以打印 ANSYS Icepak 中可用的键盘快捷键列表。下面提供了"帮助"菜单选项的说明。

● 帮助：在 web 浏览器中打开在线 ANSYS Icepak 文档。

● Icepak 在线：在网络浏览器中打开 ANSYS Icepak 主页。

图 3-65　"帮助"菜单

● 用户门户：在 web 浏览器中打开 ANSYS 客户网站网页。

● 快捷键列表：在消息窗口中打印 ANSYS Icepak 的键盘快捷键列表。

● 关于 Icepak：包含 ANSYS Icepak 版权信息和法律声明。

3.8　Icepak 工具栏

ANSYS Icepak 图形用户界面还包括位于整个主窗口的八个工具栏。所有命令都能在菜单栏中找到，其中一些常用的命令以工具图标按钮的形式显示在 Icepak 工作界面中，这些工具栏包括文件命令、编辑命令、查看选项、方向命令、建模和求解、后处理、对象创建和对象修改等，它们提供了在 ANSYS Icepak 中执行常见任务的快捷方式。默认情况下，工具栏停靠到 ANSYS Icepak 界面，但也可以单独分离出来。

3.8.1　文件命令工具栏

文件命令工具栏如图 3-66 所示，包含使用 ANSYS Icepak 项目和项目文件的选项。下面简要介绍了"文件"命令工具栏选项。

图 3-66　文件命令工具栏

● 新建项目（🗔）：使用"新建项目"按钮创建一个新的 ANSYS Icepak 项目。可以浏览目录结构，创建一个新的项目目录，并输入项目名称。

● 打开项目（）：使用"打开项目"按钮打开现有的 ANSYS Icepak 项目，弹出如图 3-67 所示的"打开项目"对话框。可以浏览目录结构，找到项目目录，然后输入项目名称，或者从最近的项目列表中指定旧的项目名称。此外，还可以为项目指定版本名或版本号，如图 3-67 所示。

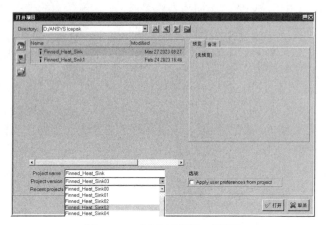

图 3-67　"打开项目"对话框

● 保存（）：保存当前的 ANSYS Icepak 项目。

● 打印屏幕（）：使用如图 3-68 所示的"打印选项"对话框打印 ANSYS Icepak 模型的 PostScript 图像，该图像显示在图形窗口中。"打印选项"对话框的输入与"图形文件选项"对话框中的输入类似。

图 3-68　"打印选项"对话框

● 创建图像文件（）：打开"Save image（保存图像）"对话框，可以将在图形窗口中显示的模型保存到图像文件中。支持的文件类型包括 PNG、PPM、GIF（8 位颜色）、JPEG、TIFF、VRML 和 PS。其中 PNG 是默认的文件类型。

3.8.2　编辑命令工具栏

编辑命令工具栏，如图 3-69 所示包含两个选项，在 ANSYS Icepak 模型中执行撤消和重做操作。下面提供了"编辑命令"工具栏选项的说明。

图 3-69　编辑命令工具栏

● 撤消（）：撤消上次执行的模型操作。撤消可以重复使用，返回到执行的第一个操作。

● 重做（）：重做一个或多个以前撤消的操作。此选项仅适用于通过选择撤消选项撤消的操作。

3.8.3　查看选项工具栏

查看选项工具栏，如图 3-70 所示包含一些选项，可用于修改在图形窗口中查看模型的方式。下面提供了"查看选项"工具栏选项的说明。

图 3-70　查看选项工具栏

● 缺省视图（）：选择沿 Z 轴负轴定向的模型的默认视图。

● 缩放（）：选择此选项后，将鼠标指针放在要缩放的区域的一角，按住鼠标左键并将选择框拖动到所需的大小，然后释放鼠标按钮，所选区域将填充图形窗口。

- 整屏显示（🔳）：调整模型的整体大小，以最大限度地利用图形窗口的宽度和高度。
- 绕屏幕法向旋转（🔲）：将当前视图绕视图法线轴顺时针旋转 90°。
- 1 窗口视图（🔲）：显示一个图形窗口。
- 4 窗口视图（🔲）：显示四个图形窗口，每个窗口具有不同的查看视角。默认情况下，一个视图是等轴测视图，另一个是 X-Y 平面的视图，而另一个则是 Y-Z 平面的视图。
- 显示对象名（🔳）：在图形窗口中切换模型对象名称的可见性。

3.8.4　方向命令工具栏

方向命令工具栏，如图 3-71 所示包含一些选项，可用于修改在图形窗口中查看模型的方向。下面提供了"方向"命令工具栏选项的说明。

图 3-71　方向命令工具栏

- 方向 X、Y、Z（**XYZ**）：朝向正 X、Y 或负 Z 轴的方向查看模型。
- 正等轴测（🔲）：从与所有三个轴等距的矢量方向查看模型。
- 反向（🔲）：沿当前视图矢量但从相反方向（即旋转 180°）查看模型。

3.8.5　建模和求解工具栏

建模和求解工具栏，如图 3-72 所示包含一些选项，生成网格、模型辐射、检查模型和运行解决方案。下面提供了建模和求解工具栏选项的说明。

图 3-72　建模和求解工具栏

- 功率和温度限制（🔲）：打开"功率和温度极限设置"对话框，可以在其中查看或更改对象的功率，以及指定温度极限。
- 生成网格（🔲）：打开"网格控制"对话框，可以在其中提供设置，为 ANSYS Icepak 模型创建网格。
- 辐射（🔲）：打开"形状因子"对话框，可以在其中为模型中的特定对象建模辐射。
- 检查模型（🔲）：执行检查，以测试模型在设计中是否存在问题。
- 运行解决方案（🔲）：打开"求解"对话框，可以在其中为 ANSYS Icepak 模型设置解决方案参数。
- 运行优化（🔲）：打开"参数和优化"对话框，可以在其中定义参数（设计变量）并设置优化过程。

3.8.6　后处理工具栏

后处理工具栏，如图 3-73 所示包含一些选项，使用 ANSYS Icepak 的后处理对象检查结果。下文提供了后处理工具栏选项的说明。有关后处理的更多信息，请参阅检查结果。

图 3-73　后处理工具栏

- 对象面（🔲）：显示模型中对象面的结果。
- 平面切割（🔲）：在模型的横截面上显示结果。
- 等值面（🔲）：显示模型中已定义等值面的结果。
- 点（🔲）：在模型中的点上显示结果。
- 表面探针（🔲）：显示模型中表面上某一点的结果。
- 变量图（🔲）：沿着穿过模型的直线绘制变量。
- 历史记录图（🔲）：绘制随时间变化的解决方案变量历史记录。

- 试验图（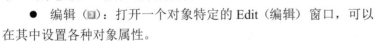）：绘制试验解决方案变量。
- 瞬态设置（🖼）：打开"后处理时间"对话框，可以在其中设置瞬态模拟的参数。
- 解决方案 ID（🖼）：选择要检查的特定解决方案集。
- 摘要报告（🖼）：打开"定义摘要报告"对话框，可以在其中为 ANSYS Icepak 模型中的任何或所有对象的变量指定摘要报告。
- 功率和温度值（🖼）：打开"功率和温度限制设置"对话框，可以在其中将物体的温度值与温度限制进行比较。

3.8.7 对象创建工具栏

对象创建工具栏，如图 3-74 所示包含一些选项，可以将对象添加到 ANSYS Icepak 模型中。对象创建工具栏选项说明如下。

- 创建装配（🖼）：创建装配对象。
- 创建网络（🖼）：创建网络对象。
- 创建热交换器（🖼）：创建热交换器对象。

图 3-74　对象创建工具栏

- 创建洞口（🖼）：可用于创建洞口对象。
- 创建格栅（🖼）：创建格栅对象。
- 创建源（🖼）：创建源对象。
- 创建印刷电路板（🖼）：创建印刷电路基板对象。
- 创建机柜（🖼）：创建机柜对象。
- 创建板（🖼）：可用于创建板对象。
- 创建墙（🖼）：可用于创建墙对象。
- 创建周期边界（🖼）：创建周期边界对象。
- 创建块（🖼）：创建块对象。
- 创建风扇（🖼）：创建风扇对象。
- 创建鼓风机（🖼）：创建鼓风机对象。
- 创建阻力（🖼）：创建 3D 阻力对象。
- 创建散热器（🖼）：创建散热器对象。
- 创建程序包（🖼）：创建程序包对象。
- 创建材质（🖼）：在"模型树"窗口中为模型创建材质节点。

3.8.8 对象修改工具栏

对象修改工具栏，如图 3-75 所示包含一些选项，可用于编辑、删除、移动、复制或对齐 ANSYS Icepak 模型中的对象。下面提供了"对象修改"工具栏选项的说明。

图 3-75　对象修改工具栏

- 编辑（🖼）：打开一个对象特定的 Edit（编辑）窗口，可以在其中设置各种对象属性。
- 删除（🖼）：将对象从模型中删除。
- 移动（🖼）：打开特定于对象的"移动"对话框，可以在其中缩放、旋转、平移或镜像对象。
- 复制（🖼）：打开特定于对象的"复制"对话框，可以在其中创建对象的副本，然后缩放、旋转、平移或镜像复制的对象。

- 面对齐（▦）：对齐两个对象的面。
- 边对齐（▦）：对齐两个对象的边。
- 角点重合（▦）：对齐两个对象的顶点。
- 对齐对象中心（▦）：对齐两个对象的中心。
- 面中心对齐（▦）：对齐两个对象的面中心。
- 面重合（▦）：与两个对象的面相匹配。
- 边重合（▦）：与两个对象的边相匹配。

3.9　Icepak 模型树

ANSYS Icepak 模型树窗口，如图 3-76 所示，由"项目"和"库"选项卡组成。"项目"选项卡提供了一个用于定义 ANSYS Icepak 模型的区域，并包含特定于项目的问题和解决方案参数列表。"库"选项卡由默认主库和用户定义库组成。

模型树窗口以树状结构显示，具有可扩展和可折叠的树节点，这些树节点可以设置显示或隐藏相关的树项。单击树左侧的加号图标展开树节点，要树左侧的减号图标则折叠树节点。

可以在模型树窗口中编辑和管理 ANSYS Icepak 项目，例如可以选择多个对象、编辑项目参数、在组中添加组、拆分部件或编辑对象。此外，模型树窗口包括一个快捷菜单，可通过右键轻松操作 ANSYS Icepak 模型。

ANSYS Icepak 项目在模型管理器窗口中使用六个不同的类别进行组织：

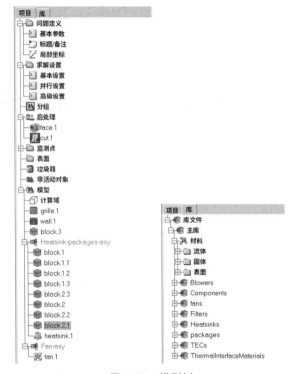

图 3-76　模型树

- 📁 问题定义：能够设置基本问题参数、设置项目标题和定义局部坐标系。
    - 📄 基本参数：打开"基本参数"面板，可以在其中指定当前 ANSYS Icepak 模型的参数。
    - 📄 标题 / 备注：打开标题 / 备注面板，可以在其中输入当前 ANSYS Icepak 模型的标题和注释。
    - 📄 局部坐标：打开"局部坐标系"面板，可以在其中创建可在模型中使用的局部坐标系，而不是原点为（0，0，0）的 ANSYS Icepak 全局坐标系。局部坐标系的原点是通过与全局坐标系原点的偏移来指定的。
- 📁 求解设置：能够设置 ANSYS Icepak 解决方案参数。
    - 📄 基本设置：打开"基本设置"面板，可以在其中指定要执行的迭代次数以及开始 CFD 计算之前 ANSYS Icepak 应使用的收敛标准。
    - 📄 并行设置：打开"并行设置"面板，可以在其中指定要执行的执行类型 [例如串行（默认）、并行、网络并行或 Microsoft Job Scheduler]。

◆ ▣ 高级设置：打开"高级解算器设置"面板，可以在其中指定离散化方案、松弛因子和多重网格方案。

- ▣ 分组：列出了当前 ANSYS Icepak 项目中的任何对象组。
- ▣ 后处理：列出了当前 ANSYS Icepak 项目中的任何后处理对象。
- ▣ 检测点：列出了当前 ANSYS Icepak 项目中的任何点监控对象。
- ▣ 表面：列出了当前 ANSYS Icepak 项目中的任何表面监测对象。
- ▣ 垃圾箱：列出了从 ANSYS Icepak 模型中删除的所有对象。垃圾箱节点中的任何项目将仅可用于当前的 ANSYS Icepak 会话。
- ▣ 非活动对象：列出了 ANSYS Icepak 模型中已被设置为非活动的任何对象。
- ▣ 计算域：列出了 ANSYS Icepak 项目的所有活动对象和材料。
- ▣ 库：列出了 ANSYS Icepak 项目中使用的库，位于"库"选项卡中。默认情况下，ANSYS Icepak 项目中存在一个主库，其中包含材质（流体、固体和曲面）、扇形对象和其他复杂对象。

3.10 实例－解压缩 Icepak 模型

3.10.1 创建新项目

启动 ANSYS Icepak。选择"开始"→"所有应用"→"Ansys 2024 R1"→"Ansys Icepak 2024 R1"，如图 3-77 所示，打开 ANSYS Icepak 程序，ANSYS Icepak 启动时，"欢迎使用 Icepak"对话框将自动打开，如图 3-78 所示。

图 3-77 启动 ANSYS Icepak

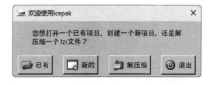

图 3-78 "欢迎使用 Icepak"对话框

3.10.2 解压缩模型

① 解压缩项目。单击"欢迎使用 Icepak"对话框中的"解压缩"按钮，通过解压来创建一

个 ANSYS Icepak 分析项目，通过解压来创建一个 ANSYS Icepak 分析项目，在"File selection"对话框内选择"compact-package.tzr"文件，如图 3-79 所示。

② 单击"File selection"对话框中的"打开"按钮，弹出如图 3-80 所示的"Location for the unpacked project"对话框，在"新建项目"处输入"compact-package"。

③ 单击"解压缩"按钮，在工作区会显示如图 3-81 所示的几何模型。

图 3-79　"File selection"对话框

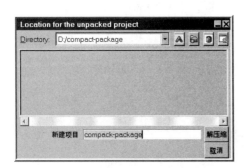

图 3-80　"Location for the unpacked project"对话框

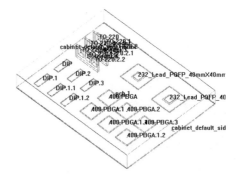

图 3-81　解压缩后完整模型

ANSYS
Icepak

第 **4** 章

创建模型

扫码看视频

4.1　概述

在创建 ANSYS Icepak 模型时，将使用图形用户界面的几个部分，分别是对象创建工具栏、对象修改工具栏、模型管理器窗口中的模型节点和模型菜单。

4.1.1　对象创建工具栏

对象创建工具栏，如图 4-1 所示，包含一些按钮，可用于向 ANSYS Icepak 模型添加对象，并指定这些对象的材质。

4.1.2　对象修改工具栏

对象修改工具栏，如图 4-2 所示，用于更改 ANSYS Icepak 模型中的对象，并包含可用于编辑、移动、复制、删除和对齐在计算域中创建的对象的按钮。

图 4-1　对象创建工具栏

图 4-2　对象修改工具栏

4.1.3　模型管理器窗口中的模型节点

模型管理器窗口中的模型节点，如图 4-3 所示，用于许多与对象创建和对象修改工具栏相同的功能。右键单击"模型"节点及其相应项目，可以在 ANSYS Icepak 模型中创建、编辑、移动、复制和删除对象。

4.1.4　模型菜单

模型菜单中的选项包括生成网格和指定对象网格的顺序相关的功能。还有一些选项为从第三方 CAD 软件导入几何模型 CAD 数据和辐射建模，如图 4-4 所示。

图 4-3　模型管理器窗口中的模型节点

图 4-4　模型菜单

对象对话框和对象编辑窗口概述

① 单击"对象创建"工具栏中的对象按钮时，屏幕右下角的"编辑"窗口将变为所选对象

类型的对象"编辑"窗，例如，如果单击"对象创建"工具栏中的按钮，则"编辑"窗口将变为"块编辑"窗口。对象"编辑"窗口对于所有类型的对象都是类似的，并分为名称和组信息以及相关几何信息的部分。如图4-5所示为对象编辑窗口示例。

图 4-5 对象编辑窗口示例

② 对象"编辑"窗口与单击"对象修改"工具栏中的按钮时在屏幕右下角打开的"对象"对话框配合使用。注意，也可以通过双击"模型管理器"窗口中"模型"节点下的对象名称或单击对象"编辑"窗口中的"编辑"按钮来打开"对象"对话框。

③ 使用"对象"对话框可以指定对象"编辑"对话框中不可用的物理特性和特性。通常，"对象"对话框对于所有类型的对象都是相似的，分为四个部分：描述、几何、属性和备注。如图4-6所示显示了特定于平板的对象对话框示例。

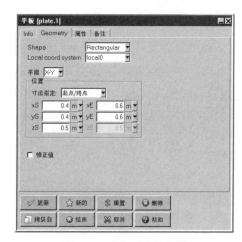

图 4-6 对象对话框示例

4.1.5 建模前的规划

建立几何模型时，原则上应尽量准确地按照实际物体的几何结构来建立。但对于结构形式非常复杂，而对于要分析的问题又不是很关键的局部位置，在建立几何模型时可以根据情况对其进行简化，以便降低建模的难度，节约工作时间。无论采用哪种方法，在建模过程中都要遵循如下要点：

① 分析前确定分析方案。首先确定分析目标，决定模型采取什么样的基本形式，并考虑控制适当的网格密度。

② 注意分析问题的类型，尽量采用理论上的简化模型，如能简化为平面分析的就不要用三维实体进行分析等。

③ 注意模型的对称性，采用模型上的简化。当物理系统的形状、材料和载荷具有对称性时，就可以只对实际结构中具有代表性的部分或截面进行建模分析，再将结果映射到整个模型上，就能获得相同精度的结果，同时减少建立模型的时间和计算所消耗的计算时间。

④ 建模时注意对模型做一些必要的简化，去掉一些不必要的细节，如倒角等。过多地考虑细节有可能使问题过于复杂而导致分析无法进行，但诸如倒角或孔等细节可能是最大应力出现的位置，这些细节不能忽略。

⑤ 采用适当的单元类型和网格密度，结构分析中尽量采用带有中节点的单元类型（二次单元），非线性分析中优先使用线性单元（没有中节点的直边单元），尽量不要采用退化单元类型。

4.2 基于对象建模

ANSYS Icepak 基于对象的建模方式，主要是在软件中根据实际零件的结构，搭建易于分析的电子热分析模型。与 CAD 真实模型相比较，其建立的模型比较规范，容易划分网格，计算容易收敛，适合于进行 CAE 热模拟分析。与直接从 CAD 软件中导入模型比较，缺点是需要工程师耗费一定的时间来重新建立热模型。

4.2.1　定义计算域

启动新项目时，ANSYS Icepak 会自动创建一个尺寸为 $1m \times 1m \times 1m$ 的三维矩形计算域，并在图形窗口中显示该计算域。计算域的默认视图位于负 z 轴方向。计算域的侧面表示模型的物理边界，任何对象（厚度为非零的外壁除外）都不能延伸到计算域外部。

单击模型管理器中的计算域分支，则屏幕右下角的 Edit（编辑）窗口将成为计算域编辑窗口，如图 4-7 所示。

可以进行修改默认计算域的选项包括：调整计算域大小、重新定位计算域、更换计算域的壁、更改计算域的描述及更改计算域的图形样式。

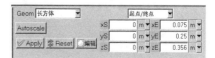

图 4-7　计算域编辑窗口

将计算域"编辑"窗口中的文本更改后，单击"Apply"按钮确定修改。单击"Reset"按钮可撤销对对话框中的文本输入字段所做的所有更改，并将对话框中的所有文本恢复到其原始状态。单击"Edit"按钮打开"计算域"对话框。

（1）调整计算域大小

可以通过下面的方式调整计算域的大小：

① 在计算域编辑窗口中指定计算域的尺寸。通过在窗口顶部的下拉列表中选择"起点 / 终点"，并输入计算域的起点（xS、yS、zS）和计算域的终点（xE、yE、zE），可以指定计算域的起始点和终点。在文本输入字段中键入数字（或在多个字段中键入编号）后，必须单击"应用"或按回车键更新模型并在图形窗口中显示更新后的模型。如果未单击"接受"或按回车键，ANSYS Icepak 将不会更新模型。

② 在计算域对话框中指定计算域的尺寸，如图 4-8 ～图 4-11 所示。要打开此对话框，双击"模型管理器"窗口中"模型🗀"节点下的"计算域🗀"项目。

图 4-8　计算域对话框（信息选项卡）

图 4-9　计算域对话框（几何选项卡）

图 4-10　计算域对话框（属性选项卡）

图 4-11　计算域对话框（备注选项卡）

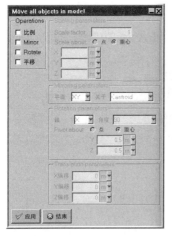

图 4-12　移动模型中的所有对象对话框

通过单击"计算域"对话框中的"Geometry"选项卡，从"指定方式"下拉列表中选择"起点/终点"，然后输入计算域的起点（xS、yS、zS）和计算域的终点（xE、yE、zE），可以指定计算域的起点和终点。或者通过从"寸法指定"下拉列表中选择"起点/长度"，然后输入计算域的起点（xS、yS、zS）和边的长度（xL、yL、zL），来指定计算域的起点和边的长度。

③ 使用"移动模型中的所有对象"对话框来缩放计算域，如图 4-12 所示。要打开此对话框，在"模型管理器"窗口中的"模型"节点下的"计算域"上右击，然后从下拉菜单中选择"移动"或者选择计算域，然后单击对象修改工具栏中的"移动" 按钮。

若要缩放计算域，启用"在模型中移动所有对象"对话框中的"比例"选项。通过在"Scale factor"文本输入框中输入值来指定比例因子。比例因子必须是一个大于零的实数。大于 1 的值会增大，小于 1 的值则会减小。要在不同方向上按不同的数量缩放计算域，输入由空格分隔的缩放因子。例如，如果在"Scale factor"文本输入框中输入"1.5 2 3"，ANSYS Icepak 将按 1.5 的因子在 x 方向、2 的因子在 y 方向、3 的因子在 z 方向缩放计算域。默认情况下，对象将围绕其当前质心位置进行缩放。要绕点缩放对象，选择"Scale about"旁边的"点"，然后输入 X、Y 和 Z 坐标。指定的点将成为缩放对象的新质心。单击"应用"以缩放计算域。单击"结束"关闭"移动模型中的所有对象"对话框。

（2）重新定位计算域

可以通过几种不同的方式重新定位计算域：

① 在计算域对话框中选择或指定计算域的本地坐标系。模型计算域默认情况下，使用原点为（0，0，0）的全局坐标系。要为计算域使用局部坐标系，从"局部坐标系"下拉列表中选择一个局部坐标系。也可以创建新的局部坐标系，编辑现有的局部坐标系统，并查看局部坐标系的定义，如图 4-13 所示。

图 4-13　局部坐标对话框

② 可以沿着 x、y 和 z 轴重新定位计算域，方法是在计算域编辑窗口的下拉列表中或在计算域对话框的"寸法指定"下拉列表中选择"起点/终点"，并修改计算域的起点（xS、yS、zS）和终点（xE、yE、zE）。如果在"计算域"对话框的"寸法指定"下拉列表或计算域编辑窗口的下拉列表中选择"起点/长度"，则可以修改计算域的起点（xS、yS、zS）和边的长度（xL、yL 和 zL）。

（3）更改计算域壁

为了使计算域具有更复杂的物理特性，ANSYS Icepak 允许更改计算域壁的定义。默认情况下，计算域的壁没有厚度，并且具有零速度和热通量边界条件。

对于计算域的每一侧（最小 x、最大 x、最小 y、最大 y、最小 z 和最大 z），可以指定壁的定义方式。要更改计算域壁，从计算域对话框的"属性"选项卡中的"壁类型"下拉列表中选择一个新选项。以下选项可用：

● 默认情况下，将指定的计算域壁定义为不可渗透的绝热边界。默认情况下会选择此选项。

- 壁将指定的计算域壁定义为壁对象。
- 开口将指定的计算域壁定义为开口对象。
- 格栅将指定的计算域壁定义为格栅对象。

对于选择的每个壁、洞口或格栅，将在"模型管理器"窗口的"模型"节点下添加一个新对象。要编辑这些对象的属性，单击"属性"下相应的"编辑"按钮，打开相应的"对象"对话框。

4.2.2　装配体组合

在热管理模型中，在多个模型中会出现给定的建模对象组合，例如可能有必要对标准电子组件（例如电源）与几种不同类型的机柜和其他电子组件进行建模。ANSYS Icepak 使能够创建为标准组件，然后在其他模型中使用它。

组件是 ANSYS Icepak 对象（例如 PCB、格栅、风扇、块）的集合，这些对象一起定义为一个组并存储为单个单元。

（1）组合的作用

组合装配体与 Proe 等 CAD 软件的装配体不同，ANSYS Icepak 里的组合主要是将模型包含起来，形成一个空间或多个空间区域。其具体的作用主要有：

① 用于建立非连续性网格，可以在保证计算精度的同时，最大程度上减少网格数量。

② 针对异形的 CAD 体、高密度的散热器翅片、包含细长比较小的模型，一般需要将其建立非连续性网格，用于对模型进行局部加密，减少非连续性区域外的网格数量。

③ 用于对 ANSYS Icepak 模型管理器下的模型进行系统管理。

④ 用于多个模型的合并，可以在 ANSYS Icepak 里单击模型工具栏的"创建组合"按钮，建立组合，双击打开"Assemblies"对话框，如图 4-14 所示。在组合的"Definition"选项卡中选择"外部"组合，单击"项目定义"右侧的"浏览"。在浏览对话框中找到需要加载合并的模型，单击"打开"，然后单击"更新"或者"结束"按钮，即可合并不同模型。

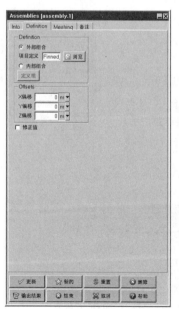
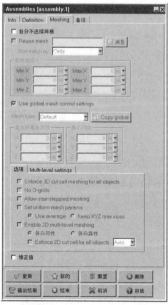

图 4-14　"Assemblies"对话框

（2）组合的创建方法

① 在模型管理器下，选中需要局部加密的器件或者需要划分非连续性网格的器件，然后右击，在弹出的快捷级联菜单中选择"创建对象"→"组合"命令，即可建立组合，如图 4-15 所示。

② 单击模型工具栏的"创建组合"按钮，创建组合，然后选中模型管理器下需要组合的器件，左键直接拖动至模型管理器下的组合，ANSYS Icepak 会自动创建包含这些器件区域的组合装配体。

图 4-15　创建组合

③ 右键单击模型管理器下的组合，在弹出的快捷级联菜单下，可进行不同的操作，如图 4-16 所示，下面是部分命令的解释。

- 编辑：编辑组合。
- 有效：取消选择，表示抑制装配体。
- Rename：重新命名。
- 复制：复制模型。
- 移动：移动模型。
- 删除：删除模型。
- 创建组合：建立装配体。
- 去除组合：删除装配体，保留装配体内模型。
- 显示 / 隐藏：取消选择，表示隐藏装配体。
- View separately：可仅显示组合里的器件。
- Expand all：扩展装配体。
- Collapse all：关闭装配体。
- 合并项目：合并 ANSYS Icepak 项目。
- Load assembly：加载组合装配体。
- 保存成项目：将装配体内的模型保存为 ANSYS Icepak 项目。
- Total volume：用于统计组合里器件的体积。
- Total area：用于统计组合里器件的面积。

图 4-16　右键菜单

- Summary information：用于统计组合内不同类型的个数。要查看组件内容的简要摘要，在"模型管理器"窗口中右击组件项，然后在下拉菜单中选择"Summary information"。这将打开组件内容对话框，如图 4-17 所示，此对话框列出了组件中对象的总数以及每个单独对象类型的对象数。

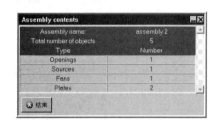

图 4-17　组件内容对话框

（3）组合的属性编辑

要编辑组件项的特性，使用以下步骤：

① 单击"对象修改"工具栏中的"编辑"按钮，或右击"模型管理器"窗口中的装配项目，然后在下拉菜单中选择"编辑"。这将打开"Assemblies"对话框。

② 根据需要，在"Assemblies"对话框的"Info"选项卡中更改组件的描述。

③ 根据需要更改组件的图形样式。

④ 在"Definition"选项卡中，选择要添加到模型中的组件，如图 4-14 所示，有两种选择：

- 外部组件能够使用在以前的 ANSYS Icepak 项目中创建的组件。在"项目定义"文本输入字段中指定创建组件的项目的名称。可以输入自己的文件名，该文件名可以是文件的完整路径名，也可以是相对于启动 ANSYS Icepak 的目录的路径名。或者可以选择文件名，方法是单击"项目定义"文本字段旁边的方形按钮，然后在生成的"文件选择"对话框中选择文件。

注意　　使用外部组件选项定义组件时，组件不会复制到模型中。ANSYS Icepak 创建一个指向包含组件的项目的链接。要将组件复制到模型中并将其存储在模型中，应使用如上所述的"外部组件"选项创建指向外部组件的链接，然后选择"内部组件"选项并单击"更新"。如果未将外部组件复制到当前模型中，则对外部组件所做的所有修改都将丢失。

● 内部组件能够指定在当前模型中定义的组作为组件使用。默认情况下会选择此选项。要指定组，单击"定义组"按钮，然后从随后的"选择"对话框中的列表中选择一个组。

⑤（可选）若要将组件从其原始位置平移指定距离，通过指定每个坐标方向上的偏移量来定义平移到原始位置的距离：X 偏移量、Y 偏移量和 Z 偏移量。

⑥ 在"Meshing"选项卡中，指定是否要将组件与 ANSYS Icepak 模型的其余部分分开进行网格化，如图 4-14 所示。

a. 若要允许 ANSYS Icepak 为组件生成单独网格，启用"划分不连续网格"选项。

b. 若要重新使用（复用）从另一个项目或外部网格生成器为组件生成的网格，选择"Reuse mesh"。选择"浏览"以选择并导入网格文件。为了复用网格，源中的组件几何图形必须与组件的几何图形相同。

c. 如果单独选择"网格"，指定组件边界框周围的松弛设置距离（最小 X、最大 X、最小 Y、最大 Y、最小 Z、最大 Z）。边界框将按指定的松弛量向外移动。此外，可以通过将组件边界框的边与对象或其他组件的现有边对齐来指定每个松弛距离。"Meshing"选项卡中单击"最小 X 显示"（以橙色显示），然后在图形窗口中单击要与装配边界框的"Min X"对齐的对象边。

d. 如果单独选择了"网格"，则可以取消选择"Use global mesh control settings"（使用全局网格控制设置）以启用"最大网格大小""最小间隙"和"选项"。如果选择了使用全局网格控制设置，则网格控制设置将从全局网格设置继承。单击"Copy global"（复制全局）按钮，以使用当前全局网格设置值填充网格控制设置。

e. 如果取消选择"使用全局网格控制设置"，则可以为组件中的对象指定网格类型。单独网格化的组件可以具有与用于网格化外部组件的类型不同的网格类型。

⑦ 指定是否要固定对话框中单位的值。

⑧ 单击"更新"按钮，根据"Assemblies"对话框中的规范定位组件。单击"完成"定位组件并关闭"Assemblies"对话框。

4.2.3　热交换器

热交换器是用与周围空气的热交换的二维建模对象来代替三维热交换器。对于 ANSYS Icepak 中的平面热交换器，使用参数模型对换热元件进行建模。热交换器能够将压降和传热系数指定为散热器法向速度的函数。如图 4-18 所示为热交换器对话框。

图 4-18　热交换器对话框

（1）Geometry

热交换器的几何形状包含方形、圆形、倾斜、多边形，相应的尺寸坐标可通过 Location 来进行设定。

（2）通过热交换器的压力损失建模

在 ANSYS Icepak 的热交换器模型中，热交换器被认为是无限薄的，并且假设通过热交换器的压降与流体的动态压头成比例，并根据经验确定损失系数。也就是说，压降 Δp 随通过散热器的速度的法向分量 v 而变化，如下所示：

$$\Delta P = k_{\mathrm{L}} \frac{1}{2} \rho v^2 \tag{4-1}$$

式中，ρ 是流体密度；k_{L} 是无量纲损失系数，可以指定为常数或多项式函数。

在多项式的情况下，关系为

$$k_{\mathrm{L}} = \sum_{n=1}^{N} r_n v^{n-1} \tag{4-2}$$

式中，r_n 是多项式系数；v 是垂直于阻力的局部流体速度的大小。

（3）通过热交换器的传热建模

从热交换器到周围流体的热通量如下所示：

$$q = h(T_{\mathrm{air,d}} - T_{\mathrm{ext}}) \tag{4-3}$$

式中，q 是热通量；$T_{\mathrm{air,d}}$ 是热交换器下游的温度；T_{ext} 是液体的参考温度。对流传热系数 h 可以指定为常数或多项式函数。

对于多项式，关系式为

$$h = \sum_{n=0}^{N} h_n v^n; \ 0 \leqslant N \leqslant 7 \tag{4-4}$$

式中，h_n 是多项式系数；v 是垂直于阻力的局部流体速度的大小，单位为 m/s。

可以指定实际热通量（q）或传热系数和热交换器温度（$h, T_{\mathrm{air,d}}$）。q 在热交换器表面积上积分。

（4）计算传热系数

为了对热交换器的热行为进行建模，必须提供传热系数 h 的表达式，作为通过阻力 v 的流体速度的函数。为了获得该表达式，考虑热平衡方程：

$$q = \frac{\dot{m} c_{\mathrm{p}} \Delta T}{A} = h(T_{\mathrm{air,d}} - T_{\mathrm{ext}}) \tag{4-5}$$

式中　q —— 热流（通量）；

$\quad\quad \dot{m}$ —— 流体质量流量；

$\quad\quad c_{\mathrm{p}}$ —— 比热容；

$\quad\quad h$ —— 传热系数；

$\quad\quad T_{\mathrm{ext}}$ —— 外部温度（液体的参考温度）；

$\quad\quad T_{\mathrm{air,d}}$ —— 热交换器下游的温度；

$\quad\quad A$ —— 热交换器前部区域。

（5）在模型中添加热交换器

在 ANSYS Icepak 模型中添加热交换器的步骤如下：

① 创建一个热交换器，要在 ANSYS Icepak 模型中创建一个热交换器，单击对象创建工具栏中的"创建热交换器"▤按钮。

② 如果需要，更改热交换器的说明，在模型管理器刚创建的热交换器下双击即可弹出"Heat exchanger"对话框。Info 选项卡如图 4-19 所示。

③ 如果需要，更改热交换器的图形样式。

④ 在"Geometry"选项卡中，如图 4-20 所示，指定热交换器的几何图形、位置和尺寸。在"形状"下拉列表中，有四种不同类型的几何图形可用于热交换器。

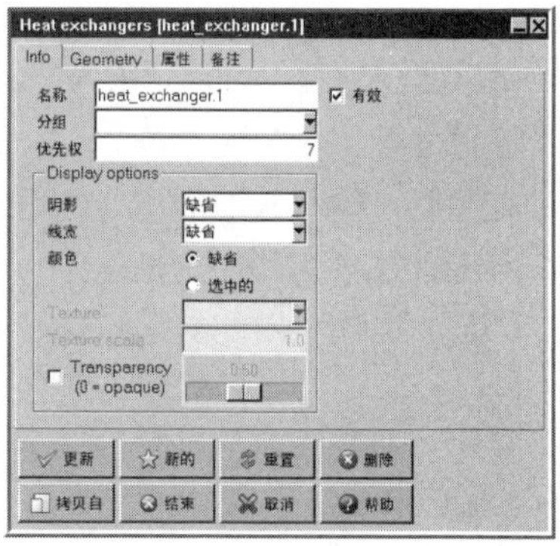

⑤ 在"属性"选项卡中，如图 4-21 所示，指定热交换

图 4-19　"Heat exchanger"对话框
Info 选项卡

器的损耗系数。要指定常数损失系数，选择"定常"，然后在"定常"文本输入框中输入值。要指定多项式损失系数，选择"多项式"，并在"多项式"文本输入框中输入多项式方程的系数（用空格分隔）。多项式方程必须使用国际单位制。

图 4-20　热交换器对话框（几何选项卡）

图 4-21　热交换器对话框（属性选项卡）

⑥ 指定通过热交换器的热传递。从"Thermal condition"（热条件）下拉列表中的两个选项中进行选择：

● 热流量规定了从阻力到周围流体的固定传热速率。

● 传热系数指定了一个传热系数，用于对电阻的热量输入 / 输出进行建模。可以为传热系数指定一个常数值。或者，可以通过在多项式文本输入字段中输入多项式方程的系数（用空格分隔）来指定多项式传热系数。

⑦ 在外部温度旁边指定电阻的温度。环境温度的值在基本参数对话框中的环境条件下定义。

4.2.4　创建开口

开口▤是二维建模对象，表示流体可以流过的模型区域。开口类型包括自由式和循环式。自由开口单独指定，但循环开口必须成对指定。循环开口对由两部分组成：

● 出口部分，代表从外壳中移除流体的位置。

● 入口部分，代表流体返回外壳的位置。

开口应位于外壳边界上，即机柜壁或用于遮盖外壳一部分的空心块表面。自由开口也可以位于外壳内的块或板的表面上。

自由开口表示外壳边界上或块或板上的孔。循环开口对设备（例如加热器、制冷回路）进行建模，这些设备在一个位置从外壳中流出流体，对其进行加热或冷却，并将其供应到模型中的不同位置。

注意，循环开口的出口部分和入口部分的质量流速必须相同。如果两个截面尺寸不同，可以为它们指定不同的质量流量，但截面的质量流速（质量流量面积）必须相同。

若要在模型中配置洞口，必须指定其几何图形（包括位置和尺寸）和类型。对于自由洞口，还可以指定洞口处的温度、静压、流体浓度和速度。对于瞬态问题，可以指定温度、压力、流体浓度和速度随时间的变化。对于循环开口，必须指定循环回路中流体的质量流速和热处理。热处理可以指定为恒定的温度升高（或降低）、固定的热输入（或提取）或使用电导和外部温度。还可以指定流出入口部分的方向，以及循环回路中流体的增加或减少。

（1）自由开口

自由开口表示固体物体（如块或板）表面上的区域，或平面物体（如墙）上的区域。流体可以通过该区域在任何方向上自由流动。在大多数情况下，开口表示机柜边界上的一个孔，模型流体在该孔中暴露于外部环境。

默认情况下，作为解决方案的一部分，ANSYS Icepak 计算通过自由开口的流速。

对于位于机柜墙上的自由开口，ANSYS Icepak 根据外部静压计算通过开口的流速。默认外部压力和温度是在"基本参数"对话框中的"环境条件"下指定的环境温度。对于外部流体速度不垂直于开口平面的情况，ANSYS Icepak 允许指定速度方向分量，以及指定开口处的流体浓度和湍流参数。也可以为自由洞口处的压力、温度、速度、流体浓度和湍流参数指定边界轮廓。

（2）循环开口

循环开口模型循环装置，如加热或冷却装置。在这种装置中，流体通过开口的出口部分从机柜中抽出，并通过入口部分返回机柜，外部循环冷却装置如图 4-22 所示。循环开口的出口部分和入口部分在尺寸和几何形状上可以彼此不同。

如图 4-23 所示的，可以通过将循环开口的入口和出口部分放置在绝热块的两个不同侧面来对内部循环装置进行建模。注意导电实心块不能用于表示内部循环装置。

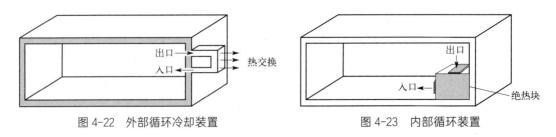

图 4-22　外部循环冷却装置　　　　　图 4-23　内部循环装置

4.2.5　周期性边界条件

当物理几何形状和流动预期模式具有周期性重复性质时，使用周期性边界条件▦。ANSYS Icepak 允许平移周期边界，不允许旋转周期性边界或在周期性平面上施加压降的周期性边界。

当计算模型中两个相对平面上的流动相同时，将使用周期性边界条件。如图 4-24 所示，平移周期性示例 - 物理域说明了平移周期边界条件的典型应用。在本例中，边界形成了直线几何体中的周期性平面。周期平面总是成对使用，如图 4-25 所示。

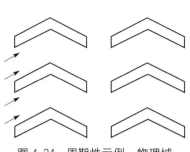

图 4-24　周期性示例 – 物理域

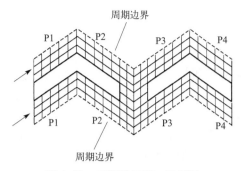

图 4-25　周期性示例 – 建模域

要在 ANSYS Icepak 模型中包含周期边界，单击对象创建工具栏中的"创建周期边界" ▦▦ 按钮，然后在模型管理器刚创建的周期边界下双击即可弹出"重复边界"对话框，如图 4-26 为"重复边界"对话框。

ANSYS Icepak 提供了计算顺流周期性（完全开发）流体流量的能力。这些流动在各种应用中都会遇到，包括紧凑型热交换器通道中的流动和跨管束的流动。在这种流动配置中，几何形状沿着流动方向以重复的方式变化，导致周期性的完全发展的流动状态，其中流动模式在连续的循环中重复。顺流周期性流动的其他例子包括管道和导管中完全发展的流动。这些周期性条件是在足够的入口长度后实现的，这取决于流动雷诺数和几何构型。

图 4-26　"重复边界"对话框

4.2.6　通风口

在 ANSYS Icepak 模型中，格栅可以表示通风口或平面阻力，这是类似类型的物体。通风格栅位于壁或表面的边界上，而平面阻力格栅通常位于机柜内部的自由空间中。

通风口代表流体可以通过其进入或离开机柜的孔。它们总是位于外壳边界上，即用于修改外壳形状的计算域壁或块表面，如图 4-27 所示。

在大多数情况下，通风口都有覆盖物（例如

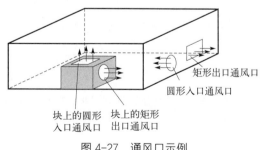

图 4-27　通风口示例

筛网、倾斜板条、金属丝格栅）。这些覆盖物会导致通风口平面上的压降。ANSYS Icepak 处理压降的方式与处理阻力建模对象的压降的方式相同。

流体可以通过通风口进入或离开机柜。通过通风口的实际流动方向由 ANSYS Icepak 计算。在某些情况下，流体可以通过单个通风口的不同区域进出。在两个方向的流量几乎相等的情况下，可以将通风口建模为两个单独但相邻的通风口。

ANSYS Icepak 计算通过通风口离开机柜的流体的温度和方向。如果流量通过通风口离开域，则忽略温度。默认情况下，流体通过通风口的流动方向由 ANSYS Icepak 计算。

若要在模型中配置通风口，必须指定其几何图形（包括位置和尺寸）。为了获得最佳效果，排气口的尺寸和几何形状应与实际排气口的大小和几何形状紧密匹配。在某些情况下，还必须指定温度、压力、物种浓度和 / 或用于计算通过通风口覆盖物的压降的方法。

（1）格栅的压降计算

ANSYS Icepak 计算通过格栅离开机柜的流体的速度、方向和温度，如图 4-28 所示为出口格栅条件（通风口）。计算是基于外部压力是静态的假设。

通过格栅进入机柜的流体是从外部环境吸入的。默认情况下，外部流体处于指定的环境温度，并且流体沿 ANSYS Icepak 计算的方向进入机柜。然而，可以施加一个流动方向，如图 4-29 格栅流动方向（通风口）所示，也可以指定进入格栅的流体的温度。

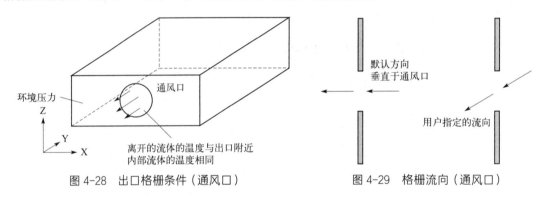

图 4-28 出口格栅条件（通风口）　　　　图 4-29 格栅流向（通风口）

要考虑由于通风口上存在网状网或倾斜板条而造成的压力损失，必须指定损失系数或选择格栅类型。ANSYS Icepak 可以根据通风口的自由面积比计算不同类型通风口的损失系数。ANSYS Icepak 提供以下通风口类型：

● 穿孔薄通风口，损失系数为

$$l_c = \frac{1}{A^2}\left[0.707(1-A)^{0.375}+1-A\right]^2 \qquad (4\text{-}6)$$

式中，A 是自由面积比。

● 圆形金属丝网，损耗系数为

$$l_c = 1.3(1-A)+\left(\frac{1}{A}-1\right)^2 \qquad (4\text{-}7)$$

● 带圆柱杆的两平面筛网，损失系数为

$$l_c = \frac{1.28(1-A)}{A^2} \qquad (4\text{-}8)$$

（2）为 ANSYS Icepak 模型添加通风口

要在 ANSYS Icepak 模型中添加通风口，单击对象创建工具栏中的█按钮，然后单击该按钮打开通风口（Grille）对话框，如图 4-30 所示为通风口（Grille）对话框。

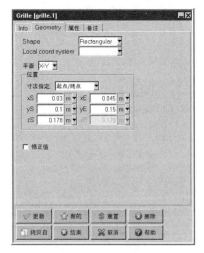

图 4-30　通风口（Grille）对话框

为 ANSYS Icepak 型号添加通风口的步骤如下：

① 制作一个通风口，要在 Ansys Icepak 模型中创建一个热交换器，单击对象创建工具栏中的"通风口"█按钮。

② 如果需要，更改通风口的说明及通风口的图形样式。

③ 在"Geometry（几何图形）"选项卡中，指定通风口的几何图形、位置和尺寸。在"形状"下拉列表中，有五种不同类型的几何图形可用于通风口，分别是 Rectangular、Circular、倾斜、多边形及 CAD。

④ 在"属性"选项卡中，指定通风口的特性。在下拉列表中选择压力损失规格，分别为压损系数和 Loss curve。

● 损失系数：选择用于计算速度损失系数的方法，"速度损失系数"下拉列表中提供了以下选项。

◆ 自动：要让 ANSYS Icepak 根据通风口的自由面积比计算特定通风口类型的损失系数，选择"自动"。然后在"阻力类型"下拉列表中选择通风口类型（穿孔薄板、圆形金属丝网或双平面丝网），并指定自由面积比。

◆ 设备：要使用设备速度方法，选择"设备"，并选择用于计算阻力速度相关性的方法。下拉列表中有三个选项——线性、2 次和 Linear+quadratic。最后，为线性系数或二次系数指定适当的损耗系数和自由面积比。

◆ 逼近：要使用接近速度方法，选择"逼近"，并选择用于计算阻力速度相关性的方法。最后，为线性系数和 / 或二次系数指定适当的损耗系数。

● 损失曲线：要将压降定义为流体通过通风口速度的函数的分段线性曲线，选择损失曲线。ANSYS Icepak 允许通过使用阻力曲线图形显示和控制窗口在图形上定位一系列点来描述曲线，或者通过使用"Pressure drop curve（曲线规格）"对话框，如图 4-31 所示，指定通风口速度 / 压力坐标对列表来描述曲线。单击"编辑"按钮可以打开编辑阻力曲线对话框。

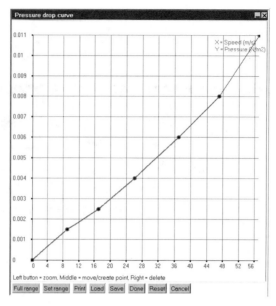

图 4-31　通风口阻力曲线图

⑤ 指定外部压力，输入外部总压力的值。对于流入通风口的流体，外部压力就是滞流压力。对于流出通风口的流体，外部压力为静压。

⑥ 指定流向。有三种选择，分别是法向进、法向出和指定的。

⑦ 输入外部流体的外部温度值。如果流体通过通风口流入机柜，则使用该温度。如果流体通过通风孔流出机柜，则忽略该温度。

4.2.7　热源

热源 表示模型中热通量产生的区域。电源可用于再现焦耳加热模拟的电流和电压。热源几何图形包括棱镜、圆柱体、椭圆曲线、椭圆圆柱体、矩形、圆形和 2D 多边形等。热源可以用于指定温度的主要场变量。对于瞬态问题，还可以定义源处于活动状态的时间段。二维热源可以与模型中的其他对象交换辐射。

若要在模型中配置热源，必须指定其几何图形（包括位置和尺寸）和温度选项。对于瞬态模拟，还必须指定与热源系数相关的参数。

（1）热源选项

如图 4-32 所示，使用以下选项之一指定热源：总发热量、表面 / 体积流量、固定温度。

● 总发热量：将平面上或体上的总功率输出设置为某值。然后，ANSYS Icepak 通过除以平面面积或 3D 区域体积来计算单位面积（或体积）的热量值。下拉菜单中包含定常、温度相关功耗，以及 LED 热量设置。定常表示热耗是常数。温度相关功耗表示热源的热耗值与温度的关系式，可以是线性关系，也可以是分段线性关系，如图 4-33 所示。LED 热量设置主要是用来模拟 LED 灯芯的热耗计算，如图 4-34 所示。

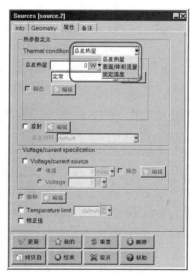

图 4-32　热源选项

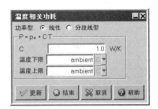
图 4-33　温度相关功耗

图 4-34　LED 热量设置

- 表面 / 体积流量：表示热源的面热流密度或体热流密度。
- 固定温度：表示此热源为固定的温度。

（2）添加热源

要在 ANSYS Icepak 模型中包含一个源，单击对象创建工具栏中的"创建热源" 按钮，然后在模型管理器刚创建的热源下双击即可弹出"Sources"（热源）对话框，如图 4-35 所示。

图 4-35　热源对话框几何选项卡及属性选项卡

4.2.8　创建印刷电路板

印刷电路板 是不受流体流动影响的物体。它们可以具有一定的厚度，并且由它们的几何形状和类型来定义。板材几何形状包括方形、多边形和圆形等。

板类型由其相关的热模型定义，包括绝热薄板、导电厚板、导电薄板、中空厚板或接触电阻板。绝热薄板不在板的平面上或平面内传导热量。导电厚板可以在任何一个方向上传导热量，并且它们具有一定的厚度。导电薄板可以在任何一个方向上导热，并且没有物理厚度。中空厚板可以在板的平面内传导热量，但不能穿过板。接触电阻板由于表面涂层或胶水等屏障而产生的热传递阻力。

（1）在 ANSYS Icepak 中定义板块

在 ANSYS Icepak 中，相对于垂直于板块的平面坐标，板块侧面被称为高侧面和低侧面，如图 4-36 所示。无滑移边界条件适用于与流体接触的任何板表面，对于湍流，可以为板的每一侧指定表面粗糙度。板的侧面可以与模型中的其他物体交换辐射。

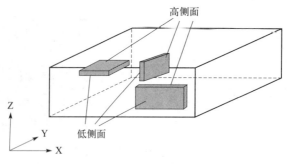

图 4-36   高 / 低侧面定义

要在模型中配置板，必须指定其几何图形（包括位置和尺寸）和类型，以及热特性和制作每一面的材料。

（2）板材厚度

当方形、多边形或圆形板指定为非零厚度时，厚度在正坐标方向或负坐标方向（垂直于板的平面）上延伸，具体取决于厚度是指定为正值还是负值。对于倾斜板，ANSYS Icepak 将指定厚度均匀分布在板的两侧。

板是根据其相关的热模型定义的，热模型可以指定为绝热薄板、导电厚板、导电薄板、中空厚板或接触电阻板。

绝热薄板的厚度为零，不会在任何方向上传导热量，无论是垂直于板还是沿着板的平面。

传导厚板可以通过板的平面或沿着板的平面传导热量，并且可以各向异性地传导，也就是说，根据每个方向特定的热导率（定义为为板指定的固体材料特性的一部分）。它们必须具有一定的物理厚度。厚度必须是物理的，以便 ANSYS Icepak 能够与板的内部匹配。对于瞬态模拟，可以指定板的密度和比热容（定义为为板指定的固体材料特性的一部分），从而赋予热质量。如果指定的传导厚板没有热质量，它可以传导热量，但不能积聚热量。

导电薄板与导电厚板具有相同的性能，只是它们没有物理厚度。它们只能具有有效厚度。

接触电阻板代表物体之间或物体与相邻流体之间的热传递屏障。可以根据热导率或接触电阻来指定屏障的电阻。基于热导率的电阻由热导率（定义为板材指定的固体材料特性的一部分）和板材厚度定义。板材必须具有恒定的材料电导率；也就是说，电导率一定不是温度的函数。接触电阻板可以具有有效厚度，在这种情况下，ANSYS Icepak 不会与板的内部匹配。

空心厚板表示模型的三维区域，其中只有侧面特征是重要的。ANSYS Icepak 不会网格化或求解由空心板侧面限定的区域内的温度或流量。

（3）表面粗糙度

在流体动力学计算中，通常的做法是假设边界表面是完全光滑的。在层流中，这一假设是有效的，因为典型粗糙表面的长度尺度远小于流动的长度尺度。然而，在湍流中，涡流的长度尺度远小于层流的长度尺度；因此，有时有必要考虑表面粗糙度。表面粗糙度会增加流动阻力，从而导致更高的传热率。

默认情况下，ANSYS Icepak 假设板的所有表面都是流体动力学光滑的，并应用标准的无滑移边界条件。然而，对于粗糙度很高的湍流模拟，可以为整个板或板的每一侧指定粗糙度因子。粗糙度系数被定义为板材表面材料特性的一部分。粗糙度系数的目的是近似板上表面纹理的平均高度。

（4）添加印刷电路板

要在 ANSYS Icepak 模型中包含一个印刷电路板，单击对象创建工具栏中的"创建印刷电路板" 按钮，然后在模型管理器刚创建的印刷电路板下双击即可弹出"Printed circuit boards"（印刷电路板）对话框，如图 4-37 及图 4-38 所示。

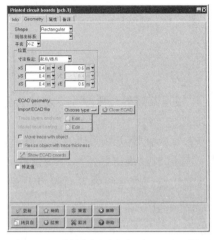

图 4-37　印刷电路板对话框 Geometry 选项卡

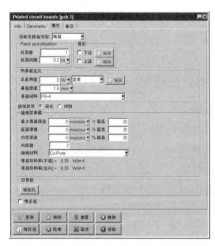

图 4-38　印刷电路板对话框属性选项卡

4.2.9　创建外壳盒体

计算域外壳盒体对象 是板组合件和其他类型的计算域的三维表示，这些计算域内有电子设备或发热组件。

外壳最多可以有六个侧面。每一侧都被建模为一个单独的板对象，并且可以具有与其他一侧不同的物理和热特性。要在模型中配置计算域，必须指定其位置和尺寸。对于计算域的每一侧，可以指定它是向环境开放还是由矩形板组成。外壳侧面可以有薄壁或厚壁，也可以有辐射或散热。一个完整的外壳对象六个板状对象在边缘相互接触。这允许热量通过外壳传递（如果外壳打开，则允许质量传递）。

要在 ANSYS Icepak 模型中包括计算域，单击对象创建工具栏中的盒体（ ）按钮，然后在模型管理器刚创建的印刷电路板下双击即可弹出后单击该按钮打开盒体对话框，如图 4-39 及图 4-40 所示。

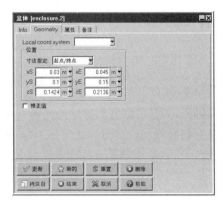

图 4-39　盒体对话框 Geometry 选项卡

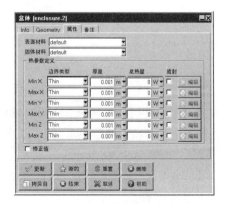

图 4-40　盒体对话框属性选项卡

将计算域盒体添加到 ANSYS Icepak 模型的步骤如下：

① 创建一个盒体。

② 根据需要更改外壳的名称。

③ 根据需要更改盒体的图形样式。

④ 在"Geometry"选项卡中，指定位置和大小。

⑤ 在"属性"选项卡中，指定外壳的"表面材料"和"固体材料"。

⑥ 指定盒体的参数。

4.2.10 创建壁

壁■是构成计算域边界的全部或部分的对象。壁可以根据其厚度、速度和热通量进行指定。壁的几何形状包括方形、多边形、圆形、倾斜和 CAD 外壳。

默认情况下，计算域侧面为零厚度壁，具有零速度和零热通量边界条件。若要修改计算域边界的特征，必须在外壁上创建并指定热条件。要在计算域内部构造壁，必须指定壁的厚度。外壁的内表面与外壳流体直接接触，其外表面暴露于外部环境。在壁的内表面应用无滑移速度边界条件。对于湍流，还可以指定壁的表面粗糙度，其效果是增加对流动的阻力。

在本小节中，将参考壁的内部和外部。壁的内侧是与计算域中的流体接触的一侧；壁的外侧是暴露在计算域外部条件下的一侧。对于零厚度的壁，壁的内侧和外侧重合；然而，内表面材料和外表面材料可以是不同的。

要在模型中配置壁，必须指定其几何图形（包括位置和尺寸）、速度、厚度、热特性以及壁的材质。

（1）壁厚度

壁厚度对于厚度为非零的壁，ANSYS Icepak 会自动从指定的壁平面向内或向外延伸壁。该延伸的方向由指定厚度相对于垂直于壁平面的坐标轴的符号确定。如果厚度值为正，则膨胀沿垂直于壁的坐标轴的正方向。如果厚度值为负，则膨胀方向为负值。如图 4-41 所示。

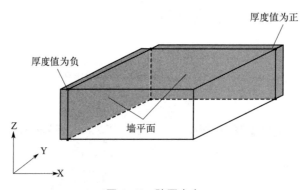

图 4-41　壁厚方向

具有非零厚度的壁可以通过或沿着壁的平面传导热量，并且可以各向异性地传导，也就是说，根据每个方向特定的热导率（定义为壁指定的固体材料特性的一部分）。它们必须具有一定的物理厚度，这样 ANSYS Icepak 才能将壁的内部网格化。有效厚度壁具有与非零厚度壁相同的特性，只是它们没有物理厚度，它们只能具有有效的厚度。

（2）表面粗糙度

在流体动力学计算中，通常假设边界表面完全光滑。在层流中，这一假设是有效的，因为典型粗糙表面的长度尺度远小于流动的长度尺度。然而，在湍流中，涡流的长度尺度远小于层流的长度尺度；因此，有时有必要考虑表面粗糙度。表面粗糙度会增加流动阻力，从而导致更高的传热率。

默认情况下，ANSYS Icepak 假设与流体接触的壁的所有表面都是流体动力学光滑的，并应用标准的无滑移边界条件。但是，对于粗糙度很高的湍流模拟，可以为整个壁指定粗糙度因子。该粗糙度系数被定义为为壁指定的表面材料特性的一部分。粗糙度系数的目的是近似壁表面纹理的平均高度。

（3）壁速度

在大多数情况下，壁代表静止的物体，但偶尔会出现模型需要壁移动的情况。例如，如果图 4-42 所示的移动带位于计算域边界，则可以将其表示为以固定速度移动的壁。移动的壁总是零厚度。

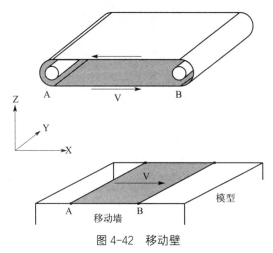

图 4-42　移动壁

当壁被指定为移动时，它只允许在壁的平面内移动，也就是说，壁在其平面外没有平移。此外，由于无滑动条件，与壁接触的流体被沿着壁拉动。在这种情况下，壁相对于固定外壳的速度必须设置在壁的平面内。对于图 4-42 中所示，壁必须在 X 方向上以 V 的速度指定，在 Y 方向上以零的速度指定。

ANSYS Icepak 自动在垂直于壁平面的方向（本例中为 z 方向）施加零速度。

外壁可以有两种不同的热边界条件：指定的热通量或固定的温度。在这两种情况下，默认情况下都假定壁的厚度为零。当两个参数都不知道时，外壁可以对应用于壁外侧的条件进行建模，使 ANSYS Icepak 能够计算壁内侧的热通量和温度，如图 4-43 所示。

图 4-43　热边界条件

4.3　实例－机载电子系统建模

本实例为创建如图 4-44 所示的机载电子系统建模，需要定义计算域、开口、通风口、背板、热源及散热器。

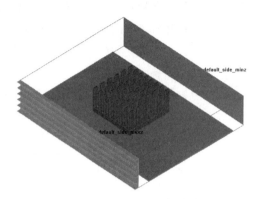

图 4-44　机载电子系统建模

4.3.1　创建新项目

① 启动 ANSYS Icepak。选择 "开始" → "所有应用" → "Ansys 2024 R1" → "Ansys Icepak 2024 R1"，如图 4-45 所示，打开 ANSYS Icepak 程序，ANSYS Icepak 启动时，"欢迎使用 Icepak" 对话框将自动打开，如图 4-46 所示。

图 4-45　启动 ANSYS Icepak　　　　　图 4-46　"欢迎使用 Icepak" 对话框

② 新建项目。单击 "欢迎使用 Icepak" 对话框中的 "新的" 按钮 ，新建一个 ANSYS Icepak 项目。此时系统将显示如图 4-47 所示的 "新建项目" 对话框，为项目指定名称。在 Project name 文本框中输入项目名称为 "Airborne Electronics"，单击 "创建" 按钮 完成项目的创建。

③ 创建计算域。完成项目的创建后，ANSYS Icepak 系统会创建一个尺寸为 1m×1m×1m 的默认计算域，并在图形窗口中显示计算域，如图 4-48 所示。

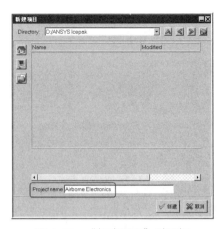

图 4-47　"新建项目"对话框

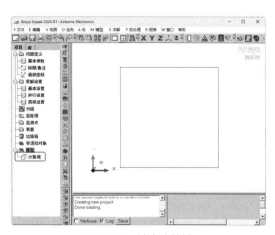

图 4-48　创建计算域

 注意　可以使用鼠标左键围绕中心点旋转计算域，也可以使用鼠标中键平移模型，使用鼠标右键放大和缩小计算域。要将计算域恢复到其默认方向，在"定向"菜单中选择"缺省视图"。或者，单击图形显示窗口上方的主位置图标（　）或按 H 键。

4.3.2　构建模型

要构建模型，首先将计算域调整到其正确大小，然后创建背板和开口，最后创建要复制的元素（即风扇、散热片和设备）。

（1）修改计算域

① 在"计算域"对话框中调整默认计算域的大小。双击如图 4-49 所示的模型管理器窗口中的"计算域"项目，系统弹出"计算域"对话框，如图 4-50 所示。也可以直接在 GUI 右下角的几何窗口中调整计算域对象的大小。单击"Geometry"标签，在位置下输入 xS 为 0mm、yS 为 0mm、zS 为 –25.4mm、xE 为 304.8mm、yE 为 63.5mm、zE 为 228.6mm，表示将计算域更改为 304.8mm×63.5mm×228.6mm，单击"结束"按钮　　完成计算域的修改。单击工具栏中的整屏显示按钮　及正等轴测图按钮　将视图缩放到合适视图及位置，结果如图 4-51 所示。

图 4-49　模型管理器窗口

图 4-50　"计算域"对话框

在"模型管理器"窗口中选择要编辑的对象后，有五种方法可以打开"编辑"对话框：

- 双击模型管理器窗口中的对象；
- 利用快捷键 Ctrl+E；
- 右键单击模型管理器窗口中的对象并单击"编辑对象"；
- 单击位于右下角的对象几何体窗口中的"编辑"按钮；
- 单击模型工具栏中的编辑图标（ ）。

② 更改计算域属性。单击"属性"标签，如图 4-52 所示，在 Min Z 下拉列表中选择"开孔"，在 Max Z 下拉列表中选择"Grille"，其他选项保持默认不变。

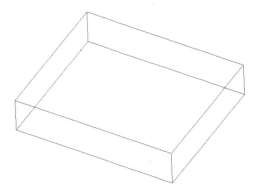

图 4-51 修改后的计算域

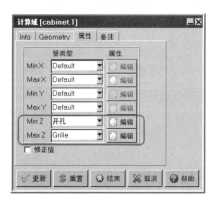

图 4-52 更改计算域属性

③ 更改流体入口开口属性。单击 Min Z 开孔右侧的"编辑"按钮，系统弹出"开孔"对话框，单击"属性"标签，如图 4-53 所示。在"流量设定"栏选择"Z 方向速度"复选按钮，输入 Z 方向速度为 0.5m/s。单击"结束"按钮完成流体入口开口的修改。

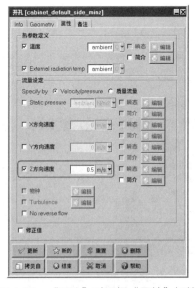

图 4-53 "开孔"对话框"属性"标签

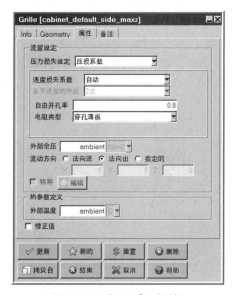

图 4-54 "Grille"对话框

④ 更改流体出口栅格属性。单击 Max Z Grille 右侧的"编辑"按钮 <u>编辑</u>，系统弹出"Grille"对话框，单击"属性"标签，如图 4-54 所示。在"自由开孔率"栏输入 0.8，单击"结束"按钮 <u>结束</u>，完成流体出口栅格的修改。

⑤ 单击工具栏中的整屏显示按钮 及正等轴测图按钮 ，将视图缩放到合适视图及位置，修改后的计算域如图 4-55 所示。其他选项保持默认不变，然后单击"结束"按钮 <u>结束</u> 完成计算域的修改。

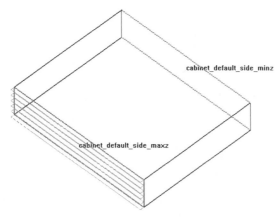

cabinet_default_side_minz

cabinet_default_side_maxz

图 4-55　修改后的计算域

（2）创建背板

① 创建块。本实例背板厚度为 1.5875mm。背板在模型中由实心块表示。单击工具栏中的创建块按钮 ，ANSYS Icepak 在计算域中央创建了一个新的实心块，需要更改块的大小。

② 修改背板尺寸。双击模型管理器窗口中的"block.1"项目，系统弹出"块"对话框，如图 4-56 所示。单击"Geometry"标签，在位置下输入 xS 为 0、yS 为 0、zS 为 0、xE 为 304.8mm、yE 为 1.5875mm、zE 为 203.2mm，单击"结束"按钮 <u>结束</u> 完成背板尺寸的修改。

（3）创建热源

① 创建热源设备。每个热源设备在物理上都与其他设备相同，除了在计算域中的位置不同。要创建一组五个设备，首先构建一个矩形平面源作为模板，然后创建四个副本，每个副本在 Y 方向上具有指定的偏移。单击工具栏中的创建热源按钮（ ），ANSYS Icepak 在计算域中心创建了一个自由矩形热源。需要更改热源的几何图形和大小，并指定其热源参数。双击模型管理器窗口中的"source.1"项目，系统弹出"Sources"对话框，如图 4-57 所示。单击"Geometry"标签，在平面的下拉列表中选择"X-Z"，在位置下输入 xS 为 100mm、yS 为 1.5875mm、zS 为 50mm、xE 为 185mm、zE 为 135mm。

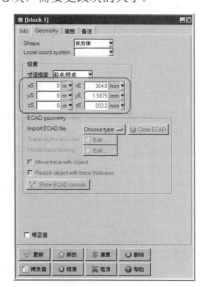

图 4-56　"块"对话框

② 更改热源属性。单击"属性"标签，如图 4-58 所示，在热参数定义下，设置总发热量为 33W，单击"结束"按钮 <u>结束</u> 完成热源属性的修改。

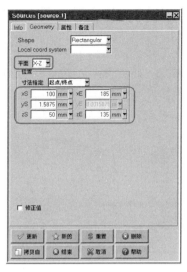

图 4-57　"Sources"对话框

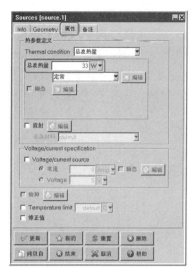

图 4-58　"Sources"对话框"属性"标签

（4）散热器

① 创建第一个散热器。单击工具栏中的"创建散热器"按钮，ANSYS Icepak 在计算域中央创建了一个散热器。需要更改散热器的方向和大小，并指定其热参数。

② 双击模型管理器窗口中的"heatsink.1"项目，系统弹出"Heat sinks"对话框。单击"Geometry"标签，在平面的下拉列表中选择"X-Z"，在位置下输入 xS 为 95mm、yS 为 1.6mm、zS 为 45mm、xE 为 190mm、zE 为 140mm，基板高度设置为 10mm，总体高度设置为 50mm，其他保持默认，如图 4-59 所示。

③ 更改散热器属性。单击"属性"标签，更改类型为"详细"，更改"流动方向"为"Z"，在"Detailed fin type"的下拉列表中选择"横切面导出"，单击"Fin setup"标签，在"翅片设置"的下拉列表中选择"数目/厚度"，Z-dir 栏输入数目为"6"，厚度为 10mm，X-dir 栏输入数目为"8"，厚度为 4mm，其他保持默认，如图 4-60 所示。然后单击"结束"按钮 完成散热器模型的创建，创建后的模型如图 4-61 所示。

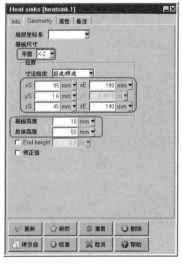

图 4-59　"Heat sinks"对话框

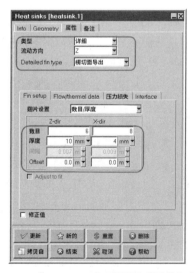

图 4-60　"Heat sinks"对话框"属性"标签

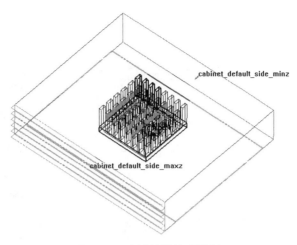

图 4-61　完成的散热器模型

（5）检查建模对象

① 检查建模对象的定义，以确保正确设置了它们。单击菜单栏的"视图"→"摘要（HTML）"命令，则如图 4-62 所示，摘要报告显示在 web 浏览器中。摘要显示模型中所有对象的列表以及为每个对象设置的所有参数。通过单击相应的对象名称或特性属性，可以查看摘要的详细信息。

② 如果发现任何不正确的设置，可以返回到相应的建模对象面板，并按照最初输入的方式更改设置。

摘要报告还显示每个对象的材质特性，以帮助确定正确的材质规格。

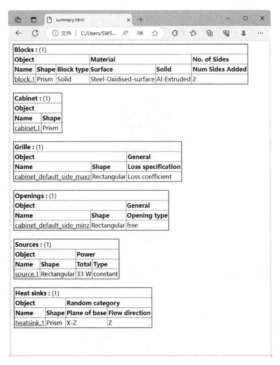

图 4-62　摘要报告

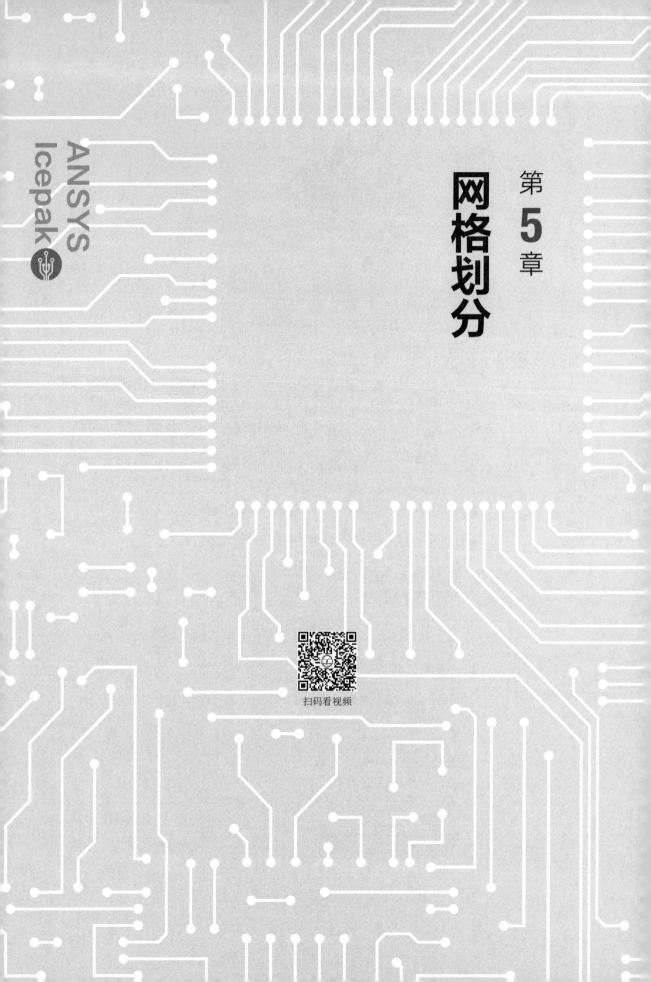

ANSYS
Icepak

第 **5** 章

网格划分

扫码看视频

5.1　ANSYS Icepak 网格概述

网格由位于整个计算域中的离散单元组成。在每个单元中，ANSYS Icepak 都会求解控制机柜中流动和传热的方程。

一个好的计算网格是一个成功和准确的解决方案的重要组成部分。如果整个网格过于粗糙，则生成的解决方案可能不准确。如果整个网格太细，计算成本可能会变得过高。总之，解决方案的成本和准确性直接取决于网格的质量。

ANSYS Icepak 自动化了网格生成过程，能够自定义网格参数，以优化网格并优化计算成本和解决方案准确性之间的权衡。可以在全局级别（影响整个计算域）或将这些修改后的参数应用于特定的建模对象。这种灵活性提供了一个高效的网格生成过程，可以根据需要对其产生尽可能大（或尽可能小）的影响。

ANSYS Icepak 遵循的网格划分程序基于一组规则，这些规则控制了如何对每种类型的对象进行网格划分。ANSYS Icepak 采用"茧化"方法，即在的规范允许的范围内，将每个对象单独网格化，以最佳方式解决解决方案的物理问题。在任何情况下，物理学的最佳分辨率取决于要解决的特定问题。网格单元在物体附近较小，如图 5-1 所示，在开放空间中的物体附近和大单元网格，以考虑物体边界附近经常存在的热梯度和速度梯度。相比之下，对象之间的开放空间与大单元网格化，以最大限度地降低计算成本。

对创建的几何模型进行网格划分是 ANSYS Icepak 热仿真的第二步，网格质量的好坏直接决定了求解计算的精度及是否可以收敛。由于实际几何模型结构复杂，使用常规理论的解析方法得不到真实问题的解析解（A 变量沿 B 变量变化的真实曲线），因此需要对热仿真几何模型及所有的计算空间进行网格划分处理。一方面 ANSYS Icepak 将建立的三维热分析

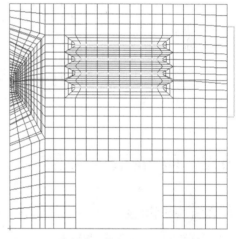

图 5-1　对象附近带有小单元的网格和开放空间中带有大单元的网格

几何模型进行网格划分，得到与模型本身几何相贴体的网格，另一方面 ANSYS Icepak 会将计算区域内的流体空间进行网格划分，以便计算电子产品内部流体的流动特性及温度分布。

优质的网格可以保证 CFD 计算的精度，ANSYS Icepak 提供非结构化网格、结构化网格、Mesher-HD 网格（六面体占优）三种网格类型，同时提供非连续性网格、Mesher-HD 专属的多级网格处理方式，三种网格类型均可以进行局部加密。在 ANSYS Icepak 中，通常对模型进行混合网格划分，即局部区域使用不同的网格类型。

优秀的网格表现在以下几方面：

① 网格必须贴体，即划分的网格必须将模型本身的几何形状描述出来，以保证模型不失真；

② 可以对固体壁面附近的网格进行局部加密，因为任何变量在固体壁面附近的梯度比较大，壁面附近网格由密到疏，才可以将不同变量的梯度进行合理的捕捉；

③ 网格的各个质量标准满足 ANSYS Icepak 的要求。

通过单击快捷工具栏中划分网格的图标▓，可以打开"网格控制"对话框。另外，通过主菜单"模型"→"网格"生成，也可以打开网格控制面板，如图 5-2 所示。

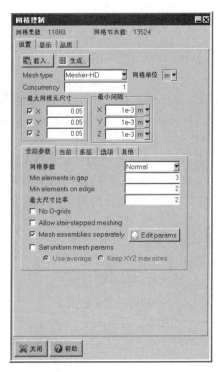

图 5-2　"网格控制"对话框

5.2　网格质量和类型

5.2.1　网格质量

网格质量是 CFD 模型最关键的方面之一。一个好的网格是一个好解决方案的关键。一个好的网格需要适当的分辨率、平滑度、低偏斜度和适当数量的单元。主要要求概括如下：

● 在温度和速度梯度可能非常大的物体附近（例如加热的块或板、附近有物体的计算域墙），网格必须很细，例如图 5-1 所示对象附近的小单元网格和开放空间中的大单元网格。

● 从一个网格单元到下一个网格单元的膨胀比应保持在 2 到 5 之间，尽管在一些关键区域，较低的值可能更好。

● 等边单元（立方体或等边四面体）是最佳的。由于通常不可能只拥有最佳单元，因此应该专注于保持每个单元的低纵横比和规则（而不是扭曲）形状。这将减少细长单元的数量和扭曲单元的数量，这两者都会降低精度并使解决方案不稳定。如图 5-3 所示为具有低/高偏斜的单元的示例。

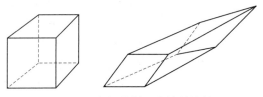

图 5-3　具有低偏斜和高偏斜的单元

● 也可以在模型的某个区域进行非共形网格划分，以提高网格质量或减少网格数量。边界框可以应用于某个区域，并且该区域内的网格不必与该区域外的网格匹配。

● 为了进行有效的计算，在速度和温度梯度较小的区域，网格应更粗糙。由于要捕捉的流动行为没有微小的变化，因此在这些区域中使用精细网格将是浪费。计算成本将与网格中的单元数量成正比，因此最好将单元集中在需要的地方，并减少其他地方的单元数量。

5.2.2　六边形主网格和六面体网格

六面体非结构网格是一种应用 ANSYS Icepak 中提供了两种类型的网格：六边形主网格（hex-dominant）和六面体网格。六边形主网格是默认的网格。六边形主网格是一种强大且高度自动化的非结构化网格，可以处理几乎无限大小和复杂性的网格，包括三角形和金字塔单元。六边形主网格可以完成六面体网格所能做的一切。它使用先进的网格算法，允许使用最合适的单元类型来为最通用的 CAD 几何图形生成网格。

然而，对于几何复杂的模型，例如包括球形或椭球体对象，六边形主网格（默认选项）通常会产生比六面体网格更好的网格。如果模型包括 CAD 形状的对象、椭球体、椭圆圆柱体或多边形风管，则需要六边形主网格。

此外，ANSYS Icepak 六面体网格可以生成为笛卡尔网格或非结构化网格。六面体笛卡尔网格可以为一些简单的问题创建质量更好的单元，但可能无法近似弯曲或与模型轴不对齐的几何体，以及非结构化六面体网格。

5.2.3　非连续网格与多级网格

Icepak 提供非连续网格（non-conformal meshing）以处理复杂的（如曲面边界以及 CAD 对象）、小尺寸的（如含有多个尺寸不一、厚度相比平面尺寸差异大的芯片的板卡）、具有详细结构的（如型材散热器）、需重点关注的区域（如具有高热流密度区域必须提高网格密度以正确捕捉热学参量的梯度）、不易网格化解析的多边形 Primitives、气流流动剧烈的区域如风扇等。

通常，需要对这些区域建立组件，即 Icepak Non-Conformal Assemblies（N/C ASM），这样可以将密集网格限制在 N/C ASM 区域内，且在区域边界不需要保持网格一致性而具有较大灵活性。与非连续网格区域相对的是模型"背景"，相应的网格称为背景网格，有的技术资料中又将其称为全局网格。

实践表明，如果不提供并应用非连续网格，那么对于复杂模型而言，就需要使用大量的正交化连续网格，或贴体 HD 网格来划分整个背景。如果是采用能够贴近 CAD 几何形状的 HD 连续网格来进行划分，通常数量很大，质量也不能得到保证，实际中难以付诸应用。

Icepak 还提供多级网格（multi-level meshing）以对不规则边界、曲面边界等进行局部细化，这种局部细化包括贴体型的真实细化和正交化的近似细化。多级网格控制仅仅针对 HD 类型的网格划分有效，适合于包含有 CAD 几何的 N/C ASM 等，就将用于解析 CAD 几何的加密网格限制在 N/C ASM 范围内，既可以很好地解析 CAD 几何，又可以使得密集网格不扩展至背景中。

5.3　全局／局部网格控制与检查

5.3.1　全局网格控制

（1）概念与基本参数

全局网格控制对话框——"网格控制"如图 5-4 所示。所谓全局网格，是指除了 N/C ASM 网格以外的网格，又称背景网格。因此，Icepak 网格可视作由全局网格和 N/C ASM 网格构成（在模型中使用了非连续网格时），如果不使用非连续网格，则仅有全局网格。

● "Mesh type"与"网格单位"下拉列表框：用于指定全局网格类型及其尺寸单位，默认为 HD 网格，可以手动进行更改，但注意应符合前述及的网格适用性。

● "最大网格元尺寸"选项组：用于指定全局网格各向最大尺度，默认为计算域各向尺寸的 1/20，在较大空间的问题计算中（如机房），这个尺寸还可以扩大。

● "最小间隔"选项组：用于指定可忽略的最小间隔，是指在各向凡小于给出值的几何对象均会被 Icepak 忽略，如小的空气气隙、小的器件等，这在实际应用中应予以注意。假设不想忽略一个 0.2mm 的空气气隙，就可以在 CAD 建模时加以考虑，可以直接延长与此气隙相邻的实体以填充，然后在界面上加入一个平板对象并在其"热模型"下拉列表框中选择"导热薄板"选项，设置"等效厚度"为 0.2mm，设置"固体材料"为"Air-solid"，如图 5-5 所示。当然，这并非必需步骤，因为在"网格控制"对话框"其他"选项卡中提供了"Allow minimum gap changes"复选框，这可保证模型中不会忽略小的间隔。

图 5-4 "网格控制"对话框

图 5-5 "平板"对话框"属性"选项卡

（2）选项卡控制参数

为方便内容组织，将图 5-4"网格控制"对话框中各选项卡按照"全局参数""当前""多层""选项""其他"的顺序阐述，其中"当前"和"多层"选项卡即局部网格控制，在后面进行介绍。

当"Mesh type"下拉列表框中的设置并非图 5-4 中显示的 HD 类型时，各选项卡中的内容有所不同，但为 HD 类型时的选项卡则包含了所有参数，因此只对这种情况下的选项卡进行论述。

① 全局网格控制参数选项卡：

a. "网格参数"下拉列表框。在图 5-4 所示的"全局参数"选项卡中，提供了多种控制。"网格参数"下拉列表包括两个选项，分别为"Normal"和"Coarse"（即通常所称的"网格粗糙度"）。对于间（气）隙中最小单元数（全局网格设置中不宜超过 3，对于系统级的大模型设为 2 较好）、边界上最小单元数（Icepak 将试图在所有对象的边界上应用这一值，通常设为 1 或 2）

和最大边界膨胀比（通常不宜超过 10）系统提供了两套默认设置。在"网格参数"下拉列表中分别选择"Normal"和"Coarse"选项时，"Min elements in gap""Min elements on edge"和"最大尺寸比例"文本框中的默认设置分别为 3、2、2 或 2、1、10，当然这些默认值可以手动进行更改。

注意，在热边界层效应特别明显的场合，如位于风道内的散热片／散热齿，其贴壁的表面空气流动效应对温度的影响很大，此时对于"Size ratio"的控制就显得十分关键，在网格划分时应特别注意检查贴近固体表面的网格膨胀比。

b."No O-grids"复选框。No O-grids 是指在不同 NC/ASM mesh 之间，或在圆柱形表面和背景网格之间，不产生梯形过渡网格，也可以将其理解为用来连接密集网格和背景稀疏网格的过渡网格，用以减少网格总数量，如图 5-6 所示。如果不使用 O 型过渡，就需要加密背景网格以直接和网格密集的区域相连，从而使数量增加。该复选框默认不勾选，即始终使用 O 型过渡网格。

c."Allow stair-stepped meshing"复选框。Allow stair-stepped meshing 即允许阶梯形网格划分，为 HD 网格类型专用控制项，主要用来对复杂 CAD 模型的差质量 HD 网格进行正交化替代，也可理解为允许用阶梯形网格（即部分区域采用结构化网格）去替代原有的棱柱体或六面体网格变形严重的区域，从而利于改进网格质量并提高分网成功率。

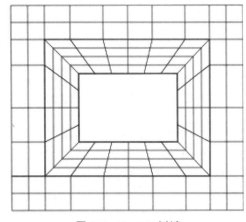

图 5-6　O-grids 过渡

注意，如果模型中不存在上述区域，则一般不会产生阶梯形网格，是一种近似网格。常常与多级网格划分控制、Set uniform mesh params 相配合以针对 N/C ASM 区域的非连续网格划分进行联合控制，这种联合控制尤其推荐使用在对包含 CAD 对象的 N/C ASM 进行分网的场合。

但必须注意，这些场合仅指气流流动对传热影响并不大的情况，例如沿着固体对象的热传导，反之则可能造成较大的计算误差。对背景而言，要么背景中不出现 CAD 对象，而使用 HD 网格或 Hexa unstructured 网格对 Primitives 进行划分，要么在背景中出现 CAD 对象而使用（多级加密的）贴体 HD 网格对其进行划分。当然，如果背景仅由沿着坐标轴生长的六面体或直多边形扫掠得到的扫略体构成，除上述两种方案外，就可使用 HD 网格对其进行划分。

或者，可考虑使用带有"Allow stair-stepped meshing"控制的 HD 网格对其进行划分，这样十分容易保证网格划分的成功率。

另外，在对 N/C ASM 的控制中也有相同的项，用来对处于 N/C ASM 中对象的 HD 网格进行正交化控制。如果使用 Hexa cartesian 网格划分 Icepak Primitives 对象时，则不必再考虑勾选"Allow stair-stepped meshing"复选框。

默认情况下，"Allow stair-stepped meshing"复选框未勾选。它的典型使用场合是：在包含复杂 CAD 对象的 N/C ASM 区域内，如果存在质量较差的棱柱体、四面体或锥体 HD 网格（这些网格往往是在 CAD 模型的曲面或倾斜面区域进行填充），那么当勾选"Allow stair-stepped meshing"复选框时，这些网格就会被替代为高质量的 CHDM。这时，替代的结果是与原曲面或斜面外形相差较大，但网格质量如面对齐率／Skewness 和收敛性都有较大提高。

② "选项"选项卡："选项"选项卡如图 5-7 所示，其中包括 1/4 圆面上最小单元数、三角形面上最小单元数、O 型网格区域高度、边界层第一层高度、不使用 O 型网格过渡和最大单元

数。允许的最大网格数量，如果计算机硬件允许，可以增加此值，一旦将要生成的网格数量超过此值，将会报错提示"Exceed maximum element count"。

③"其他"选项卡："其他"选项卡如图 5-8 所示，包括复选框"Allow minimum gap changes"（保留最小间隙，默认为勾选状态）、"Enforce 3D cut cell meshing for all objects"（HD 网格专用控制，勾选此复选框将忽略局部网格控制参数）、"Optimize mesh in thickness direction for package and PCB geometries"（优化封装及 PCB 厚度方向上的网格划分，对于多层布线的 PCB 板，每层只使用一层网格以减少网格总数）和"Enable 2D multi-level meshing"（启用 2D 多级网格划分）。

勾选"Allow minimum gap changes"复选框时，Icepak 将自动检测三个坐标轴方向上的最小间隙值，将它们分别除以 10，然后自动填充至"Minimum gap"选项组中（如果该栏事先手动输入了值，则这些值被覆盖），这样确保可以保留模型中最小的间隙。

图 5-7 "网格控制"对话框"选项"选项卡

图 5-8 "网格控制"对话框"其他"选项卡

5.3.2 局部网格控制

（1）适用场合

局部网格细化控制，如图 5-9 所示的"当前"选项卡，是对全局网格控制的补充，它主要适用于 Icepak Primitives，即不属于 CAD 类型的 Icepak objects。对于 CAD 类型对象的局部网格细化控制，其参数不如 Primitive 类型对象的全面。要想使局部网格细化控制生效，就应该勾选"网格控制"对话框"当前"选项卡中的"对象参数"复选框并对其中的对象进行单独设置。

局部网格细化控制对 HD 类型和 Hexa 类型的网格均适用，例如为了准确地考虑气流流经散热片表面的边界层效应，对散热片采用局部网格控制以加密其边界层网格。

如果想要细化 CAD 类型几何对象的网格，则可使用多级网格划分控制，但多级网格控制和局部网格细化控制是不兼容的，如果同时使用则忽略局部网格细化控制。

类似地，在勾选"Set uniform mesh params"复选框（位于"网格控制"对话框"全局参数"选项卡）或"Enforce 3D cut cell meshing for all objects"复选框（位于"网格控制"对话框

"其他"选项卡）时，也将忽略本节所述的全部局部网格控制。这实际上代表了在不同情况下对 Primitive 局部细化的方法：当取消勾选"Set uniform mesh params""Enforce 3D cut cell meshing for all objects"复选框时，本小节所述局部网格控制生效；当勾选"Set uniform mesh params"或"Enforce 3D cut cell meshing for all objects"复选框中的任一项，都无法使用本小节所述局部网格控制；当勾选"Enforce 3D cut cell meshing for all objects"复选框时，则可以考虑使用多级网格控制进行细化。

　　还有一种情况是，对 CAD 对象而言，如果在该 N/C ASM 中包含有 CAD 几何，应考虑采用多级网格控制进行细化，如果采用了，此时该 N/C ASM 中 CAD 几何的 Per-object meshing params 同样将会被忽略。

　　对于单个 Icepak 对象而言，有两种进行局部网格控制的方法：一是在模型树上选中对象并右击，在弹出的快捷菜单中选择"设置"→"object mesh parameters"命令，弹出如图 5-10 所示的"Per-object params"对话框；二是在"网格控制"对话框中选择"当前"选项卡并勾选"对象参数"复选框，单击"Edit params"按钮，弹出如图 5-11 所示的"对象网格参数"对话框。强烈建议采用后一种方式，在"对象网格参数"对话框中，包含对象列表和控制参数两个部分。首先选择左侧对象列表中的对象，可以单选、多选（Ctrl+ 鼠标左键多选、Shift+ 鼠标左键截选），然后在右侧列表中，先勾选需要设置的控制项复选框，再输入控制参数。

图 5-9　"网格控制"对话框"当前"选项卡

图 5-10　"Per-object params"对话框

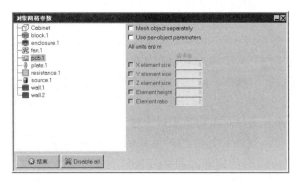

图 5-11　"对象网格参数"对话框

（2）控制参数

下面是对象网格参数中单个 object 的几个基本网格控制参数。

① Count：又称 Edge Count，是指在某一边或某一方向上的网格数。

② Height：又称 Initial Height，是指朝向流体方向边界层第一层的高度。

③ Ratio：又称 Height Ratio，是指朝向流体方向的网格增长率。

④ Inward Height：朝向 object 内部方向的第一层网格高度。

对于诸如 Plate 的 2D 对象，通常称其具有"High end"和"Low end"，由于 2D 对象通常位于与总体坐标系平面平行的某个 2D 平面内，因此第三个方向是其法线方向。例如，如果 2D Plate 位于 XY 面内，则朝向 +Z 的方向就称为"High end"，朝向 −Z 的方向就称为"Low end"。

5.3.3　网格划分优先级

在 Icepak 中，当有对象交叉时，交叉区域网格划分需遵循的优先级顺序为优先级大的对象将被划分网格，优先级小的对象无网格。也就是说，优先级大的对象拥有公共区域的网格。

对象优先级用一正整数来表示，值越大代表优先级越高，可在结构树的"Model"选项上右击，在弹出的快捷菜单中选择"排序"→"Meshing priority"命令，如图 5-12 所示，在结构树上将按网格划分优先级顺序重组结构树。对于某个对象的优先级，可以在其属性编辑对话框"Info"选项卡的"优先权"文本框中查看到，如图 5-13 所示。

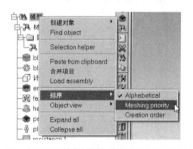

图 5-12　按照网格划分优先级顺序重组结构树　　　图 5-13　查看对象网格划分优先级

网格划分优先级一般应遵循一定的规则：优先级在对象创建时即被软件自动赋值，最近创建的对象具有最高的优先级；优先级可以手动更改；一些类型的对象始终比其他类型的对象优先级高，而不论其具体的优先级值，这种优先级的高低是不能更改的，由此可以较为简洁地建立一个受到优先级控制的模型。

Plate 优先级始终高于 Block，因此，如果一个 Plate 插入到 Block 中，那么在它们的公共交叉区域，节点和网格都将使用 Plate 的属性。

如果要修改对象的优先级，可以在图 5-13 所示的对话框中直接更改，但应首先获知交叉区域的对象及其优先级值，从而针对性地修改。如果要批量修改，则在 Icepak 菜单栏中选择"模型"→"优先级"命令，系统弹出如图 5-14 所示的"对象优先级"对话框。另一种方法是，拖动结构树中要修改的对象至指定位置。在结构树中位置靠得越后的对象其优先级越高，但必须注意这种优先级高低顺序仅针对排列在同一分支下的对象。

图 5-14　"对象优先级"对话框

5.3.4　网格显示及网格检查

① 本小节阐述在网格划分完成后的显示和检查工作。注意，在网格划分之前，应首先进行几何检查。网格显示及其检查是网格划分后的一项重要工作，例如通过视觉检查（visual inspection）查看网格大体情况是否符合意图，通过网格划分完成后的窗口提示信息查看是否有未被划分网格的对象（no mesh exists），以及通过质量检查（quality diagnostics）查看是否有 skewness-0 的 HD 网格。后面两种情况在实际应用 Icepak 的过程中时有出现，如果计算前不进行网格检查则会发生错误。因此，在开始求解前，都应首先进行网格检查。

② 未被划分网格的对象（在 Icepak 窗口下方会提示"Warning：no mesh exists for object name"），这常常出现在下列三种情形中：一是存在几何位置上重合的对象（例如，同一位置具有完全相同的两个或多个体），这样优先级低的对象将会无网格；二是对象被完全包含于另一对象中，而后者具有高的优先级，此时被包含的低优先级对象将会无网格；第三种情况则常见于与 Cabinet 边界相接触的对象，例如机箱壁板等，如果机箱壁板外侧正好与 Cabinet 边界相接触，往往会提示机箱壁板无网格，此时可适当加大 Cabinet 边界尺寸即可。对于前两种情况的解决方法是，考虑修改模型或重新更改对象的优先级。

③ 网格显示选项卡如图 5-15 所示，提供了三种网格显示模式（Surface、Volume 和 Cut plane）和两种渲染模式（Wire 和 Solid fill），对象显示选项组（Object display options）默认为被选择的对象，表面网格颜色可以通过单击"Surface mesh color"右侧的小色块进行更改，"Plane location"选项组则是配合"Cut plane"网格显示模式使用（仅在勾选了"Cut plane"复选框时可用），用以确定网格切面的具体位置。

④ 网格质量检查选项卡如图 5-16 所示。网格质量检查包括面对齐率（Face alignment）、网格质量（Quality）、网格体积（Volume）以及扭曲率（Skewness）参数。其中，Quality 参数仅仅针对 Hexa-unstructured 网格而言，它综合表示网格长宽比（Aspect ratio）以及扭曲率（Torsion/Twist），Skewness 参数仅仅针对 HD 网格而言。

图 5-15　网格显示选项卡

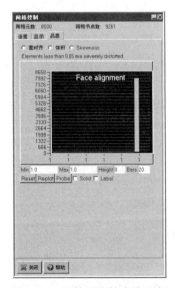

图 5-16　网格质量检查选项卡

⑤ 一般地，以上四个参数应分别大于 0.05、大于 0.01、大于 1e-13（对单精度计算）/ 大于 1e-15（可更小，对双精度计算而言，只要模型网格体积尺度的最大差异在 1e-12 量级范围内就能

处理，例如从 1e-20 至 1e-8）/ 不大于 10^7（对单精度计算）、大于 0.02。

⑥ 实践表明，除网格体积参数外，对复杂模型而言其他三个参数要达到理想的限值往往不太容易。例如，使用 HD 网格划分复杂模型时得到的网格，Skewness 参数会降低至 1e-5 数量级，但实际计算表明此时仍然可以得到令人满意的收敛和求解。

⑦ 但是，必须保证各参数都是大于 0 的值，如果模型中出现了 Face alignment、Quality、Volume、Skewness 中的任一项等于 0 的网格，则意味着该网格不可用于计算。这一点非常重要，如果不加检查而直接提交 Icepak 求解，则可能在花费了长时间读取一定数据之后报错而中止计算。如果在进行网格检查后对其质量不满意，则可考虑使用局部网格控制进行细化，或者对网格质量较差的区域建立 N/C ASM，使用非连续网格进行细化和改进。

5.4 网格划分的原则与技巧

5.4.1 ANSYS Icepak 网格划分原则

在 ANSYS Icepak 中常用的网格划分原则如下所述。

① 设置整体网格控制面板的 Max X、Y、Z 网格最大尺寸为计算区域 Cabinet 的 1/20。如果对于自然对流的模拟，可以将 X、Y、Z 三个方向的尺寸减小为计算区域 Cabinet 的 1/40。

② 对于 ANSYS Icepak 可编辑几何尺寸的几何体（主要指 ANSYS Icepak 的原始几何体，圆柱体，方体、斜边、多边形体等），均使用非结构化网格。当然也可以使用 Mesher-HD，但是不对这些几何体使用 Multi-level 多级网格划分。

③ 对于导入的异形 CAD 类型 Block，必须对其使用非连续性网格，同时在非连续性网格面板中选择 Mesher-HD 的类型，使用 Multi-level 多级网格对非连续性区域进行网格划分。

④ 对于高密度翅片的散热器模型，在 DM 导入模型时，一方面建议将其转化成 ANSYS Icepak 的原始几何体，确保散热器形状不变，另一方面需要使用非结构化网格对其进行网格处理。

⑤ 第一次计算时，可设置 Global settings/Mesh parameters 中选择 Coarse。

⑥ 流体通道 Gap、散热器翅片间隙内布置 3 ～ 5 个网格，可使用网格控制面板的 Local 进行加密。

⑦ 对于散热器几何体，需要在翅片高度方向布置 4 ～ 8 个网格，而对于散热器基板厚度方向，则需要布置 3 个网格。

⑧ 对于 PCB 板几何体，需要在 PCB 的厚度方向布置 3 ～ 4 个网格。

⑨ 对于发热的模型器件，需要在各个边设置至少 3 个网格。

⑩ 使用面 / 边 / 点对齐、中心对齐、面 / 边匹配工具，去除所有模型对象之间的小间隙，以减少由于小间隙导致的大量网格数。

⑪ 对于 Openings/Grilles/fan（环面）每个边最少设置 4 ～ 6 个网格（可通过 Local，局部加密来实现）。

⑫ 划分完网格后，一定使用 Display 面板，检查不同模型的面网格、体网格，确保网格保持模型本身的几何形状不变形，足以捕捉模型的几何特征，保证模型的网格不失真，通过切面网格显示工具，检查不同位置流体、固体的网格划分。

⑬ 检查网格控制面板的 Quality，确保各个判断标准满足推荐的数值。

⑭ 如果模型有互相重叠的区域，比如：液冷散热模型，需要检查 Block 的属性（比如检查

流体 Block 的属性，确保所有流体块的属性为同一种流体，否则计算一定不收敛）；检查不同 Block 的优先级是否正确。

⑮ 小间隙容差会造成质量差的网格。

如果模型中不同的器件相贴、相切，比如几个异形的体相切，切面半径相同，建议使用 DM 中的 Simplify 工具，选择 Level 3，在 Face quality 中选择 Very Fine，将异形几何体转化为 ANSYS Icepak 认 可 的 CAD 类型 Block。如果在 DM 中将部分几何体转化成多边形 Block，那么多边形的 Side 面势必与圆柱体的内面形成间隙，如图 5-17 所示。由于小间隙的存在，可能会导致相贴面产生质量很差的网格。

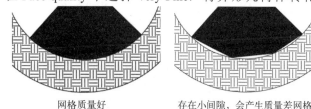

网格质量好　　　　存在小间隙，会产生质量差网格

图 5-17　小间隙容差

5.4.2　确定模型多级网格的级数

如果需要对局部区域划分非连续性网格，而且必须选择 Mesher-HD 网格类型，同时选择了多级网格划分，那么如何有针对性地设置非连续性区域内的 Max X、Y、Z 三个方向的最大网格尺寸？

① 根据模型的最小厚度尺寸、最小流体间隙尺寸来估计最小的网格尺寸。

② 计算需要设定的级数，1 级或者 2 级，最好不要超过 4 级。

③ 设定第 n 级网格尺寸为最小尺寸，然后第 n–1 级尺寸为第 n 级最小尺寸的 2 倍，直到计算出 0 级网格的尺寸，那么相应的 0 级网格尺寸即为 Max X、Y、Z 三个方向的最大网格尺寸。

5.5　实例－机载电子系统生成网格

本实例为对上一章创建的机载电子系统进行网格的划分。

5.5.1　粗网格方法网格划分

将分两步生成网格：首先，将创建一个粗网格并检查它，以确定需要进一步细化网格的位置；然后，将基于对粗网格的观察来细化网格。

注意

如果在"其他"标签中取消选中"允许最小间隙更改"，则会出现"最小间距"警告。当指定的最小间隙超过模型中最小尺寸对象的 10% 时，会出现此警告消息。如果弹出警告消息，则需选择"更改值和网格"。

① 生成粗略（最小计数）网格。单击工具栏中的网格生成按钮，系统弹出"网格控制"对话框。如图 5-18 所示，在"网格参数"下拉列表中选择"Coarse"，ANSYS Icepak 使用粗糙（最小数量）网格的默认网格参数，将最大网格元尺寸 X、Y 和 Z 分别设置为 0.01524、0.003175、0.0127，将最小间隔 X、Y 和 Z 分别设置为 1e-3m、1e-3m、1e-3m。设置完成后再单击"生成"按钮 生成，生成粗略网格。

② 如果在其他标签下未选中 Allow minimum gap changes（允许最小间隙更改）选项，如图 5-19 所示。ANSYS Icepak 将提示最小对象间距超过模型中最小尺寸对象的 10%。这时可以忽

略警告或允许 ANSYS Icepak 最小间隙值更改。

图 5-18　"网格控制"对话框

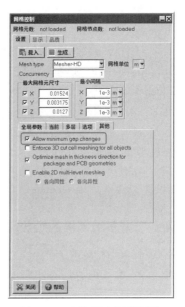

图 5-19　允许最小间隙更改

③ 检查模型横截面上的粗网格。单击"显示"标签，如图 5-20 所示。选择"显示网格"选项，在"Display attributes"栏中选中"Cut plane"复选框，在"设置位置"下拉列表中，选择"X 中心截面"，完成设置后单击"更新"按钮，粗网格显示结果如图 5-21 所示。确保放大器部件已被划分，并检查散热器散热片附近的单元。注意网格是粗略的，翅片之间只有几个单元。当流体在翅片之间流动时，边界层将增长，其精度将决定模拟的准确性。翅片之间至少需要三到四个单元，以充分解决边界层的增长问题。细化网格可以获得更好的分辨率，因此需要进一步进行网格优化，在下一步中，我们将生成更精细的网格。

图 5-20　"显示"标签

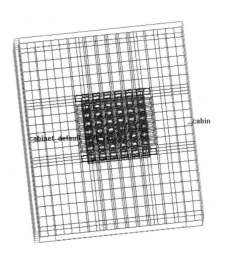

图 5-21　粗网格

5.5.2　优化网格

（1）生成更精细的网格

单击"网格控制"对话框上方的"设置"标签，在"全局参数"标签下，将"网格参数"下拉列表中选择"Normal"。ANSYS Icepak 将使用"全局"标签下的默认网格参数更新面板。单击"网格控制"对话框中的"生成"按钮▦ 生成 以生成更精细的网格，如图 5-22 所示。图形显示将自动更新以显示新网格。

图 5-22　"网格控制"对话框细网格划分

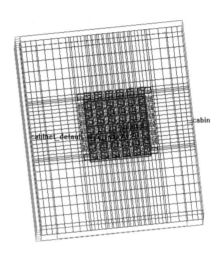

图 5-23　优化后网格

（2）检查新网格

单击"显示"标签，然后使用滑块推进平面剖切，并在整个模型中查看网格，如图 5-23 所示为优化后的网格，图 5-24 所示为两种网格划分对比。

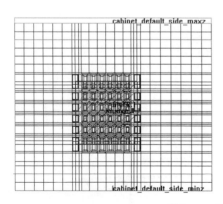
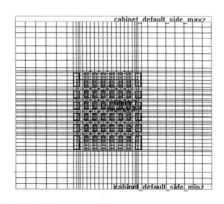

图 5-24　网格划分对比

ANSYS
Icepak

第 **6** 章

物理模型及求解

扫码看视频

6.1　自然对流传热模型

在对流换热中，由于因为冷、热流体的密度差引起的流动，称为自然对流。ANSYS Icepak 热模拟计算中，有两种工况需要考虑自然对流计算：一种为纯自然对流，热模型中无风扇等强迫对流的边界条件；另一种为混合对流，热模型中有强迫风冷或者强迫液冷，另外包含密闭的空间，空间内充满空气。密闭空间内包含自然对流、传导、辐射换热三种散热方式，这种情况称为混合对流冷却。

6.1.1　自然对流控制方程及设置

控制方程为

$$\rho\left(\frac{\partial u}{\partial t}+u\nabla u\right)=-\nabla\rho+\nabla\tau-\rho g \tag{6-1}$$

式中，ρg 为自然对流的浮力项。

在 ANSYS Icepak 中，如果模型为强迫对流散热，由于自然冷却所占的比重较少，通常将自然冷却计算关闭，即忽略模型通过自然对流和辐射换热散出的热量。

在 ANSYS Icepak 中，双击打开"基本参数"对话框，选择的 Natural convection 下 Gravity vector，即可考虑自然对流计算。默认的设置为 Y 轴的负方向代表重力方向，$-9.80665\mathrm{m/s}^2$，如图 6-1 所示。

另外，如果热模型在实际工程中与重力方向有一定的夹角，那么可以用以下两种方法设置自然对流。

方法一：将真实倾斜的模型通过 DM 导入 ANSYS Icepak；选择相应的重力方向，即可进行自然对流计算。但是因为热模型是倾斜的，其必须使用 Mesher-HD 的多级网格划分处理，会导致较大的网格数量。

方法二：将模型旋转一定角度，保证热模型在 ANSYS Icepak 中与坐标轴平行或垂直，这样划分的网格数量较少，但是重力方向与真实的不一致，将真实的重力方向进行分解。

6.1.2　自然对流模型的选择

ANSYS Icepak 提供两类自然对流模型：一种模型为 Boussinesq approximation，称为布辛涅司克近似；另一种模型为理想气体定律，如图 6-2 所示。

图 6-1　ANSYS Icepak 自然对流设置

图 6-2　自然对流模型

① 单击选择 Boussinesq approximation：布辛涅司克近似认为在自然对流控制方程中，动量方程浮力项 ρg 中的密度是温度的线性函数，而其他所有求解方程中的密度均假设为常数。

② 单击选择理想气体定律：当流体密度变化非常大时，可选择理想气体定律。选择 Operating density，输入周围环境的空气密度，可改进自然对流求解的收敛性。

6.1.3 自然对流计算区域设置

在 ANSYS Icepak 中进行自然对流计算时，需要对其设置相应的计算区域。计算区域表示计算区域的空间，其必须被指定得足够大，使得远场处各种变量的梯度足够小，才能够保证自然对流模拟计算的精度。

针对计算区域的大小，计算区域的 6 个面，必须设置开口属性。如果电子热模型本身的环境为密闭空间，如模型被放置在一个密闭的环境内进行散热，那么计算区域 6 个面则不能设置为开口的属性。此时必须将计算区域的某些面或者 6 个面设置为壁的属性，可输入温度、换热系数、热流密度等（图 6-3），以考虑计算区域外部环境和计算区域内部空气的换热过程，否则求解计算将不能收敛。

如果热模型密闭空间为立方体，那么可以使用计算区域的六个面作为热模型计算区域的边界。而如果模型密闭空间为异

图 6-3　计算域对话框

形的、不规则几何空间时，那么必须使用块来将方形的计算区域空间进行切割，得到异形的计算空间。此时不用遵循 ANSYS Icepak 默认的自然对流计算区域限制，将块切割后的计算区域边界设置为壁，然后输入恒定的温度，或者相应的换热系数，ANSYS Icepak 即可计算相应密闭空间内空气的自然冷却，可以得到自然冷却的温度场、流场分布等。

6.1.4 自然冷却模拟设置步骤

① 在 ANSYS Icepak 中，当建立了相应的热模型后，进行自然冷却模拟的设置步骤。双击打开"基本参数"对话框，默认情况下"流体参数（速度 / 压力）"及"温度"两个复选框为选中状态。

② 在"基本参数"对话框中保持"放射"下的"打开"按钮为选中状态，表示辐射换热打开。选择放射下的任何一种辐射换热模型，建议单击选择 Discrete ordinates radiation model 模型，如图 6-4 所示。

③ 在 Flow regime 对话框下选择合理的流态，一般均选择"湍流"，默认使用 Zero equation 零方程模型，零方程模型足够保证电子散热计算的精度。

④ 选择 Natural convection 自然对流下的 Gravity vector，考虑合理的重力方向。

⑤ 在"缺省"标签下，修改设置自然对流的环境温度、环境压力（默认为相对大气压）、辐射换热温度（通常与环境温度相同）。"缺省材料"下表示设置默认的流体材料、固体材料及表面材料，默认的流体为空气，默认的固体为铝型材，默认的表面材料为发射率 0.8、粗糙度 0.0 的氧化表面，如图 6-5 所示。

⑥ 在"Transient setup"标签中，选择"稳态"或"瞬态"模拟计算；进行自然对流计算时，在"初期条件"中，输入重力方向反方向的速度 0.15m/s（假如重力方向为 Y 轴负方向，那么可以在此处 Y 方向速度中输入 0.15m/s，表示求解初始化的速度），如图 6-6 所示。

图 6-4　"基本参数"对话框

图 6-5　"缺省"标签

⑦ 可以在"高级"标签中，选择合适的自然对流模型，默认选择 Boussinesq approx，如图 6-7 所示。

图 6-6　"Transient setup"标签

图 6-7　"高级"标签

⑧ 按照 ANSYS Icepak 的规定，修改"计算域"的计算区域。可使用面对齐、移动等操作，将模型组成的装配体定位到计算区域的相应位置。

⑨ 设置计算区域的六个面均为开口边界，完成自然对流计算的设置。

6.2　辐射换热模型

当任何两个面有温差时，即可发生辐射换热。辐射换热量与参与辐射换热表面的温差、表面的发射率以及角系数等有关。在 ANSYS Icepak 中模型的表面均为灰体，即发射率和吸收率相等。表面是不透明的，即透射率为 0。参与辐射换热的表面为漫反射表面。

在 ANSYS Icepak 中，有以下几种情况需要考虑辐射换热：

① 热模型采用自然冷却的散热方式。由于在自然冷却中，辐射换热的换热量可占总热量的

30% 左右，因此需要考虑辐射换热计算。

② 电子机箱热模型采用混合对流散热，即散热方式中包含强迫风冷（液冷），而密闭机箱内部空间是自然冷却散热，也需要考虑辐射换热计算。

③ 当电子产品处于外太空或真空环境下，外太空相当于很大的热沉。由于外太空或真空环境没有空气、无重力影响，热模型只能依靠辐射换热和传导进行散热，因此也需要考虑辐射换热计算。

在单纯的强迫风冷或强迫液冷散热时，为了保守计算，可以关闭辐射换热计算，而在混合对流或自然冷却中，辐射换热计算必须考虑。

针对辐射换热计算，ANSYS Icepak 提供三种辐射换热模型：第一种为 Surface to Surface（S2S）辐射模型；第二种为 Discrete ordinates 辐射模型，简称 DO 模型；第三种为 Ray tracing 辐射模型，简称光线追踪法，如图 6-8 所示。

图 6-8 ANSYS Icepak 提供的三类辐射换热模型

6.2.1 Surface to Surface（S2S）辐射模型

① 在"基本参数"对话框中，ANSYS Icepak 默认"放射"栏"打开"单选按钮为选中状态，但是并不代表模型已经考虑辐射换热计算。如果选择"关闭"，表示辐射换热计算关闭。

② 单击"放射"栏下面的 Surface to surface radiation model（S2S）辐射模型，表示选择 S2S，但是没有进行角系数计算，那么 CFD 的求解并未考虑辐射换热。因此，如果选择 S2S 辐射模型，首先必须进行辐射换热角系数的计算。

③ 打开角系数计算对话框有两种方法：一种为单击 Surface to Surface（S2S）后侧的"选项"，即可打开角系数计算对话框；另一种为直接单击快捷工具栏中盒，也可以打开 S2S 角系数计算对话框，如图 6-9 所示。

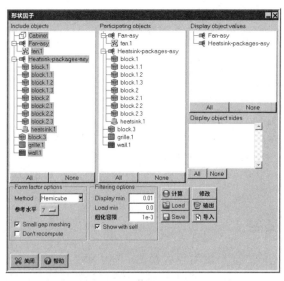

图 6-9 S2S 辐射换热角系数计算对话框

④ 如果完成了角系数的计算，可以选择"Load"或者"导入"，将计算好的角系数直接加载，以减少计算的时间。当热模型比较复杂时，可通过排除一些无关紧要的模型对象，或者在

角系数计算对话框中，仅仅选择大尺寸的模型对象参与计算，然后单击"计算"，可减少角系数的计算时间。

⑤ 单击图 6-10 对话框下的"修改"，可修改面与面之间的角系数数值。

图 6-10　角系数的修改

⑥ 在辐射换热模型中，S2S 辐射换热模型的计算精度不如光线追踪法或者 DO 辐射模型，而且 S2S 辐射模型不可以被用于计算 CAD 类型的 Block、Plate 等模型的辐射换热计算。另外，对于非常复杂的 ANSYS Icepak 热模型，S2S 辐射换热经常需要较长的时间来进行角系数的计算，因此，S2S 模型用得不多。

6.2.2　Discrete ordinates（DO）辐射模型

当热模型非常复杂，尤其是模型中有很多高密度的翅片时，选择 S2S 辐射换热模型或者光线追踪法计算辐射换热角系数时将要求计算机有较大的内存。此种工况下，可选择使用 Discrete ordinates radiation mode（DO）辐射模型。DO 辐射模型可用于计算非常复杂热模型的辐射换热，CAD 类型的几何模型也可以选择 DO 来进行辐射换热计算。

① 通过单击选择"放射"下的 Discrete ordinates radiation model，即可选择 DO 辐射换热模型，如图 6-11 所示。

② 单击 DO 辐射换热模型后侧的"选项"，打开 DO 辐射模型的参数对话框，如图 6-12 所示。

③ 在图 6-12 中，Flow iterations per radiation iteration 表示 DO 辐射换热计算的频率，默认设置为 1，即代表每计算一次辐射换热，再进行一次流动迭代计算。增大此数值，可加速计算求解，但是减缓耦合求解的过程。

④ Theta divisions 和 Phi divisions 用来定义每个 45°角空间离散时，控制角的个数。这两个数值越大，表示对角空间离散得越细，可以更好地捕捉小几何尺寸或者形状变化较大几何的温度梯度，但是将花费较大的计算时间，因此如果模型中有曲面、小尺寸几何体时，建议增大 Theta divisions 和 Phi divisions 的数值，可修改其为 3。

图 6-11　DO 辐射换热模型的选择

图 6-12　DO 辐射模型的参数输入

125

6.2.3 Ray tracing 辐射模型

① 在"放射"栏下单击选择 Ray tracing radiation model，可使用光线追踪法来计算辐射换热，如图 6-13 所示。

② 单击其后侧的"选项"，可打开光线追踪法参数对话框，如图 6-14 所示。

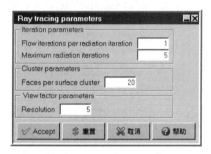

图 6-13　选择光线追踪法辐射模型　　　　图 6-14　光线追踪法参数输入

③ 其中，Flow iterations per radiation iteration 表示辐射换热计算的频率，默认设置为 1。Maximum radiation iterations 表示辐射换热迭代计算的最大次数。

④ Cluster parameters 中的 Faces per surface cluster 用于控制辐射换热面的个数，表示每个粒子簇由多少个表面网格来发射，此值默认为 20，那么辐射换热面（发射粒子簇的表面）的个数将等于整体模型的表面网格个数除以 20。如果增大此数值，那么参与辐射换热面的个数将被减少，这样可以减少角系数文件的大小，减少计算对内存的要求，但是会导致辐射换热计算精度的降低。如果减少此数值，那么参与辐射换热面的个数将被增加。

⑤ View factor parameters 下的 Resolution 表示角系数计算的精度，增大 Resolution 数值，可提高计算的精度，建议使用默认的数值。

⑥ 光线追踪法辐射模型可适用于所有的 ANSYS Icepak 模型，可用于处理 ANSYS Icepak 的原始规则几何体、CAD 类型的几何体等等模型的辐射换热计算。光线追踪法辐射模型比 S2S 辐射模型的计算精度更高。

⑦ 在计算角系数方面，光线追踪法比 S2S 花费更多的时间。另外，光线追踪法不支持周期性或者对称性的边界条件的辐射换热计算（DO 模型则可以）。

6.2.4 三种辐射模型的比较与选择

对于 ANSYS Icepak 的三种辐射换热模型而言，三者的区别如下。

① S2S 辐射模型可用于粗略计算，而使用 Ray tracing 辐射模型和 DO 辐射模型则可以提高辐射换热的计算精度。

② 当热模型非常复杂时，其参与辐射换热的表面非常多，如果使用 S2S 辐射模型和 Ray tracing 辐射模型计算角系数，将花费较大的内存和较长的计算时间，因此建议选择 DO 辐射模型。

③ Ray tracing 辐射模型和 DO 辐射模型可用于计算 CAD 类型的"块"体、"面"等 ANSYS Icepak 热模型，而 S2S 则不可以。

以某电子产品自然冷却和混合对流冷却为例，比较了三种辐射换热模型的不同，如表 6-1 所列。

表 6-1　三种辐射换热模型的比较

类别 / 工况	辐射模型	最高温度 /°C	求解时间 /s	角系数计算时间 /s	总时间 /s
自然对流	S2S	114.1	2441	16	2457
	DO	118	4353	0	4353
	Ray Tracing	118.1	4400	96	4496
混合对流	S2S	110.9	1239	20	1259
	DO	111.3	2993	0	2993
	Ray Tracing	111.3	1811	52	1863

6.3　太阳热辐射模型

针对户外的电子产品，ANSYS Icepak 可以考虑太阳热辐射载荷对电子产品热可靠性的影响。通过在 ANSYS Icepak 中输入太阳载荷的信息，比如当地的经度、纬度、日期、时间、电子产品放置的方向等，软件将自动考虑太阳热辐射对热模型散热的影响。

ANSYS Icepak 的太阳辐射模型具有以下特点。

① ANSYS Icepak 的太阳辐射模型可对透明体、半透明体、不透明体进行辐射计算。

② ANSYS Icepak 支持透明表面对不同角度太阳光的透射、吸收等热辐射载荷计算。

③ 提供太阳热辐射载荷计算器，用户可输入时间、地点进行太阳热辐射的计算。

④ 主要是将太阳热辐射载荷的热源赋予固体表面附近的流体网格内，用于考虑太阳热辐射载荷。

⑤ ANSYS Icepak 支持太阳载荷的瞬态计算（10 个时间步长自动变化一次），比如需要计算户外产品从 12 点开始至 13 点，电子产品的温度变化。在瞬态设置对话框中，瞬态的时间步长设置为 60s。在太阳热载荷求解器中输入时刻为中午 12：00，那么 ANSYS Icepak 在计算时，太阳载荷的热流密度会 600s 变化一次。

太阳热辐射载荷设置如下所述

① 打开"问题定义"，双击"基本参数"，可打开"基本参数"对话框，单击对话框中的"高级"标签。

② 在"高级"对话框中，选择 Solar loading 下的 Enable，可激活太阳热辐射载荷计算器，如图 6-15 所示。

③ 单击 Solar loading 下的"选项"，可打开太阳辐射热载荷对话框，如图 6-16 所示，包含两个选项：Solar calculator 表示太阳载荷计算器；Specify flux and direction vector 表示需要输入太阳辐射的热流密度和太阳所处位置的矢量方向。

④ 在 Solar calculator 的对话框中，需要输入的参数为：Date 表示日期，Month 可选择月份，即几月几日，"时间"中需要输入几点几分（必须是白天的时刻）；+/–GMT 表示当地的时区，如北京时间为东八区，则应该输入 +8，ANSYS Icepak 默认的 –5，表示西五区，Latitude 表示纬度（北纬 North、南纬 South），Longitude 表示经度（West 西经、East 东经）。

图 6-15　太阳热辐射载荷的开启

图 6-16　太阳辐射热载荷对话框

⑤ Illumination parameters：表示光照参数，Sunshine fraction，数值为 0～1，用于考虑天空云层对太阳照射热载荷的影响，Ground Reflectance，数值为 0～1，表示地面对太阳照射热载荷的反射。

⑥ North direction vector：表示朝北的方向矢量，默认 X 轴的正方向为北向，确定了朝北的方向，那么热模型中，朝南、朝西、朝东的方向就自动确定了。

⑦ 如果选择了 Specify flux and direction vector，表示直接加载具体的太阳载荷热流密度，需要输入 Direct solar irradiation 太阳直接照射热载荷、Diffuse solar irradiation 太阳照射的漫反射载荷以及 Solar direction vector 太阳所处位置的矢量方向。

⑧ 单击选择 Specify flux and direction vector，可在 Direct solar irradiation 和 Diffuse solar irradiation 输入太阳辐射热流密度和漫反射的热流密度。

6.4　瞬态热模拟设置

6.4.1　瞬态求解设置

单击"基本参数"对话框，在"Transient setup"标签中，单击"瞬态"，即可进行瞬态设置。在"开始"中输入瞬态热模拟的开始时间，通常默认为 0s。在"结束"中输入瞬态计算的结束时间。单击"编辑参数"，可进行瞬态热模拟的时间步长设置。"V 视图"是将瞬态模型的时间步长、热源瞬态设置等以 Plot 图的形式进行显示，如图 6-17 所示。

图 6-17　瞬态热模拟的参数输入

6.4.2　瞬态时间步长 Time step 设置

单击"瞬态"的"编辑参数"按钮，可跳出"瞬态参数"对话框，在其对话框中设置时间步长，时间步长可以是固定的时间，也可以是变化的。

在"时间步长"中输入时间步长数值，如总计算时间开始 / 结束为 300s，而时间步长为 60s，那么 ANSYS Icepak 将计算 0s、60s、120s、180s、240s、300s 时刻模型的温度分布。

选择"时间步长"右侧的 Varying，可以设置变化的、不均一的时间步长，具体的类型包括 Linear 线性、Square wave 方波状、Piecewise constant 分段常数、Piecewise linear 分段线性以及 Automatic 自动时间步长，共五种时间步长类型，如图 6-18 所示。

① Linear 线性时间步长：在 Δt_0 中输入初始的时间步长，a 表示线性时间步长因子，t 表示具体的瞬态计算时刻，如图 6-19 所示。

② Square wave 方波状时间步长：单击"时间步长函数"右侧的"编辑"，打开 Square wave 的时间步长参数；主要是适用于时间步长周期性变动的工况，如图 6-20 所示。

图 6-18　时间步长类型的选择

图 6-19　线性时间步长设置

图 6-20　方波状时间步长设置

③ Piecewise constant 分段常数时间步长：单击"编辑"，打开"分段常数时间步长参数"对话框。在对话框中，可通过输入多行的 Time/Time-step 来进行分段时间步长的输入。Time 表示瞬态计算的时间，而 Time-step 表示此时间段内的时间步长。Time 与 Time-step 必须以空格隔开。输入完每组 Time/Time-step 后必须按回车键，重启新的一行，输入新的 Time/Time-step，例如在对话框中输入 Time 和 Time-step 之间隔一个空格即可，单击"Accept"即可，如图 6-21 所示。

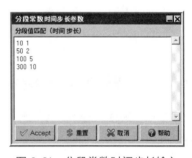

图 6-21　分段常数时间步长输入

④ Piecewise linear 分段线性：在分段线性的时间步长设置面板中，输入参数的方法与 Piecewise constant 分段常数是相同的，但表达的瞬态时间步长的意思是不同的，如图 6-22 所示。

图 6-22　分段线性时间步长设置

⑤ Automatic 自动时间步长：根据相应的设置，ANSYS Icepak 可以自动调整相应的时间步长。比如，在瞬态计算中，可能会出现伪发散的错误计算或者求解没有完全收敛，ANSYS

Icepak 会自动减少时间步长，以保证模型每个时刻的收敛性，如图 6-23 所示。

图 6-23　自动时间步长参数的设置

Number of fixed time steps 表示时间步长改变前使用固定时间步长的计算步数。Minimum time step size 表示最小的时间步长。当 ANSYS Icepak 需要减小时间步长时，相应的时间步长不能小于 Minimum time step size。如果时间步长变化得非常小，将需要较高的计算代价。

Maximum time step size 表示最大的时间步长。当 ANSYS Icepak 需要增大时间步长时，对应的时间步长不能大于 Maximum time step size。如果时间步长变得比较大，求解计算的精度将不能保证。

Truncation error tolerance 表示截断误差。输入的截断误差与计算的截断误差之比，表示时间步长的改变因子 f。如果增大截断误差，那么时间步长改变因子将增大，势必导致时间步长的增大，将降低求解计算的精度。如果减小截断误差，时间步长改变因子将减小，导致时间步长减小，将使得求解计算需要更长的时间。对于 ANSYS Icepak 大部分的瞬态热模拟而言，Truncation error tolerance 为 0.01 是非常合适的。

6.5　ANSYS Icepak 基本物理模型定义

当对 ANSYS Icepak 的热模型划分了高质量的网格后，接下来需要对模型进行物理问题的定义、各种边界条件、求解参数的设置，然后就可以进行求解计算了。ANSYS Icepak 主要是采用 Fluent 求解器进行求解计算，其具有计算的鲁棒性好、计算精度高、求解速度快等优点。另外，ANSYS Icepak 可以使用 ANSYS HPC 并行计算模块对热模型进行多核并行计算，也可以使用 Nvidia GPU 模块进行并行加速计算，可以大大提高热模拟计算的效率。

如图 6-24 所示，当单击"开始计算"按钮后，ANSYS Icepak 会自动跳出 Fluent 求解器进行计算

图 6-24　ANSYS Icepak 进行求解计算

6.6　求解计算基本设置

单击模型树"项目"→"求解设置"的"+"符号，打开求解设置树型目录。求解基本设置包括基本设置、并行设置、高级设置，如图 6-25 所示。

另外，通过单击"求解"→"设置"→"基本设置""高级设置""并行计算"，也可以打开基本设置对话框、高级设置对话框、并行设置对话框，如图 6-26 所示。

图 6-25　求解基本设置对话框 1

图 6-26　求解基本设置对话框 2

6.6.1　求解基本设置对话框

双击"基本设置",打开求解的基本设置对话框。迭代步数:表示稳态求解计算的迭代步数。迭代步数 / 时间步长:表示瞬态计算中,每个时间步长的迭代步数,默认为 20 步,通常可修改增大此数值,以保证每个时间步长的求解计算均收敛。

在图 6-27 中,Convergence criteria 表示求解计算的耦合残差标准。其中"流场"表示流动的残差收敛标准,连续性方程的残差、三个方向的动量方程残差均需要满足流场的残差标准,"能量"表示能量(温度)方程的残差收敛标准。

ANSYS Icepak 认为流场流动的残差值到 0.001,Energy 能量残差值到 1e-7,便可以认为热模型计算收敛了,即所有的变量都不再随着迭代计算步数变化了。建议用户不要修改相应的残差数值。如果电子热模型放置于外太空环境下,因为没有流动,无须耦合计算,此工况仅仅有辐射换热和热传导,因此可以将"能量"的残差数值修改为 1e-17。

6.6.2　如何判断热模型的流态

打开图 6-27"基本设置"对话框,单击"基本设置"对话框中的"重置"按钮。ANSYS Icepak 可针对设置的参数,自动计算雷诺数和瑞利数,以帮助判断求解问题的流态,例如热模型中包含风机或者开口,为强迫风冷散热,单击"基本设置"对话框中的"重置"按钮,ANSYS Icepak 将计算热模型的雷诺数和贝克莱特数,然后告知模型的流态为湍流,如图 6-28 所示。

图 6-27　求解迭代步数及残差设置对话框

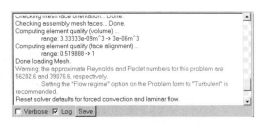

图 6-28　ANSYS Icepak 自动判断湍流模型

6.7 实例－机载电子系统计算求解

本实例为对上一章的机载电子系统进行计算求解。

6.7.1 求解参数设置

（1）流动模型校核

在开始求解器之前，首先检查雷诺数和佩克特数的估计值，以检查是否建立了正确的流态模型。

① 检查雷诺数和佩克特数的值。双击模型管理器窗口如图 6-29 所示的"求解设置"文件夹中的"基本设置"项目，系统弹出"基本设置"对话框，如图 6-30 所示，单击对话框中的"重置"按钮 ，重置计算雷诺数和佩克特数。此时消息窗口如图 6-31 所示，显示雷诺数和佩克特数，ANSYS Icepak 建议将流态设置为湍流。

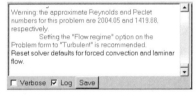

图 6-29　模型管理器窗口　　图 6-30　"基本设置"对话框　　图 6-31　消息窗口

② 在"基本设置"对话框将迭代步数更改为 100。然后单击"Accept"按钮 。保存解算器设置。

（2）物理模型设置

使用问题设置向导设置。使用零方程湍流模型启用湍流建模，忽略辐射传热。

在模型管理器窗口中，右击"问题定义"，然后选择快捷菜单中的"问题设置向导"，如图 6-32 所示。系统弹出如图 6-33 所示的"问题设置向导"对话框，"问题设置向导"对话框共有 14 步。问题设置向导提供了一个简单的界面，其中包含定义模型物理的用户指南。

a. 对于第 1 步，保留复选框的默认设置，如图 6-33 所示，单击"Next"按钮 ，进入下一步。

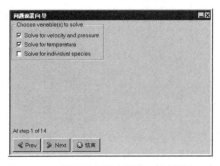

图 6-32　模型管理器窗口　　　　图 6-33　"问题设置向导"对话框第 1 步

b. 对于第 2 步，在流动条件求解设置对话框中选择"Flow is buoyancy driven（natural convection）"单选选项，如图 6-34 所示，单击"Next"按钮 ，进入下一步。

c. 对于第 3 步，在自然对流求解设置对话框选择"Use Boussinesq approximation"单选选项，如图 6-35 所示，单击"Next"按钮 ，进行下一步设置。

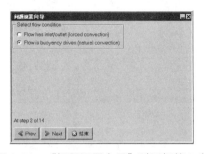 

图 6-34　"问题设置向导"对话框第 2 步　　　图 6-35　"问题设置向导"对话框第 3 步

d. 对于第 4 步，在自然对流求解设置对话框保持"Operating pressure"数值不变，选择"Set gravitational acceleration"复选选项，如图 6-36 所示，单击"Next"按钮 ，进行下一步设置。

e. 此时对话框显示处于第 5 步，如图 6-37 所示，确保选择"Set flow regime to turbulent"将流态设置为湍流。单击"Next"按钮 ，进入下一步。

 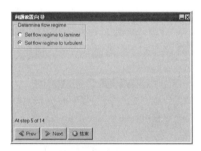

图 6-36　"问题设置向导"对话框第 4 步　　　图 6-37　"问题设置向导"对话框第 5 步

f. 对于第 6 步，选择"Zero equation（mixing length）"选项，将零方程（混合长度）作为湍流模型，如图 6-38 所示，单击"Next"按钮 ，进入下一步。

g. 对于第 7 步，选择"Ignore heat transfer due to radiation"选项，忽略辐射热传递，如图 6-39 所示，单击"Next"按钮 ，进入下一步。

 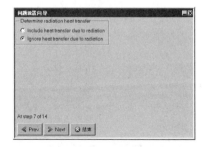

图 6-38　"问题设置向导"对话框第 6 步　　　图 6-39　"问题设置向导"对话框第 7 步

h. 根据前面几步的设置，此时对话框显示处于第 9 步，如图 6-40 所示，确保取消选择 "Include solar radiation"复选框，以排除太阳辐射，单击"Next"按钮 ，进入下一步。

i. 对于第 10 步，选择"Variables do not vary with time（steady-state）"选项，设置稳态模拟的变量不随时间变化，如图 6-41 所示，单击"Next"按钮 ，进入下一步。

图 6-40　"问题设置向导"对话框第 9 步　　　　图 6-41　"问题设置向导"对话框第 10 步

j. 现在处于第 14 步，"问题设置向导"对话框如图 6-42 所示，将"Adjust properties based on altitude"复选框留空，忽略高度影响。单击"结束"按钮 完成问题设置向导，完全定义问题设置。

（3）参数设置

① 双击左侧模型管理器"问题定义"→"基本参数"，打开"基本参数设置"对话框，如图 6-43 所示。"基本设置"标签栏内保持默认设置不变。

图 6-42　"问题设置向导"对话框第 14 步

② 选择"缺省"标签栏，保持默认环境温度 20℃不变，如图 6-44 所示。

图 6-43　"基本参数设置"对话框"基本设置"标签栏　图 6-44　"基本参数设置"对话框"缺省"标签栏

③ 单击"Accept"按钮 保存基本参数设置。

④ 双击左侧模型管理器窗口中"求解设置"文件夹中的"基本设置"项目，系统弹出"基本设置"对话框，如图 6-45 所示，将迭代步数更改为 300。然后单击"Accept"按钮 ，保存解算器设置。

⑤ 执行菜单栏中的"模型"→"功耗 / 温度限度"命令，打开"Power and temperature limit setup"对话框，在"Default temperature limit"栏中输入 60，然后单击"All to default"按钮 ，如图 6-46 所示，单击"Accept"按钮 退出。

图 6-45　"基本设置"对话框

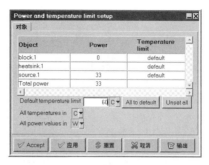

图 6-46　"Power and temperature limit setup"对话框

6.7.2　保存求解

（1）保存项目文件

保存项目文件。ANSYS Icepak 在开始计算之前会自动保存模型，但最好手动保存一下模型（包括网格）。如果在开始计算之前退出 ANSYS Icepak，将能够打开保存的文件，并能继续分析。单击菜单栏的"文件"→"保存"命令，保存项目文件。

（2）求解

① 求解。单击菜单栏的"求解"→"运行求解"命令，系统弹出如图 6-47 所示的"求解"对话框，按照图中参数进行设置，然后单击"开始计算"按钮，进行计算求解。

② 完成求解。计算完成后，残差图将类似于图 6-48 所示，不同机器上残差的实际值可能略有不同。可以使用鼠标左键框选放大残差图。单击残差图对话框中的"结束"按钮将其关闭。

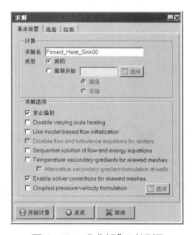

图 6-47　"求解"对话框

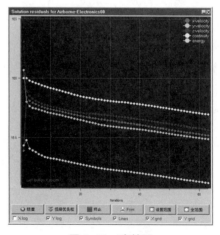

图 6-48　残差图

一般没有用于判断收敛性的通用标准，一个比较好的指标是，当解不再随着迭代次数的增加而改变时，以及当残差减少到一定程度时。默认标准是每个残差值减少到小于 1000 时，但能量残差除外，默认标准为 10^{-7}。一般不仅通过检查残差水平，而且通过监测相关的积分量来判断收敛性。

ANSYS
Icepak

第 **7** 章

风冷散热案例

扫码看视频

7.1　翅片式散热器

本案例演示如何使用 ANSYS Icepak 对翅片式散热器进行建模，以及 ANSYS Icepak 项目所必需的许多特性和功能。

通过本案例将学习如下内容：

- 创建新项目。
- 使用块、开口、风扇、源和板创建模型。
- 为模型生成网格。
- 使用各种物理条件和参数（包括湍流）建立模拟。
- 计算解决方案。
- 使用对象面、平面切割和等曲面创建轮廓和矢量场，对结果进行后期处理。

7.1.1　问题描述

机柜包含五个大功率设备、一个背板、十个散热片、三个风扇和一个自由开口，如图 7-1 所示。散热片和背板由挤压铝制成。每个风扇的总体积流量为 18cfm（1cfm ≈ 1.7m³/h），每个电源的功耗为 33 W。根据设计目标，当空气在 20℃的环境温度下扫过散热片时，设备的底座不应超过 65℃。

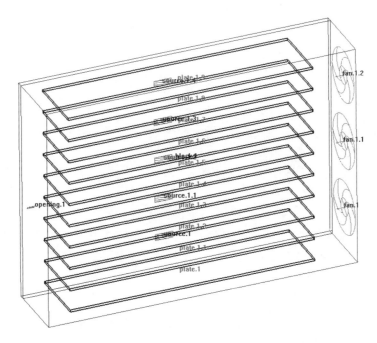

图 7-1　翅片式散热器模型

7.1.2　创建新项目

① 启动 ANSYS Icepak。选择"开始"→"所有程序"→"Ansys 2024 R1"→"Ansys Icepak 2024 R1"，如图 7-2 所示。打开 ANSYS Icepak 程序，ANSYS Icepak 启动时，"欢迎使用 Icepak"对话框将自动打开，如图 7-3 所示。

图 7-2　启动 ANSYS Icepak

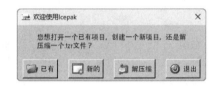

图 7-3　"欢迎使用 Icepak"对话框

② 新建项目。单击"欢迎使用 Icepak"对话框中的"新的"按钮 ▢新的，新建一个 ANSYS Icepak 项目。此时系统将显示如图 7-4 所示的"新建项目"对话框，为项目指定名称。在 Project name 文本框中输入项目名称为"Finned_Heat_Sink"，单击"创建"按钮 ✓创建完成项目的创建。

③ 创建计算域。完成项目的创建后，ANSYS Icepak 系统会创建一个尺寸为 1m×1m×1m 的默认计算域，并在图形窗口中显示计算域，如图 7-5 所示。

图 7-4　"新建项目"对话框

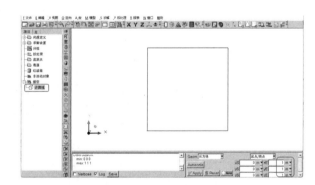

图 7-5　创建计算域

7.1.3　构建模型

要构建模型，首先将计算域调整到其正确大小，然后创建背板和开口，最后创建要复制的元素（即风扇、散热片和设备）。

① 在"计算域"对话框中调整默认计算域的大小。双击如图 7-6 所示的模型管理器窗口中的"计算域"项目，系统弹出"计算域"对话框，如图 7-7 所示。也可以直接在 GUI 右下角的几何窗口中调整计算域对象的大小。单击"Geometry"标签，在位置下输入 xS 为 0、yS 为 0、zS 为 0、xE 为 0.075、yE 为 0.25、zE 为 0.356，表示将计算域更改为 0.075m×0.25m×0.356m，单击"结束"按钮 ◎结束完成计算域的修改。单击工具栏中的整屏显示按钮 ▨及正等轴测图按钮 ⤵将视图缩放到合适视图及位置，修改后的计算域如图 7-8 所示。

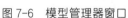

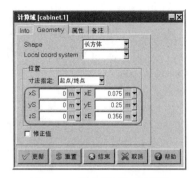

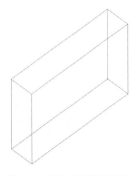

图 7-6　模型管理器窗口　　　图 7-7　"计算域"对话框　　　图 7-8　修改后的计算域

② 创建背板。本实例背板厚度为 0.006 m，将计算域分为两个区域：设备侧（热源设备包含在外壳中）和散热片侧（散热片散热设备产生的热量）。背板在模型中由实心块表示。单击工具栏中的创建块按钮，ANSYS Icepak 在计算域中央创建了一个新的实心块，需要更改块的大小。

③ 修改背板尺寸。双击模型管理器窗口中的"block.1"项目，系统弹出"块"对话框，如图 7-9 所示。单击"Geometry"标签，在位置下输入 xS 为 0、yS 为 0、zS 为 0、xE 为 0.006、yE 为 0.25、zE 为 0.356，表示将背板尺寸更改为 0.006m×0.25m×0.356m，单击"结束"按钮完成背板尺寸的修改。

④ 在背板的翅片侧创建自由开口。单击工具栏中的创建开口按钮（），ANSYS Icepak 在计算域中央创建了一个新的洞口。双击模型管理器窗口中的"opening.1"项目，系统弹出"开孔"对话框，如图 7-10 所示。单击"Geometry"标签，在平面的下拉列表中选择"X-Y"，在位置下输入 xS 为 0.006、yS 为 0、zS 为 0.356、xE 为 0.075、yE 为 0.25，单击"结束"按钮完成开口尺寸的修改。

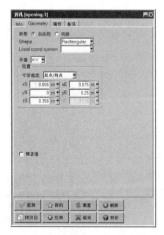

图 7-9　"块"对话框　　　　　　　图 7-10　"开孔"对话框

⑤ 创建第一个风扇。除了在计算域壁上的位置之外，每个风扇参数都与其他风扇相同。要创建一组三个风扇，首先构建一个风扇作为模板，然后创建两个副本，每个副本在 y 方向上指定偏移。单击工具栏中的创建风扇按钮（），ANSYS Icepak 在计算域中央创建了一个新的风

扇。需要更改风扇的大小并指定其体积流量。双击模型管理器窗口中的"fan.1"项目，系统弹出"风扇"对话框，如图 7-11 所示。单击"Geometry"标签，在半面的下拉列表中选择"X-Y"，在位置下输入 xC 为 0.04、yC 为 0.0475、zC 为 0、半径为 0.03、内半径为 0.01。

⑥ 更改风扇属性。单击"属性"标签，如图 7-12 所示，保持默认风扇类型为"进风"，在"Fan flow"标签下，选择"固定"，固定流量下输入 Volumetric 为 18 cfm。注意系统默认单位为 m^3/s，需要更改单位。单击三角形按钮并从下拉列表中选择 cfm，确保将单位更新为 cfm，单击"结束"按钮 完成风扇的修改。

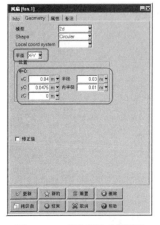

图 7-11 "风扇"对话框

图 7-12 "风扇"对话框"属性"标签

⑦ 复制第一个风扇（fan.1）以创建第二个和第三个风扇（风扇 1.1 和风扇 1.2）。在模型管理器窗口中右击"fan.1"项目，在弹出的快捷菜单中选择"复制"命令，如图 7-13 所示，系统弹出"Copy fan"对话框。在拷贝数栏中输入数量为"2"，Operations 中选择类型为"平移"，在下方的 Y 偏移栏中输入 0.0775m，指定复制的两个风扇在 Y 方向上偏移量为 0.0775m。单击"应用"按钮完成风扇的复制。

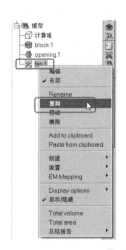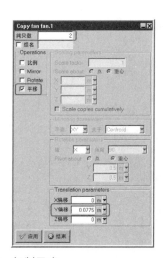

图 7-13 复制风扇

⑧ 创建第一个热源设备。与风扇一样，每个热源设备在物理上都与其他设备相同，除了在计算域中的位置不同。要创建一组五个设备，首先构建一个矩形平面源作为模板，然后创建四

个副本，每个副本在 Y 方向上具有指定的偏移。单击工具栏中的创建热源按钮（ ），ANSYS Icepak 在计算域中心创建了一个自由矩形热源。需要更改热源的几何图形和大小，并指定其热源参数。双击模型管理器窗口中的"source.1"项目，系统弹出"Sources"对话框，如图 7-14 所示。单击"Geometry"标签，在平面的下拉列表中选择"Y-Z"，在位置下输入 xS 为 0、yS 为 0.0315、zS 为 0.1805、yE 为 0.0385、zE 为 0.2005。

⑨ 更改热源属性。单击"属性"标签，如图 7-15 所示，在热参数定义下，设置总发热量为 33W，单击"结束"按钮 结束 完成热源属性的修改。

图 7-14　"Sources"对话框

图 7-15　"Sources"对话框"属性"标签

⑩ 复制第一个热源设备（source.1）以创建其他四个热源设备（source.1.1、source.1.2、source.1.3 和 source.1.4）。在模型管理器窗口中右击"source.1"项目，在弹出的快捷菜单中选择"复制"命令，如图 7-16 所示，系统弹出"Copy fan"对话框。在拷贝数栏中输入数量为"4"，Operations 中选择类型为"平移"，在下方的 Y 偏移栏中输入 0.045m，指定复制的四个热源设备在 Y 方向上偏移量为 0.045m。单击"应用"按钮 应用 完成热源设备的复制。

⑪ 创建第一个散热片。与散热片和设备一样，每个散热片在物理上都与其他散热片相同，除了在计算域中的位置不同。要创建十个散热片的阵列，构建一个矩形板作为模板，然后创建九个副本，每个副本在 y 方向上具有指定的偏移。单击工具栏中的创建平板按钮（ ），Ansys Icepak 在计算域中央 X-Y 平面上创建了一个散热片。需要更改散热片的方向和大小，并指定其热参数。双击模型管理器窗口中的"plate.1"项目，系统弹出"平板"对话框，如图 7-17 所示。单击"Geometry"标签，在平面的下拉列表中选择"X-Z"，在位置下输入 xS 为 0.006、yS 为 0.0125、zS 为 0.05、xE 为 0.075、zE 为 0.331。

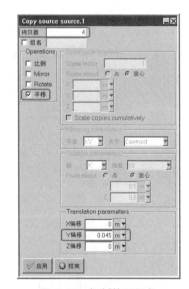

图 7-16　复制热源设备

⑫ 更改散热片属性。单击"属性"标签，如图 7-18 所示，更改热模型为"导热厚板"，在热参数定义下更改厚度为 0.0025m，固体材料默认为"default"由于默认的实体材质是拉伸铝，因此不需要在此处明确指定材质，单击"结束"按钮 结束 完成散热片的修改。

图 7-17 "平板"对话框

图 7-18 "平板"对话框"属性"标签

⑬ 复制第一个散热片（plate.1）以创建其他九个散热片。在模型管理器窗口中右击"plate.1"项目，在弹出的快捷菜单中选择"复制"命令，如图 7-19 所示，系统弹出"Copy plate"对话框。在拷贝数栏中输入数量为"9"，Operations 中选择类型为"平移"，在下方的 Y 偏移栏中输入 0.025m，指定复制的两个散热片在 Y 方向上偏移量为 0.025m。单击"应用"按钮 完成散热片的复制。最后完成的模型如图 7-20 所示。

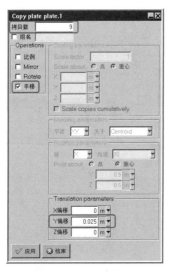

图 7-19 复制散热片

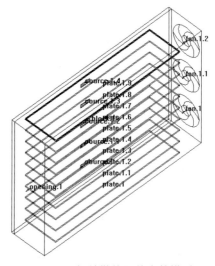

图 7-20 翅片散热器的完整模型

⑭ 按类型显示对象。可以显示所有对象类型、按类型（流体、实体、网络、空心）过滤块，以及带有轨迹和 CAD 块的显示块。此功能对于模型验证非常有用。可以显示具有导电类型的所有板对象。单击菜单栏的"模型"→"按类型显示对象"命令，如图 7-21 所示，系统弹出"按类型显示对象"对话框。对象类型中选择类型为"Plate"，Sub type 中选择类型为"Conducting thick"，单击"Display"按钮 。最后完成显示的模型如图 7-22 所示。单击"关闭"退出"按类型显示对象"面板。

图 7-21 "按类型显示对象"对话框

⑮ 检查模型。检查模型以确保没有问题（例如对象太靠近，无法正确生成网格）。单击工具栏中的"检查模型" 按钮。ANSYS Icepak 在消息窗口中报告发现了 0 个问题，如图 7-23 所示。

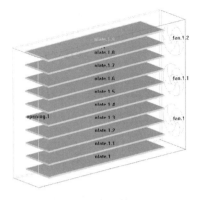

图 7-22　模型的显示

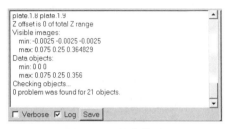

图 7-23　检查模型

7.1.4　生成网格

本小节将分两步生成网格：首先，将创建一个粗网格并检查它，以确定需要进一步细化网格的位置；然后，将基于对粗网格的观察来细化网格。

① 生成粗略（最小计数）网格。单击工具栏中的网格生成按钮，系统弹出"网格控制"对话框。如图 7-24 所示，在"网格参数"下拉列表中选择"Coarse"， ANSYS Icepak 使用粗糙（最小数量）网格的默认网格参数，将网格单位和所有最小间隙单位设置为 mm，然后将 X、Y 和 Z 的最小间隙设置为 1 mm，将最大 X 尺寸设置为 3.5mm，最大 Y 尺寸设置为 12.5mm，最大 Z 尺寸设置为 17.8mm。设置完成后再单击"生成"按钮，生成粗略网格。

② 如果在其他标签下未选中 Allow minimum gap changes（允许最小间隙更改）选项，如图 7-25 所示。ANSYS Icepak 将提示

图 7-24　"网格控制"对话框

最小对象间距超过模型中最小尺寸对象的 10%。这时可以忽略警告或允许 ANSYS Icepak 最小间隙值更改。

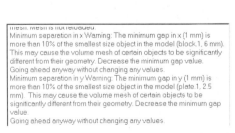

图 7-25　允许最小间隙更改

③ 检查模型横截面上的粗网格。单击"显示"标签，如图 7-26 所示。选择"显示网格"选项，在"Display attributes"栏中选中"Cut plane"复选框，在"设定位置"下拉列表中，选择"X 中心截面"，完成设置后单击"更新"按钮 更新，网格显示平面垂直于翅片，并与设备对齐，结果如图 7-27 所示为 Y-Z 平面上的粗网格。

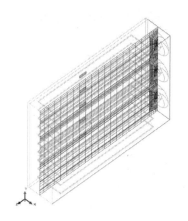

图 7-26　"显示"标签　　　　　　图 7-27　Y-Z 平面上的粗网格

④ 检查粗网格，单击工具栏中的"负 X 轴向"按钮 X，切换视图为 X 轴向方向。通过查看可以发现翅片附近的网格元素太大，无法充分解决物理问题。也可以在正等测视图下通过拖动"网格控制"对话框"显示"标签下的滑块查看各个截面下网格的划分情况。在下一步中，我们将生成更精细的网格。

⑤ 生成更精细的网格。单击"网格控制"对话框上方的"设置"标签，在"全局参数"标签下，将"网格参数"下拉列表中选择"Normal"。ANSYS Icepak 将使用"全局"标签下的默认网格参数更新面板。单击"网格控制"对话框中的"生成"按钮 生成 以生成更精细的网格，图形显示将自动更新以显示新网格。

⑥ 检查新网格。单击"显示"标签，然后使用滑块推进平面剖切，并在整个模型中查看网格，如图 7-28 所示为两种网格的对比。

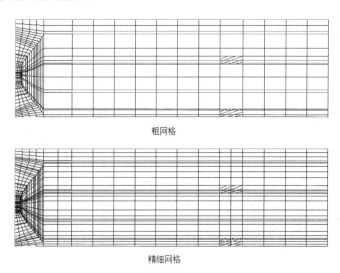

粗网格

精细网格

图 7-28　网格对比

⑦ 关闭网格显示。单击"网格控制"对话框中的"显示"标签，取消选择"显示网格"复选框。然后单击"关闭"按钮 关闭"网格控制"对话框。取消选择"显示网格"复选框并关闭"网格控制"对话框后，可以使用图形显示窗口中的右键快捷菜单在选定对象上显示网格。注意要显示右键快捷菜单，需按住 Shift 键并在图形窗口中的任何位置（但不在对象上）右击。选择"显示网格"，如图 7-29 所示。

图 7-29　右键快捷菜单

7.1.5　求解参数设置

在开始求解器之前，首先检查雷诺数和佩克特数的估计值，以检查是否建立了正确的流态模型。

① 检查雷诺数和佩克特数的值。双击模型管理器窗口如图 7-30 所示的"求解设置"文件夹中的"基本设置"项目，系统弹出"基本设置"对话框，如图 7-31 所示，单击对话框中的"重置"按钮 ，重置计算雷诺数和佩克特数。此时消息窗口如图 7-32 所示，雷诺数和佩克特数分别约为 13000 和 9000，因此流动是湍流。ANSYS Icepak 建议将流态设置为湍流。

图 7-30　模型管理器窗口　图 7-31　"基本设置"对话框　图 7-32　消息窗口

② 在"基本设置"对话框将迭代步数更改为 200。然后单击"Accept"按钮 。保存解算器设置。

③ 使用问题设置向导设置。使用零方程湍流模型启用湍流建模，忽略辐射传热。

④ 在模型管理器窗口中，右击"问题定义"，然后选择快捷菜单中的"问题设置向导"，如图 7-33 所示。系统弹出如图 7-34 所示的"问题设置向导"对话框，"问题设置向导"对话框共有 14 步。问题设置向导提供了一个简单的界面，其中包含定义模型物理的用户指南。

a. 对于第 1 步，保留复选框的默认设置，如图 7-34 所示，单击"Next"按钮 ，进入下一步。

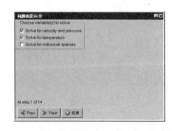

图 7-33　模型管理器窗口　　图 7-34　"问题设置向导"对话框第 1 步

b. 对于第 2 步，保持选择默认流量条件，如图 7-35 所示，单击"Next"按钮 ，进入下一步。

c. 根据前面几步的设置，此时对话框显示处于第 5 步，如图 7-36 所示，确保选择"Set flow regime to turbulent"，将流态设置为湍流。将鼠标指针放在问题设置向导中的任何选项上，对话框上会显示一个文本气泡，以获取有关选项的介绍信息，单击"Next"按钮 ，进入下一步。

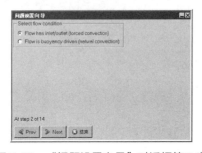

图 7-35 "问题设置向导"对话框第 2 步

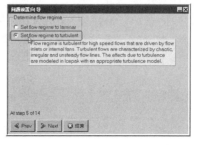

图 7-36 "问题设置向导"对话框第 5 步

d. 对于第 6 步，选择"Zero equation（mixing length）"选项，将零方程（混合长度）作为湍流模型，如图 7-37 所示，单击"Next"按钮 ，进入下一步。

e. 对于第 7 步，选择"Ignore heat transfer due to radiation"选项，忽略辐射热传递，如图 7-38 所示，单击"Next"按钮 ，进入下一步。

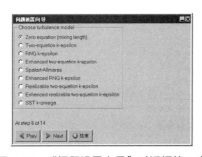

图 7-37 "问题设置向导"对话框第 6 步

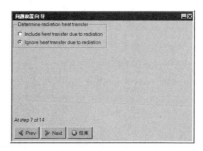

图 7-38 "问题设置向导"对话框第 7 步

f. 根据前面几步的设置，此时对话框显示处于第 9 步，如图 7-39 所示，确保取消选择"Include solar radiation"复选框，以排除太阳辐射，单击"Next"按钮 ，进入下一步。

g. 对于第 10 步，选择"Variables do not vary with time（steady-state）"选项，设置稳态模拟的变量不随时间变化，如图 7-40 所示，单击"Next"按钮 ，进入下一步。

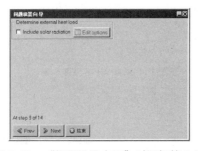

图 7-39 "问题设置向导"对话框第 9 步

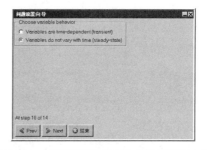

图 7-40 "问题设置向导"对话框第 10 步

h. 现在处于第 14 步，"问题设置向导"对话框如图 7-41 所示，将"Adjust properties based on altitude"复选框留空，忽略高度影响。单击"结束"按钮 ![结束] 完成问题设置向导，完全定义问题设置。

图 7-41　"问题设置向导"对话框第 14 步

7.1.6　保存求解

① 保存项目文件。ANSYS Icepak 在开始计算之前会自动保存模型，但最好手动保存一下模型（包括网格）。如果在开始计算之前退出 ANSYS Icepak，将能够打开保存的文件，并能继续分析。单击菜单栏的"文件"→"保存"命令，保存项目文件。

② 求解。单击菜单栏的"求解"→"运行求解"命令，系统弹出如图 7-42 所示的"求解"对话框，按照图中参数进行设置，然后单击"开始计算"按钮 ![开始计算]，进行计算求解。

③ 完成求解。计算完成后，残差图将类似于图 7-43 所示，不同机器上残差的实际值可能略有不同。可以使用鼠标左键框选放大残差图。单击残差图对话框中的"结束"按钮 ![结束]将其关闭。

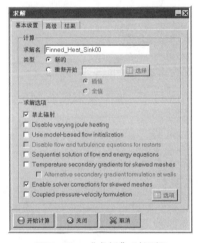

图 7-42　"求解"对话框

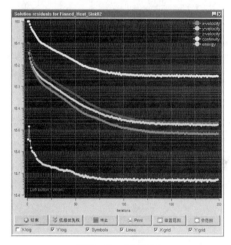

图 7-43　残差图

注意　　一般没有用于判断收敛性的通用标准，一个比较好的指标是，当解不再随着迭代次数的增加而改变时，以及当残差减少到一定程度时。默认标准是每个残差值减少到小于 1000 时，但能量残差除外，默认标准为 10^{-7}。一般不仅通过检查残差水平，而且通过监测相关的积分量来判断收敛性。

7.1.7　检查结果

本实例为确定与散热器（风扇和散热片）相关的气流和传热是否足以将设备温度保持在 65℃以下。可以通过创建不同的平面切割并监测其上的速度矢量和温度来实现这一点。平面切割视图允许观察平面表面上解变量的变化。

Ansys Icepak 提供了多种查看和检查解决方案结果的方法，包括：平面剖视图；对象面视图；总结报告。

下面步骤说明如何生成和显示每个视图。首先使用"平面"剪切面板来查看水平平面上的速度方向和大小。

① 单击菜单栏的"后处理"→"切面"命令，或者单击工具栏中的"切面"命令 ，系统弹出如图 7-44 所示的"切面"对话框。

② 查看速度矢量图。在名称文本框中，输入名称"cut-velocity"，在设定位置下拉列表中选择"X 中心截面"，选择"Show vectors"复选框，然后单击"Show vectors"复选框右侧的"参数"按钮 ，系统弹出如图 7-45 所示的"Plane cut vectors"对话框。设置箭头样式为"Dart"，这将矢量显示为类似飞镖的样式。单击"Plane cut vectors"对话框中的"应用"按钮 ，和单击"切面"对话框中的"结束"按钮 ，然后在"定向"菜单中选择"正 X 轴向"，结果如图 7-46 所示。

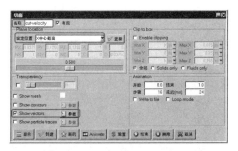

图 7-44 "切面"对话框

图 7-45 "Plane cut vectors"对话框

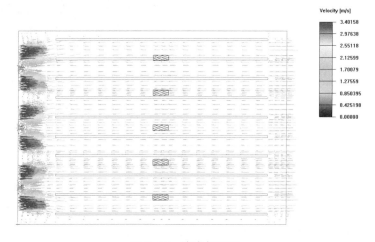

图 7-46 速度矢量图

③ 在"切面"对话框中，取消选中"有效"选项。将暂时从图形窗口中删除速度矢量显示，以便可以更轻松地查看下一个后处理对象。如果想要返回查看可以在"模型管理器"窗口中打开"非活动对象"文件夹并找到"cut_velocity"。如图 7-47 所示，通过右击"cut_velocity"在快捷菜单中选择进行"编辑""有效"或"删除"等操作。

④ 查看温度轮廓云图。在"切面"对话框中单击"新

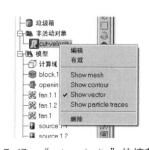

图 7-47 "cut _velocity"快捷菜单

的"按钮，在名称文本框中，输入名称"cut-temperature"，如图 7-48 所示，在设定位置下拉列表中选择"X 中心截面"，选择"Show contours"复选框，然后单击"Show contours"复选框右侧的 "参数"按钮，系统弹出如图 7-49 所示的"Plane cut contours"对话框。保持等高线设置为"Temperature"，Contour options 设置为"Solid fill"，Shading options 设置为"条状"。在计算的下拉列表中选择"This object"选项。设置完成后单击"结束"按钮。系统显示如图 7-50 所示的温度轮廓云图。最后单击"结束"按钮，保存设置。

图形显示温度轮廓云图。不同系统的实际温度值可能略有不同。可以使用滚动条更改平面切割的 x 位置。此外，在平面上按住 Shift 键和鼠标中键时，可以在模型中拖动平面剖切。确保单击平面切割的边缘，以便不移动任何对象。

如图 7-50 所示的温度轮廓云图显示，热量通过散热片向远离热源的两个方向传导，以及强制对流产生的热边界层。查看后同样采用取消勾选"有效"的方式关闭图形显示。

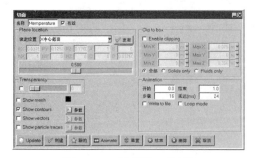

图 7-48　"切面"对话框

图 7-49　"Plane cutcontours"对话框

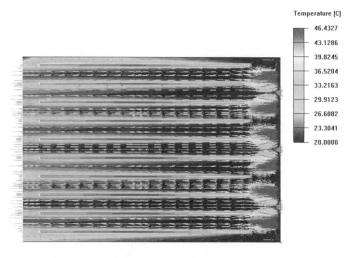

图 7-50　温度轮廓云图

⑤ 叠加显示压力云图与速度矢量图。在"切面"对话框中单击"新的"按钮，在名称文本框中输入名称"cut-prvelocity"，如图 7-48 所示。在设定位置下拉列表中选择"X 中心截面"，选择"Show vectors"复选框，然后单击"Show vectors"复选框右侧的 "参数"按钮，系统弹出"Plane cut vectors"对话框。将着色设置为"固定"，单击固定颜色旁边的方形，然后从调色板中选择黑色。单击"结束"按钮。在"切面"对话框中选择"Show contours"复选框，然后单击"Show contours"复选框右侧的 "参数"按钮，系统弹出"Plane cut contours"对话框。将等高线设置为"Pressure"，Contour options 设置为"Solid fill"，Shading options 设置为"条状"。在计算的下拉列表中选择"This object"选项。设置完成后单击"应用"按钮 ☑ 应用。系统显示如图 7-51 所示的压力云图与速度矢量图的叠加。然后单击"结束"按钮 ☑ 结束，保存设置。压力云图与速度矢量图的叠加显示了风机下游的隔离高压区域，包括翅片上游尖端的局部最大值。查看后同样采用取消勾选"有效"的方式关闭图形显示。

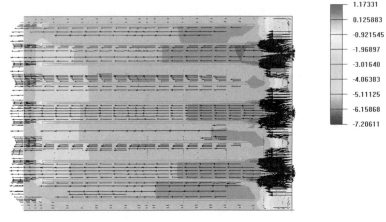

	1.17331
	0.125883
	-0.921545
	-1.96897
	-3.01640
	-4.06383
	-5.11125
	-6.15868
	-7.20611

图 7-51　压力云图与速度矢量图的叠加

⑥ 在所有五个热源上显示温度云图。单击菜单栏的"后处理"→"Object face（facet）"命令，或者单击工具栏中的"对象表面"命令 ，系统弹出如图 7-52 所示的"对象表面"对话框。在名称文本框中，输入名称"face-tempsource"，在对象下拉列表中单击"source.1"，按住 Shift 键，然后单击"source.1.4"选择所有源，然后单击"Accept"按钮 ☑ Accept。选择"Show contours"选项。单击"Show contours"复选框旁边的"参数"按钮 ☑ 参数。系统弹出如图 7-53 所示的"Object face contours"对话框。在"等高线"下拉列表中保留"Temperature"的默认选择，Contour options 设置为"Solid fill"，Shading options 设置为"条状"。在计算的下拉列表中选择"This object"选项。设置完成后单击"结束"按钮 ☑ 结束，系统显示如图 7-54 所示的热源温度云图。然后单击"结束"按钮 ☑ 结束，保存设置。

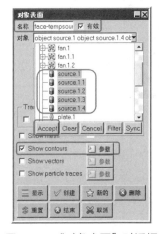

图 7-52　"对象表面"对话框

图 7-53　"Object face contours"对话框

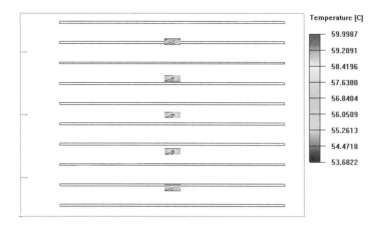

图 7-54　热源温度云图

从图 7-54 所示的热源温度云图中可以看到，所有热源的温度分布相似：中心温度升高，边缘温度降低。顶部和底部源上的温度分布彼此相似，其余两个源上的分布也相似。查看后同样采用取消勾选"有效"的方式关闭图形显示。

⑦ 在背板上显示温度线轮廓。在如图 7-55 所示的"对象表面"对话框中单击"新的"按钮 ☆新的，在名称文本框中，输入名称"face-tempblock"。在对象下拉列表中单击"block.1"，然后单击"Accept"按钮 ☑Accept，选择"Show contours"选项。单击"Show contours"复选框旁边的"参数"按钮 ▣参数，系统弹出如图 7-56 所示的"Object face contours"对话框。在"等高线"下拉列表中保留"Temperature"的默认选择，Contour options 设置为"Line"取消选择"Solid fill"。将数目设置为"200"，在计算的下拉列表中选择"This object"选项。设置完成后单击"结束"按钮 ◎结束，系统显示如图 7-57 所示的背板温度线轮廓。然后单击"结束"按钮 ◎结束，保存设置。背板上的温度线轮廓显示，大部分热量仅限于热源附近的区域。最高温度出现在中间三个源附近。查看后同样采用取消勾选"有效"的方式关闭图形显示。

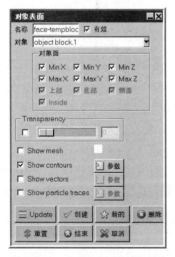

图 7-55　"对象表面"对话框

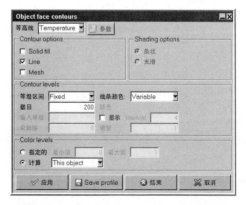

图 7-56　"Object face contours"对话框

151

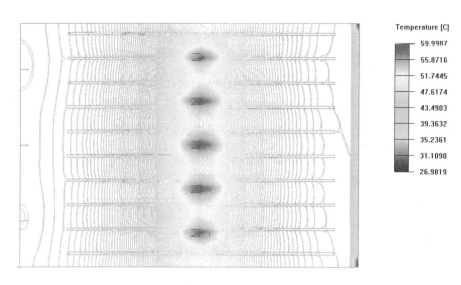

图 7-57　背板温度线轮廓

⑧ 显示多个平面切割云图。利用"切面"对话框中的"Transparency"滑块可以调节截面的透明度，这个功能对显示多个平面切割比较有用。在模型管理器窗口"非活动对象"文件夹下右击要显示的截面，在弹出的快捷菜单中选择有效，则此截面将显示在后处理中。或者也可以新建截面云图。将要显示的平面切割云图都设置成有效。如图7-58 所示即为一个多个平面切割云图的组合。图中是两个平面切割温度轮廓和部分透明压力轮廓的组合。使用半透明的压力轮廓就可以同时显示后部其他截面的温度分布。

⑨ 创建报告。报告可以提供解决方案中有关特定模型对象、组对象、后处理对象和点对象的物理信息。在模型管理器窗口"非活动对象"文件夹下右击"cut-temperature"，在弹出的快捷菜单中选择"有效"，则此截面将显示在后处理中。单击菜单栏的"报表"→"总结报表"命令，如图7-59 所示，系统弹出"定义总结报告"对话框。

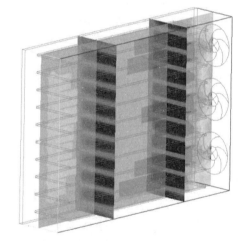

图 7-58　多个平面切割云图的组合

⑩ 在"定义总结报告"面板中单击"新的"五次，以创建 5 行"对象"。在第一行中，选择"block.1"，然后单击"Accept"按钮 ，在"值"下拉菜单中，选择"Heat flow"。在第二行中，使用 Shift 键选择所有 3 个风扇，然后单击"Accept"按钮 ，在"值"下拉菜单中，选择"Volume flow"。在第三行中，使用 Shift 键选择所有 5 个源，然后单击"Accept"按钮 ，在"值"下拉菜单中，选择"Heat flow"。在第四行中，使用 Shift 键选择所有 10 个板，然后单击"Accept"按钮 ，在"值"下拉菜单中，选择"Heat flow"。在第五行中，选择"post face-tempblock"，然后单击"Accept"按钮 ，在"值"下拉菜单中，采用默认的"Temperature"。单击"输出结果"按钮 ，为对象摘要报告生成如图7-60 所示的"报告总结数据"对话框。检查报告的值，并确认它们与模型的物理特性一致。单击"结束"退出此对话框，最后单击"关闭"按钮 退出"定义总结报告"对话框。

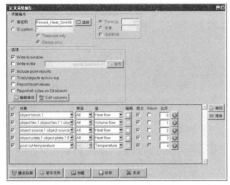

图 7-59　"定义总结报告"对话框

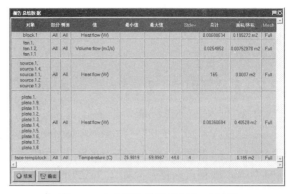

图 7-60　"报告总结数据"对话框

⑪ 保存创建的后处理对象。在后处理菜单中选择"保存后处理对象到文件",在打开的文件选择对话框中单击"保存"按钮保存。保存项目后,后处理期间创建的所有对象都保存在 post_objects 文件中,以供将来使用。

7.2　非连续网格划分

本案例将研究在简单的鳍片散热器问题中使用非连续网格而不是连续网格的效果。

在本案例中,将学习:

- 生成非连续网格和相关参数,如松弛值、最大元素大小等。
- 了解非连续网格对总网格数和结果的影响。
- 生成和比较总结报告。
- 应用非保形规则和限制。

注意　由于网格算法和 Fluent 求解器的增强,网格计数和求解结果可能会略有不同。

7.2.1　问题描述

该模型由一个由铝制成的针翅式散热器组成,该散热器与一个耗散 10W 的电源接触。源 - 散热器组件位于风速为 1.0m/s 的风洞中间。环境温度为 20℃。流态是湍流的,生成的几何结构示意图如图 7-61 所示。

本案例的目的是熟悉非共形网格划分方法及其应用。将检查并比较连续网格和非连续网格的求解结果。

在 ANSYS Icepak 中,可以分别对对象的集合进行网格划分。首先,在部件周围定义一个区域,

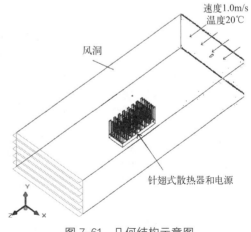

图 7-61　几何结构示意图

然后 ANSYS Icepak 独立于定义区域外部的网格对该区域进行网格划分。

这允许精细网格被限制在感兴趣的特定区域中，并有助于在不牺牲结果准确性的情况下减少总体网格数。

7.2.2 创建新项目

① 启动 ANSYS Icepak。选择"开始"→"所有程序"→"ANSYS 2024 R1"→"Ansys Icepak 2024 R1"，打开 ANSYS Icepak 程序，ANSYS Icepak 启动时，"欢迎使用 Icepak"对话框将自动打开，如图 7-62 所示。

图 7-62 "欢迎使用 Icepak"对话框

② 新建项目。单击"欢迎使用 Icepak"对话框中的"新的"按钮 <u>新</u>，新建一个 Ansys Icepak 项目。此时系统将显示"新建项目"对话框，为项目指定名称。在 Project name 文本框中输入项目名称为"non-conformal"，单击"创建"按钮 <u>创建</u> 完成项目的创建。

③ 创建计算域。完成项目的创建后，ANSYS Icepak 系统会创建一个尺寸为 1m×1m×1m 的默认计算域，并在图形窗口中显示计算域。

7.2.3 构建模型

要构建模型，首先将计算域调整到其正确大小，然后创建背板和开口，最后创建要复制的元素（即风扇、散热片和设备）。

（1）计算域模型创建

① 在"计算域"对话框中调整默认计算域的大小。双击如图 7-63 所示的模型管理器窗口中的"计算域"项目，系统弹出"计算域"对话框，如图 7-64 所示。也可以直接在 GUI 右下角的几何窗口中调整计算域对象的大小。单击"Geometry"标签，在位置下输入 xS 为 0.3、yS 为 0.5、zS 为 0，xE 为 0.7、yE 为 0.7、zE 为 1，表示将计算域更改为 0.7m×0.7m×1m，单击"结束"按钮 <u>结束</u> 完成计算域的修改。

② 更改计算域属性。单击"属性"标签，如图 7-65 所示，在 Min Z 下拉列表中选择"开孔"，在 Max Z 下拉列表中选择"Grille"，其他选项保持默认不变。

图 7-63 模型管理器窗口

图 7-64 "计算域"对话框

图 7-65 更改计算域属性

③ 更改流体入口开口属性。单击 Min Z 开孔右侧的"编辑"按钮 <u>编辑</u>，系统弹出"开孔"对话框，单击"属性"标签，如图 7-66 所示。在"流量设定"栏选择"Z 方向速度"复选按钮，

输入 Z 方向速度为 1m/s，单击"结束"按钮 ![结束] 完成流体入口开口的修改。

图 7-66　"开孔"对话框"属性"标签　　　　图 7-67　　"Grille"对话框"属性"标签

④ 更改流体出口栅格属性。单击 Max Z Grille 右侧的"编辑"按钮 ![编辑]，系统弹出"Grille"对话框，单击"属性"标签，如图 7-67 所示，在"自由开孔率"栏输入 0.8，单击"结束"按钮 ![结束] 完成流体出口栅格的修改。

⑤ 单击工具栏中的整屏显示按钮 ![图标] 及正等轴测图按钮 ![图标] 将视图缩放到合适视图及位置，修改后的计算域如图 7-68 所示。其他选项保持默认不变，然后单击"结束"按钮 ![结束] 完成计算域的修改。

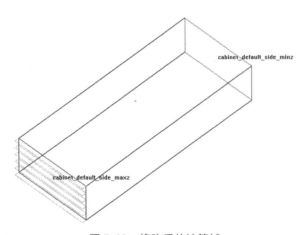

图 7-68　修改后的计算域

（2）热源模型创建

① 创建第一个热源设备。单击工具栏中的创建热源按钮（![图标]），ANSYS Icepak 在计算域中心创建了一个自由矩形热源。需要更改热源的几何图形和大小，并指定其热源参数。

② 双击模型管理器窗口中的"source.1"项目，系统弹出"Sources"对话框。单击"Geometry"标签，在平面的下拉列表中选择"X-Z"，在位置下输入 xS 为 0.48、yS 为 0.52、zS 为 0.48，xE 为 0.52、zE 为 0.52，其他保持默认，如图 7-69 所示。

③ 更改热源属性。单击"属性"标签，如图 7-70 所示，在热参数定义下，设置总发热量为 30W，单击"结束"按钮 ▣结束 完成热源属性的修改，结果如图 7-71 所示。

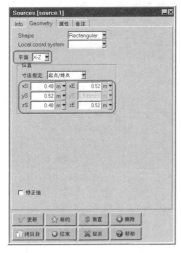

图 7-69 "Sources"对话框

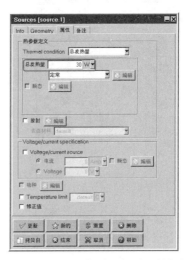

图 7-70 "Sources"对话框"属性"标签

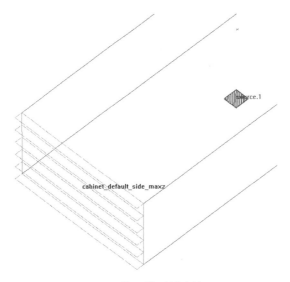

图 7-71 热源模型创建结果

（3）散热器模型创建

① 创建第一个散热器。单击工具栏中的"创建散热器"按钮 ▣，ANSYS Icepak 在计算域中央创建了一个散热器，需要更改散热器的方向和大小，并指定其热参数。

② 双击模型管理器窗口中的"heatsink.1"项目，系统弹出"Heat sinks"对话框。单击"Geometry"标签，在平面的下拉列表中选择"X-Z"，在位置下输入 xS 为 0.46、yS 为 0.5、zS 为 0.4、xE 为 0.54、zE 为 0.6，基板高度设置为 0.02，总体高度设置为 0.1，其他保持默认，如图 7-72 所示。

③ 更改散热器属性。单击"属性"标签，更改类型为"详细"，更改"流动方向"为"Z"。在"Detailed fin type"的下拉列表中选择"横切面导出"，单击"Fin setup"标签，在"翅片设

置"的下拉列表中选择"数目 / 厚度", Z-dir 栏输入数目为"8", 厚度为 0.01, X-dir 栏输入数目为"8", 厚度为 0.004, 其他保持默认, 如图 7-73 所示。然后单击"结束"按钮 ❸结束 完成散热器模型的创建, 创建后的模型如图 7-74 所示。

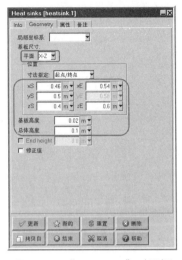

图 7-72　"Heat sinks"对话框

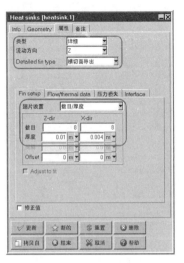

图 7-73　"Heat sinks"对话框"属性"标签

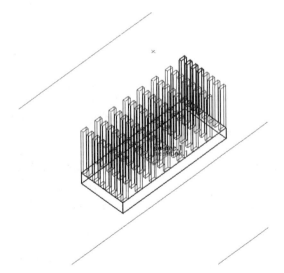

图 7-74　完成的散热器模型

(4) 检查建模对象

① 检查建模对象的定义, 以确保正确设置了它们。单击菜单栏的"视图"→"摘要 (HTML)"命令, 则如图 7-75 所示, 摘要报告显示在 web 浏览器中。摘要显示模型中所有对象的列表以及为每个对象设置的所有参数。通过单击相应的对象名称或特性属性, 可以查看摘要的详细信息。

② 如果发现任何不正确的设置, 可以返回到相应的建模对象面板, 并按照最初输入的方式更改设置。

摘要报告还显示每个对象的材质特性, 以帮助确定正确的材质规格。

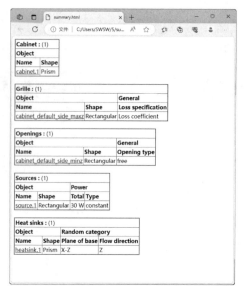

图 7-75　摘要报告

7.2.4　生成网格

①　单击工具栏中的网格"生成"按钮，系统弹出"网格控制"对话框。如图 7-76 所示，最大网格元尺寸 X、Y 和 Z 分别设置为 0.02、0.01、0.05，将最小间隔 X、Y 和 Z 分别设置为 1e-3m、1e-3m、1e-3m，其他选项保持默认。

②　在"全局参数"标签下，在"网格参数"下拉列表中选择"Normal"， 保持"Mesh assemblies separately"复选框被选中状态。ANSYS Icepak 将使用"全局"标签下的默认网格参数更新面板。单击"其他"标签，如图 7-77 所示。选择"Allow minimum gap changes"选项，其他选项保持默认。设置完成后再单击"生成"按钮，生成网格。

图 7-76　"网格控制"对话框

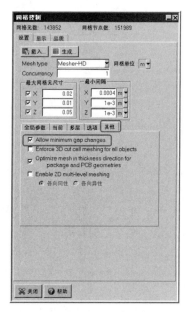

图 7-77　"其他"标签

③ 检查模型横截面上的网格。单击"显示"标签，如图 7-78 所示。选择"显示网格"选项，在"Display attributes"栏中选中"Cut plane"复选框，在"Plane location"栏"设置位置"下拉列表中，选择"Y 中心截面"。完成设置后单击"更新"按钮 ，调整合适的视图方向，网格显示结果如图 7-79 所示。

图 7-78　"显示"标签

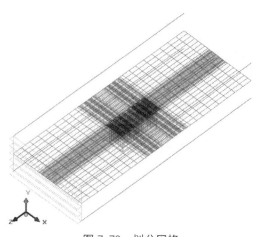

图 7-79　划分网格

④ 查看网格质量。单击"品质"标签选择"面对齐"单选选项，网格质量信息，如图 7-80 所示。

⑤ 关闭网格显示。单击"网格控制"对话框中的"显示"标签，取消选择"显示网格"复选框。然后单击"关闭"按钮 关闭"网格控制"对话框。

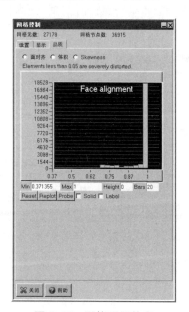

图 7-80　网格质量信息

7.2.5　参数化求解设置

（1）创建监测点

① 将"source.1"拖动到"监测点"文件夹中来创建监测点，以监测热源的温度。

② 在"监测点"文件夹中的"source.1"上右击，如图 7-81 所示。

③ 选择"编辑"，系统弹出"Modify point"对话框，如图 7-82 所示，选择"温度"复选框。

④ 单击"结束"按钮，接受修改并关闭"Modify point"对话框。

图 7-81　监测点快捷菜单

图 7-82　"Modify point"对话框

（2）流动模型校核

在开始求解器之前，首先检查雷诺数和佩克特数的估计值，以检查是否建立了正确的流态模型。

① 检查雷诺数和佩克特数的值。双击模型管理器窗口如图 7-83 所示的"求解设置"文件夹中的"基本设置"项目，系统弹出"基本设置"对话框，如图 7-84 所示，单击对话框中的"重置"按钮 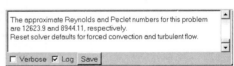，重置计算雷诺数和佩克特数。此时消息窗口如图 7-85 所示，显示雷诺数和佩克特数，ANSYS Icepak 建议将流态设置为湍流。

图 7-83　模型管理器窗口　　图 7-84　"基本设置"对话框　　　　　图 7-85　消息窗口

② 在"基本设置"对话框将迭代步数更改为 300。然后单击"Accept"按钮 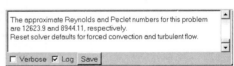。保存解算器设置。

（3）物理模型设置

使用问题设置向导设置。

在模型管理器窗口中，右击"问题定义"，然后选择快捷菜单中的"问题设置向导"，如图 7-86 所示。系统弹出如图 7-87 所示的"问题设置向导"对话框，"问题设置向导"对话框共 14 步。问题设置向导提供了一个简单的界面，其中包含定义模型物理的用户指南。

① 对于第 1 步，保留复选框的默认设置，如图 7-87 所示，单击"Next"按钮 ，进入下一步。

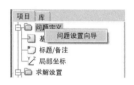

图 7-86　模型管理器窗口　　　　图 7-87　"问题设置向导"对话框第 1 步

② 对于第 2 步，在流动条件求解设置对话框中选择"Flow has inlet/outlet （forced convection）"单选选项，如图 7-88 所示，单击"Next"按钮，进入下一步。

③ 此时对话框显示处于第 5 步，如图 7-89 所示，确保选择"Set flow regime to turbulent"将流态设置为湍流。单击"Next"按钮，进入下一步。

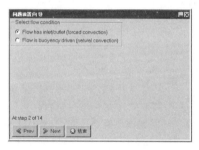

图 7-88　"问题设置向导"对话框第 2 步　　　图 7-89　"问题设置向导"对话框第 5 步

④ 对于第 6 步，选择"Zero equation （mixing length）"选项，将零方程（混合长度）作为湍流模型，如图 7-90 所示，单击"Next"按钮，进入下一步。

⑤ 对于第 7 步，选择"Include heat transfer due to radiation"选项，包含辐射热传递，如图 7-91 所示，单击"Next"按钮，进入下一步。

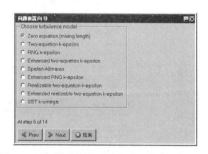

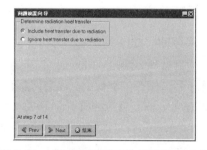

图 7-90　"问题设置向导"对话框第 6 步　　　图 7-91　"问题设置向导"对话框第 7 步

⑥ 对于第 8 步，选择"Use surface-to-surface mode"选项，使用面对面模式，如图 7-92 所示，单击"Next"按钮，进入下一步。

⑦ 根据前面几步的设置，此时对话框显示处于第 9 步，如图 7-93 所示，确保取消选择"Include solar radiation"复选框，以排除太阳辐射，单击"Next"按钮 ，进入下一步。

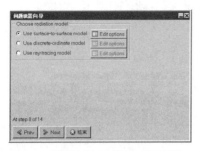
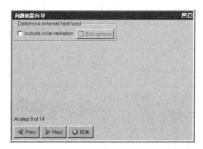

图 7-92　"问题设置向导"对话框第 8 步　　　图 7-93　"问题设置向导"对话框第 9 步

⑧ 对于第 10 步，选择"Variables do not vary with time（steady-state）"选项，设置稳态模拟的变量不随时间变化，如图 7-94 所示，单击"Next"按钮 ，进入下一步。

⑨ 现在处于第 14 步，"问题设置向导"对话框如图 7-95 所示，将"Adjust properties based on altitude"复选框留空，忽略高度影响。单击"结束"按钮 完成问题设置向导，完全定义问题设置。

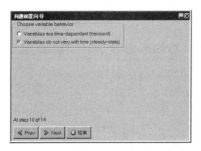

图 7-94　"问题设置向导"对话框 10 步　　　图 7-95　"问题设置向导"对话框第 14 步

（4）参数设置

① 双击左侧模型管理器"问题定义"→"基本参数"，打开"基本参数设置"对话框，如图 7-96 所示。"基本设置"标签栏内保持默认设置不变。

② 单击"Accept"按钮 保存基本参数设置。

7.2.6　保存并求解

（1）保存项目文件

保存项目文件。ANSYS Icepak 在开始计算之前会自动保存模型，但最好手动保存一下模型（包括网格）。如果在开始计算之前退出 ANSYS Icepak，将能够打开保存的文件，并能继续分析。单击菜单栏的"文件"→"保存"命令，保存项目文件。

图 7-96　"基本参数"对话框"基本设置"标签

（2）求解

① 求解设置。单击菜单栏的"求解"→"运行求解"命令，系统弹出如图 7-97 所示的"求解"对话框，在求解名文本框中输入求解的名称为"conformal"，其余按照图中参数进行设置。

② 单击"结果"标签。选择"Write overview of results when finished"复选框，如图 7-98 所示，单击"关闭"按钮 ![关闭] 保存退出。

图 7-97   "求解"对话框

图 7-98   "求解"对话框"结果"标签

③ 求解。单击菜单栏的"求解"→"优化"命令，系统弹出"Parameters and optimization"对话框，然后单击"Run"按钮 ![Run]，进行计算求解。

④ 完成求解。计算完成后，残差图、检测图将类似于图 7-99、图 7-100 所示，不同机器上残差的实际值可能略有不同。可以使用鼠标左键框选放大残差图。单击残差图对话框中的"结束"按钮 ![结束] 将其关闭。

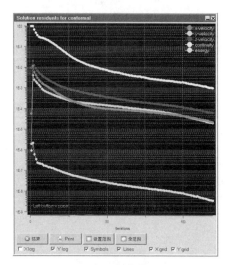

图 7-99   残差图

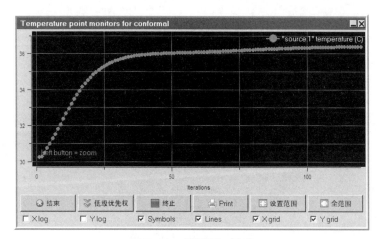

图 7-100   检测图 - 温度

163

7.2.7　检查结果

一旦模型收敛，ANSYS Icepak 会自动生成解决方案概览报告。此报告包含详细信息，如基于对象的质量和体积流速操作点、具有指定功率的对象的热流、与环境相通的对象的热流量、最高温度和总体平衡。

（1）创建对象面

① 切换视图。单击工作区左下角坐标系的 Y 轴，调整工作区界面为 Y 正方向视图，也可以利用快捷键"Shift+Y"将视图定向为正 Y 方向。

② 单击工具栏中的"对象切面"按钮，系统弹出"对象表面"对话框。如图 7-101 所示，在"对象"下拉列表中，指定"heatsink.1"作为对象，然后单击"Accept"按钮Accept。然后单击选中"Show contours"复选框，然后单击右侧的"参数"按钮 参数。

③ 系统弹出如图 7-102 所示的"Object face contours"对话框，在"计算"下拉列表中选择"This object"选项，其他条件保持默认不变，然后单击"结束"按钮返回到"对象表面"对话框，然后单击"结束"按钮完成对象面的创建，使用鼠标旋转散热器以检查表面温度分布，结果如图 7-103 所示。查看完成后，在"切面"对话框中，取消选中"有效"选项。

图 7-101　"对象表面"对话框

图 7-102　"Object face contours"对话框

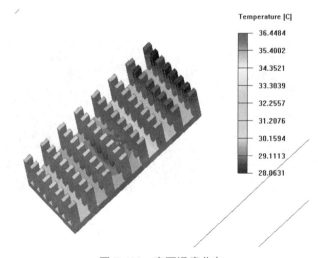

图 7-103　表面温度分布

（2）速度矢量云图分析

下面说明如何生成和显示每个视图。使用"平面"剪切面板来查看水平平面上的速度方向和大小。

① 单击菜单栏的"后处理"→"切面"命令，或者单击工具栏中的"切面"命令$\blacksquare$，系统弹出如图 7-104 所示的"切面"对话框。

② 查看速度矢量图。在名称文本框中，输入名称"cut-velocity"，在设定位置下拉列表中选择"Y 中心截面"，选择"Show vectors"复选框，然后单击"Show vectors"复选框右侧的 "参数"按钮，系统弹出如图 7-105 所示的"Plane cut vectors"对话框。设置箭头样式为"Dart"，这将矢量显示为类似飞镖的样式。单击"Plane cut vectors"对话框中的"应用"按钮 和单击"切面"对话框中的"结束"按钮 ，结果如图 7-106 所示。

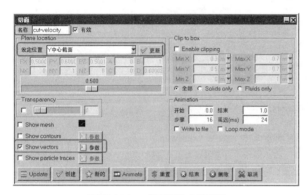

图 7-104　"切面"对话框

图 7-105　"Plane cut vectors"对话框

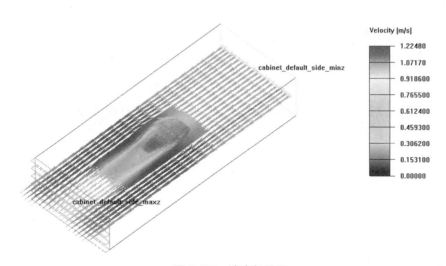

图 7-106　速度矢量图

③ 在"切面"对话框中，取消选中"有效"选项。将暂时从图形窗口中删除速度矢量显示，以便可以更轻松地查看下一个后处理对象。如果想要返回查看可以在"模型管理器"窗口中打开"非活动对象"文件夹并找到"cut_velocity"。如图 7-107 所示，通过右击"cut_velocity"在快捷菜单中选择进行"编辑""有效"或"删除"等操作。

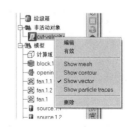

图 7-107　"cut _velocity"快捷菜单

（3）计算结果报告输出

① 单击菜单栏中的"报告"→"总结报告"命令，系统弹出"定义总结报告"设置对话框，单击"新的"按钮 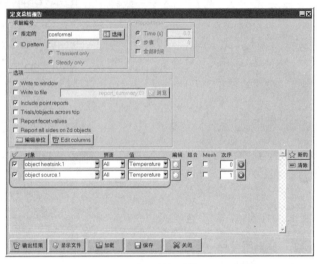，依次创建 2 个几何体，如图 7-108 所示。

图 7-108　"定义总结报告"设置对话框

② 在第一个几何体里选择 object heatsink.1，单击"Accept"按钮保存，在"值"下拉框里选择 Temperature 选项。

③ 在第二个几何体里选择 object source.1，单击"Accept"按钮保存，在"值"下拉框里选择 Temperature 选项。

④ 单击"输出结果"按钮 ，弹出总结报告对话框，单击"结束"按钮保存，如图 7-109 所示。

⑤ 单击"定义总结报告"设置对话框中的"保存"按钮 ，保存设置并退出。

图 7-109　总结报告

第 **8** 章

水冷散热案例

扫码看视频

8.1 冷板水冷散热概述

冷板是一种用于冷却大功率设备的热交换器，而一般大功率设备不再适合使用气体冷却。冷板主要是由在金属板中安放一系列的金属管或金属通道构成，热量靠管中液体的循环从金属板中带走，金属板和板中的金属管道一般由铝、不锈钢或铜构成，工作流体可以是水、乙烯-乙二醇/水（EGW）混合物等。

该模型由一块冷板组成，冷板流体从安装在其两侧的两块板中输送了相当一部分热量。在这种情况下，外部空气中的自然对流也有助于传热。

本案例的目的是说明在 ANSYS Icepak 中使用两种不同的流体。该模型包括两个加热板，由冷板腔内循环的水和外部自然对流驱动的空气冷却。将采用单独网格的组件来减少域中的总网格数。该模型将使用默认的公制单位系统构建。

本案例以一个带有水冷散热器的热源冷却为例，其模型如图 8-1 所示，在自然对流及内部水冷冷却条件下，分析热源温度分布、水冷散热器表面温度分布及进出口温差，为水冷散热器进口流量及结构优化设计提供支撑。

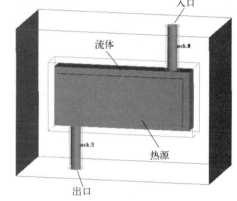

图 8-1 冷板模型

8.2 创建新项目

① 启动 ANSYS Icepak。选择"开始"→"所有程序"→"Ansys 2024 R1"→"Ansys Icepak 2024 R1"，打开 ANSYS Icepak 程序，ANSYS Icepak 启动时，"欢迎使用 Icepak"对话框将自动打开，如图 8-2 所示。

② 新建项目。单击"欢迎使用 Icepak"对话框中的"新的"按钮，新建一个 ANSYS Icepak 项目。此时系统将显示如图 8-3 所示的"新建项目"对话框，为项目指定名称。在 Project name 文本框中输入项目名称为"cold-plate"，单击"创建"按钮完成项目的创建。

图 8-2 "欢迎使用 Icepak"对话框　　　　图 8-3 "新建项目"对话框

③ 创建计算域。完成项目的创建后，ANSYS Icepak 系统会创建一个尺寸为 1m×1m×1m 的默认计算域，并在图形窗口中显示计算域。

8.3　构建模型

（1）计算域模型创建

① 在"计算域"对话框中调整默认计算域的大小。双击模型管理器窗口中的"计算域"项目，系统弹出"计算域"对话框，如图 8-4 所示。也可以直接在 GUI 右下角的几何窗口中调整计算域对象的大小。单击"Geometry"标签，在位置下输入 xS 为 0、yS 为 0、zS 为 0、xE 为 0.4、yE 为 0.3、zE 为 0.2，表示将计算域更改为 0.4m×0.3m×0.2m，单击"结束"按钮 结束 完成计算域的修改。

② 单击工具栏中的整屏显示按钮 及正等轴测图按钮 将视图缩放到合适视图及位置，修改后的计算域如图 8-5 所示。

图 8-4　"计算域"对话框

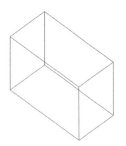

图 8-5　修改后的计算域

（2）散热模块固体块创建

① 创建实体块。单击工具栏中的创建块 按钮，ANSYS Icepak 在计算域中央创建了一个新的实心块，需要更改块的大小。

② 修改块尺寸。双击模型管理器窗口中的"block.1"项目，系统弹出"块"对话框，如图 8-6 所示。单击"Geometry"标签，在位置下输入 xS 为 0.05、yS 为 0.08、zS 为 0.07、xE 为 0.35、yE 为 0.22、zE 为 0.13，其他条件保持默认不变。

③ 更改块属性。单击"属性"标签，如图 8-7 所示，保持默认块类型为"固体"，在"固体材料"下拉列表中选择"Al-Extruded"选项。

图 8-6　"块"对话框

图 8-7　"块"对话框"属性"标签

④ 单击"块"对话框中的"结束"按钮 结束 完成散热模块固体块模型的创建，创建后的模

型如图 8-8 所示。

（3）散热模块流体块创建

① 创建块。单击工具栏中的创建块 ▣ 按钮，ANSYS Icepak 在计算域中央创建了一个新的块，需要更改块的大小。

② 修改块尺寸。双击模型管理器窗口中的"block.2"项目，系统弹出"块"对话框，如图 8-9 所示。单击"Geometry"标签，在位置下输入 xS 为 0.06、yS 为 0.09、zS 为 0.08、xE 为 0.34、yE 为 0.21、zE 为 0.12，其他条件保持默认不变。

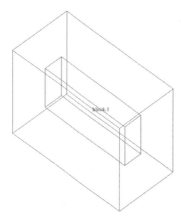

图 8-8　散热模块固体块模型

图 8-9　"块"对话框

③ 更改块属性。单击"属性"标签，如图 8-10 所示，块类型选择"流体"单选按钮，在"流体材料"下拉列表中选择"Water（@280K）"选项。

④ 单击"块"对话框中的"结束"按钮 ▣结束 完成散热模块流体块模型的创建，创建后的模型如图 8-11 所示。

图 8-10　"块"对话框"属性"标签

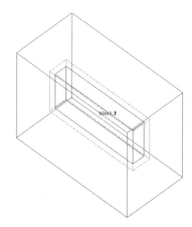

图 8-11　散热模块流体块模型

（4）出口模块固体块创建

① 创建实体块。单击工具栏中的创建块 ▣ 按钮，ANSYS Icepak 在计算域中央创建了一个新的实心块，需要更改块的大小。

② 修改块尺寸。双击模型管理器窗口中的"block.3"项目，系统弹出"块"对话框，如图

8-12 所示。单击"Geometry"标签，在"Shape"下拉列表中选择"圆柱"选项，在"平面"下拉列表中选择"X-Z"选项，在位置下输入 xC 为 0.1、yC 为 0、zC 为 0.1、高度为 0.09、半径为 0.015、内半径为 0，其他条件保持默认不变。

③ 更改块属性。单击"属性"标签，如图 8-13 所示，保持默认块类型为"固体"，在"固体材料"下拉列表中选择"Al-Extruded"选项。

图 8-12　"块"对话框

图 8-13　"块"对话框"属性"标签

④ 单击"块"对话框中的"结束"按钮 ▣結束 完成出口模块固体块模型的创建，创建后的模型如图 8-14 所示。

（5）入口模块固体块创建

① 创建实体块。单击工具栏中的创建块 ▣ 按钮，ANSYS Icepak 在计算域中央创建了一个新的实心块，需要更改块的大小。

② 修改块尺寸。双击模型管理器窗口中的"block.4"项目，系统弹出"块"对话框，如图 8-15 所示。单击"Geometry"标签，在"Shape"下拉列表中选择"圆柱"选项，在"平面"下拉列表中选择"X-Z"选项，在位置下输入 xC 为 0.3、yC 为 0.21、zC 为 0.1、高度为 0.09、半径为 0.015、内半径为 0，其他条件保持默认不变。

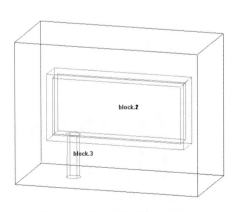

图 8-14　出口模块固体块模型

图 8-15　"块"对话框

③ 更改块属性。单击"属性"标签，如图 8-16 所示，保持默认块类型为"固体"，在"固体材料"下拉列表中选择"Al-Extruded"选项。

④ 单击"块"对话框中的"结束"按钮 ![结束] 完成入口模块固体块模型的创建，创建后的模型如图 8-17 所示。

图 8-16　"块"对话框"属性"标签

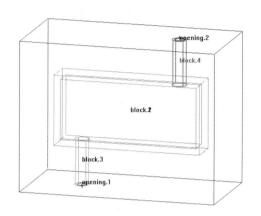

图 8-17　入口模块固体块模型

（6）出口模块流体块创建

① 创建块。单击工具栏中的创建块 ![按钮] 按钮，ANSYS Icepak 在计算域中央创建了一个新的块，需要更改块的大小。

② 修改块尺寸。双击模型管理器窗口中的"block.5"项目，系统弹出"块"对话框，如图 8-18 所示。单击"Geometry"标签，在"Shape"下拉列表中选择"圆柱"选项，在"平面"下拉列表中选择"X-Z"选项，在位置下输入 xC 为 0.1、yC 为 0、zC 为 0.1、高度为 0.09、半径为 0.01、内半径为 0，其他条件保持默认不变。

③ 更改块属性。单击"属性"标签，如图 8-19 所示，块类型选择"流体"单选按钮，在"流体材料"下拉列表中选择"Water（@280K）"选项。

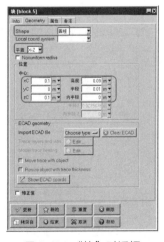

图 8-18　"块"对话框

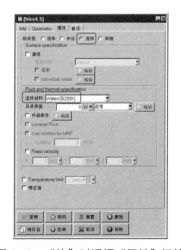

图 8-19　"块"对话框"属性"标签

④ 单击"块"对话框中的"结束"按钮 ⊙结束 完成出口模块流体块模型的创建，创建后的模型如图 8-20 所示。

（7）入口模块流体块创建

① 创建块。单击工具栏中的创建块 ▣ 按钮，ANSYS Icepak 在计算域中央创建了一个新的块，需要更改块的大小。

② 修改块尺寸。双击模型管理器窗口中的"block.6"项目，系统弹出"块"对话框，如图 8-21 所示。单击"Geometry"标签，在"Shape"下拉列表中选择"圆柱"选项，在"平面"下拉列表中选择"X-Z"选项，在位置下输入 xC 为 0.3、yC 为 0.21、zC 为 0.1、高度为 0.09、半径为 0.01、内半径为 0，其他条件保持默认不变。

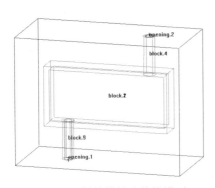

图 8-20　散热模块流体块模型

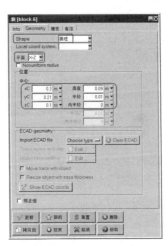

图 8-21　"块"对话框

③ 更改块属性。单击"属性"标签，如图 8-22 所示，块类型选择"流体"单选按钮，在"流体材料"下拉列表中选择"Water（@280K）"选项。

④ 单击"块"对话框中的"结束"按钮 ⊙结束 完成入口模块流体块模型的创建，创建后的模型如图 8-23 所示。

图 8-22　"块"对话框"属性"标签

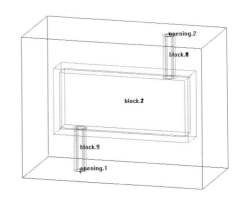

图 8-23　散热模块流体块模型

（8）热源片模型创建

① 创建第一个热源片。单击工具栏中的创建平板按钮（⬙），ANSYS Icepak 在计算域中央 X-Y 平面上创建了一个热源片。需要更改热源片的方向和大小，并指定其热参数。

② 双击模型管理器窗口中的"plate.1"项目，系统弹出"平板"对话框，如图 8-24 所示。单击"Geometry"标签，在平面的下拉列表中选择"X-Y"，在位置下输入 xS 为 0.07、yS 为 0.1、zS 为 0.06、xE 为 0.33、yE 为 0.2，其他条件保持默认不变。

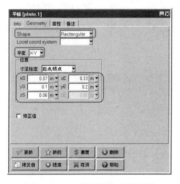

图 8-24　"平板"对话框　　　　　图 8-25　"平板"对话框"属性"标签

③ 更改热源片属性。单击"属性"标签，如图 8-25 所示，更改热模型为"导热厚板"，在热参数定义下更改厚度为 0.01m，固体材料默认为"default"由于默认的实体材质是拉伸铝，因此不需要在此处明确指定材质，输入"总发热量"为"200W"，单击"结束"按钮 ⬙结束 完成热源片的修改，创建后的模型如图 8-26 所示。

④ 创建第二个热源片。单击工具栏中的创建平板按钮（⬙），ANSYS Icepak 在计算域中央 X-Y 平面上创建了一个热源片。需要更改热源片的方向和大小，并指定其热参数。

⑤ 双击模型管理器窗口中的"plate.2"项目，系统弹出"平板"对话框，如图 8-27 所示。单击"Geometry"标签，在平面的下拉列表中选择"X-Y"，在位置下输入 xS 为 0.07、yS 为 0.1、zS 为 0.13、xE 为 0.33、yE 为 0.2，其他条件保持默认不变。

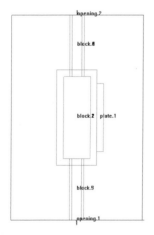

图 8-26　第一个热源片模型　　　　　图 8-27　"平板"对话框

⑥ 更改热源片属性。单击"属性"标签，如图 8-28 所示，更改热模型为"导热厚板"，在热参数定义下更改厚度为 0.01m，固体材料默认为"default"由于默认的实体材质是拉伸铝，因

此不需要在此处明确指定材质，输入"总发热量"为"200W"，单击"结束"按钮 ⚙结束 完成热源片的修改，创建后的模型如图 8-29 所示。

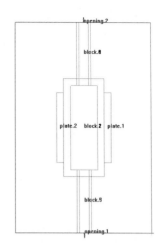

图 8-28　"平板"对话框"属性"标签　　　　图 8-29　第二个热源片模型

（9）流体开口创建

① 创建流体出口开口。单击工具栏中的创建开口按钮（▦），ANSYS Icepak 在计算域中央创建了一个新的洞口。双击模型管理器窗口中的"opening.1"项目，系统弹出"开孔"对话框，如图 8-30 所示。单击"Geometry"标签，在"Shape"下拉列表中选择"Circular"选项，在平面的下拉列表中选择"X-Z"，在位置下输入 xC 为 0.1、yC 为 0、zC 为 0.1、半径为 0.01，单击"结束"按钮 ⚙结束 完成开口 1 尺寸的修改，结果如图 8-31 所示。

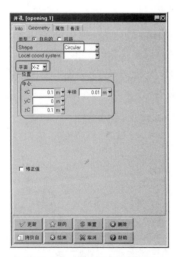

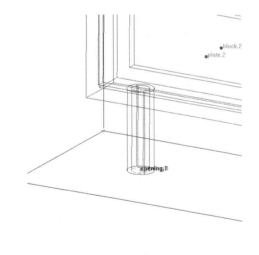

图 8-30　"开孔"对话框　　　　　　　图 8-31　流体出口开口模型

② 创建流体入口开口。单击工具栏中的创建开口按钮（▦），ANSYS Icepak 在计算域中央创建了一个新的洞口。双击模型管理器窗口中的"opening.2"项目，系统弹出"开孔"对话框。单击"Geometry"标签，在"Shape"下拉列表中选择"Circular"选项，在平面的下拉列表中选择"X-Z"，在位置下输入 xS 为 0.3、yS 为 0.3、zS 为 0.1、半径为 0.01。

③ 更改流体入口开口属性。单击"属性"标签，如图 8-32 所示，在"流量设定"栏选择

"Y 方向速度"复选按钮,输入 Y 方向速度为 0.2m/s,单击"结束"按钮 结束 完成流体入口开口的修改,创建后的模型如图 8-33 所示。

图 8-32 "开孔"对话框"属性"标签

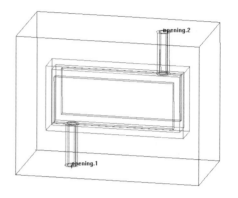

图 8-33 流体入口开口模型

(10)自然对流开口创建

① 在模型侧创建自由开口。单击工具栏中的创建开口按钮( ),ANSYS Icepak 在计算域中央创建了一个新的洞口。双击模型管理器窗口中的"opening.3"项目,系统弹出"开孔"对话框,如图 8-34 所示。单击"Geometry"标签,在"Shape"下拉列表中选择"Rectangular"选项,在平面的下拉列表中选择"Y-Z",在位置下输入 xS 为 0.4、yS 为 0、zS 为 0.2、yE 为 0.3、zE 为 0,单击"结束"按钮 结束 完成开口尺寸的修改。

② 在模型另一侧创建自由开口。单击工具栏中的创建开口按钮( ),ANSYS Icepak 在计算域中央创建了一个新的洞口。双击模型管理器窗口中的"opening.4"项目,系统弹出"开孔"对话框。单击"Geometry"标签,在"Shape"下拉列表中选择"Rectangular"选项,在平面的下拉列表中选择"Y-Z",在位置下输入 xS 为 0、yS 为 0、zS 为 0.2、xE 为 0.3、yE 为 0,单击"结束"按钮 结束 完成开口尺寸的修改,创建后的开孔模型如图 8-35 所示。

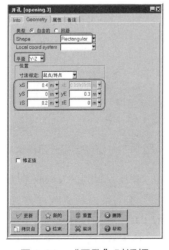

图 8-34 "开孔"对话框

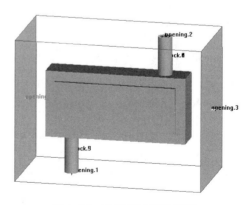

图 8-35 自然对流开口模型

（11）检查建模对象

① 检查建模对象的定义，以确保正确设置了它们。单击菜单栏的"视图"→"摘要（HTML）"命令，则如图 8-36 所示，摘要报告显示在 web 浏览器中。摘要显示模型中所有对象的列表以及为每个对象设置的所有参数。通过单击相应的对象名称或特性属性，可以查看摘要的详细信息。

② 如果发现任何不正确的设置，可以返回到相应的建模对象面板，并按照最初输入的方式更改设置。摘要报告还显示每个对象的材质特性，以帮助确定正确的材质规格。

（12）装配体创建

① 创建组件。选择除计算域、opening 外的所有几何模型，如图 8-37 所示，右击模型

图 8-36 摘要报告

管理器任意被选中组件，在弹出的快捷菜单中执行"创建"→"组合"命令，完成 Assembly.1 的创建，如图 8-38 所示。

② 右击左侧模型树 Model-Assembly.1，在弹出的快捷菜单中执行"编辑"命令，弹出如图 8-39 所示的"Assemblies"对话框。选择 Info 标签，在"名称"处输入"Heatsink-packages-asy"，然后选择"Meshing"标签，选择"划分不连续网格"选项，在 Min X 处输入 0.01，在 Min Y 处输入 0，在 Min Z 处输入 0.01，在 Max X 处输入 0.01，在 Max Y 处输入 0，在 Max Z 处输入 0.01，如图 8-39 所示。单击"结束"按钮 ⊞结束 保存退出，创建好的组合装配体如图 8-40 所示。

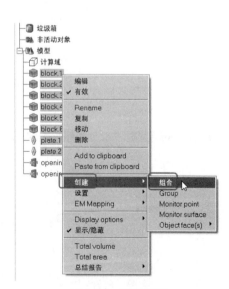

图 8-37 选择模型

图 8-38 "Assemblies"对话框

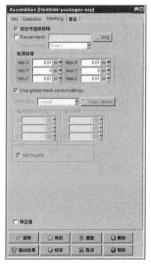

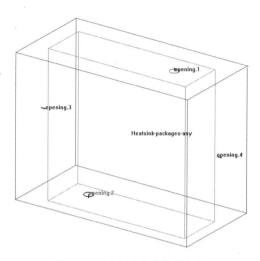

图 8-39　"Assemblies"对话框"Meshing"标签　　　　图 8-40　创建后的散热器组件

8.4　生成网格

① 单击工具栏中的"网格生成"按钮，系统弹出"网格控制"对话框。如图 8-41 所示，在"Mesh type"下拉列表中选择"Mesher-HD"，将最大网格元尺寸 X、Y 和 Z 分别设置为 0.02、0.015、0.01，将最小间隔 X、Y 和 Z 分别设置为 1e-3m、1e-3m、1e-3m。保持"Mesh assemblies separately"复选框被选中状态，输入 Min elements in gap 为 3、Min elements on edge 为 2、最大尺寸比率为 4、其他选项保持默认。

② 单击下方的"当前"标签，选择"对象参数"复选框，然后单击"Edit params"按钮 🔲 Edit params，系统弹出"对象网格参数"对话框，如图 8-42 所示。在左侧的栏中选择"block.2"，右侧选中"Use per-object parameters"复选框，输入 X 方向数目为 30、Y 方向数目为 16、Z 方向数目为 10，其他条件保持默认不变，单击"结束"按钮 ⊘ 结束，完成局部网格参数的设置。

③ 上面步骤设置完成后单击"生成"按钮 ▦ 生成，生成网格。

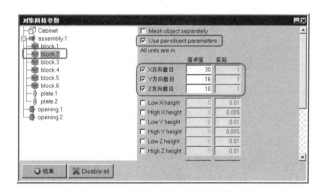

图 8-41　"网格控制"对话框　　　　　　　　图 8-42　"对象网格参数"对话框

④ 检查模型横截面上的网格。单击"显示"标签，如图 8-43 所示。选择"显示网格"选项，在"Display attributes"栏中选中"Cut plane"复选框，在"设置位置"下拉列表中，选择"Z 中心截面"，完成设置后单击"更新"按钮 [✓更新]，将视图切换为 Z 轴显示，网格显示结果如图 8-44 所示。

图 8-43　"显示"标签

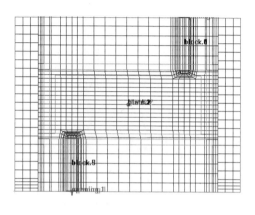

图 8-44　网格

⑤ 查看网格质量。单击"品质"标签选择"面对齐"单选选项，网格质量信息如图 8-45 所示。

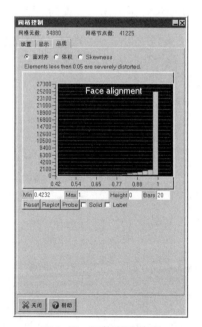

图 8-45　网格质量信息

⑥ 关闭网格显示。单击"网格控制"对话框中的"显示"标签，取消选择"显示网格"复选框。然后单击"关闭"按钮 [✗关闭] 关闭"网格控制"对话框。

8.5　求解参数设置

在开始求解器之前，首先检查雷诺数和佩克特数的估计值，以检查是否建立了正确的流态模型。

① 双击模型管理器窗口如图 8-46 所示的"求解设置"文件夹中的"基本设置"项目，系统弹出"基本设置"对话框，如图 8-47 所示。在"基本设置"对话框将迭代步数更改为 300，然后单击"Accept"按钮 ，保存解算器设置。

图 8-46　模型管理器窗口　　　　　　　　图 8-47　"基本设置"对话框

② 使用问题设置向导设置。使用零方程湍流模型启用湍流建模，忽略辐射传热。在模型管理器窗口中，右击"问题定义"，然后选择快捷菜单中的"问题设置向导"，如图 8-48 所示。系统弹出如图 8-49 所示的"问题设置向导"对话框，"问题设置向导"对话框共有 14 步。问题设置向导提供了一个简单的界面，其中包含定义模型物理的用户指南。

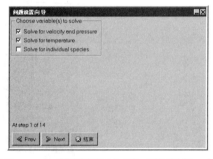

图 8-48　模型管理器窗口　　　　　　　　图 8-49　"问题设置向导"对话框第 1 步

a. 对于第 1 步，保留复选框的默认设置，如图 8-49 所示，单击"Next"按钮 ，进入下一步。

b. 对于第 2 步，保持选择默认流量条件，如图 8-50 所示，单击"Next"按钮 ，进入下一步。

c. 根据前面几步的设置，此时对话框显示处于第 5 步，如图 8-51 所示，确保选择"Set flow regime to turbulent"将流态设置为湍流。将鼠标指针放在问题设置向导中的任何选项上，对话框上会显示一个文本气泡，以获取有关选项的介绍信息，单击"Next"按钮 ，进入下一步。

d. 对于第 6 步，选择"Zero equation（mixing length）"选项，将零方程（混合长度）作为湍流模型，如图 8-52 所示，单击"Next"按钮 ，进入下一步。

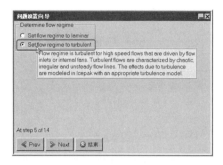

图 8-50　"问题设置向导"对话框第 2 步　　　图 8-51　"问题设置向导"对话框第 5 步

e. 对于第 7 步，选择"Include heat transfer due to radiation"选项，包含辐射热传递，如图 8-53 所示，单击"Next"按钮 ，进入下一步。

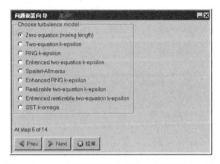

图 8-52　"问题设置向导"对话框第 6 步　　　图 8-53　"问题设置向导"对话框第 7 步

f. 对于第 8 步，选择"Use surface-to-surface mode"选项，使用面对面模式，如图 8-54 所示，单击"Next"按钮 ，进入下一步。

g. 根据前面几步的设置，此时对话框显示处于第 9 步，如图 8-55 所示，确保取消选择"Include solar radiation"复选框，以排除太阳辐射，单击"Next"按钮 ，进入下一步。

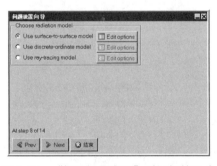

图 8-54　"问题设置向导"对话框第 8 步　　　图 8-55　"问题设置向导"对话框第 9 步

h. 对于第 10 步，选择"Variables do not vary with time（steady-state）"选项，设置稳态模拟的变量不随时间变化，如图 8-56 所示，单击"Next"按钮 ，进入下一步。

i. 现在处于第 14 步，"问题设置向导"对话框如图 8-57 所示，将"Adjust properties based on altitude"复选框留空，忽略海拔高度影响。单击"结束"按钮 完成问题设置向导，完全定义问题设置。

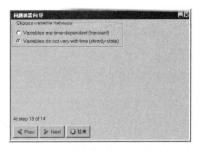

图 8-56　"问题设置向导"对话框第 10 步　　　图 8-57　"问题设置向导"对话框第 14 步

③ 参数设置

a. 双击左侧模型管理器"问题定义"→"基本参数",打开"基本参数设置"对话框,如图 8-58 所示,在"Natural convection"栏中选择"Gravity vector"复选框,在 X 处输入"-9.8",设置重力方向。

b. 选择 Transient setup 标签,在"X 方向速度"文本框中输入 0.005,如图 8-59 所示,在考虑自然对流情况下,通常在重力方向给予初始速度,有利于计算收敛。

图 8-58　"基本参数设置"
对话框基本设置标签

图 8-59　"基本参数设置"
对话框 Transient setup 标签

c. 单击"Accept"按钮 Accept 保存基本参数设置。

d. 双击左侧模型管理器窗口中"求解设置"文件夹中的"高级设置"项目,系统弹出"求解器高级设置"对话框,如图 8-60 所示,确保"压力""动量"和"温度"的"不足松弛系数"分别为 0.3、0.7 和 1.0。将"Joule heating potential"下的"Stabilization"更改为"BCGSTAB",并在"精度"下拉列表中选择"Double",其他设置参数如图 8-60 所示。单击"Accept"按钮 Accept,保存解算器设置。

图 8-60　"求解器高级设置"对话框

8.6　保存求解

① 保存项目文件。Ansys Icepak 在开始计算之前会自动保存模型，但最好手动保存一下模型（包括网格）。如果在开始计算之前退出 Ansys Icepak，那么将能够打开保存的文件，并能继续分析。单击菜单栏的"文件"→"保存"命令，保存项目文件。

② 创建监测点。将"opening.1""block.2"和"plate.2"拖动到"监测点"文件夹中。在"监测点"文件夹中的"opening.1"上右击，如图 8-61 所示。选择"编辑"，系统弹出"Modify point"对话框，如图 8-62 所示，取消选择"温度"复选框，然后选择"速度"复选框。单击"结束"按钮，接受修改并关闭"Modify point"对话框。

图 8-61　监测点快捷菜单

图 8-62　"Modify point"对话框

③ 求解

a. 求解。单击菜单栏的"求解"→"运行求解"命令，系统弹出如图 8-63 所示的"求解"对话框，按照图中参数进行设置，然后单击"开始计算"按钮 ⊙开始计算，进行计算求解。

图 8-63　"求解"对话框

b. 完成求解。计算完成后，残差图、检测图将类似于图 8-64 ～图 8-66 所示，不同机器上残差的实际值可能略有不同。可以使用鼠标左键框选放大残差图。单击残差图对话框中的"结束"按钮 ⊙结束将其关闭。

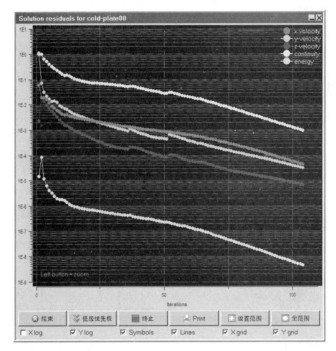

图 8-64　残差图

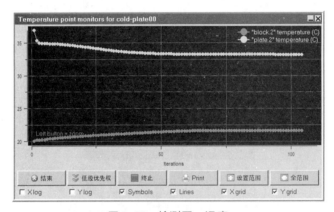

图 8-65　检测图－温度

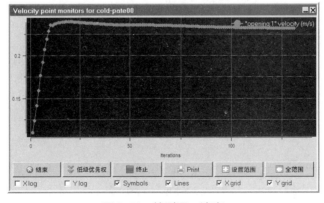

图 8-66　检测图－速度

8.7　检查结果

对结果进行后处理，需创建对象面和平面切割对象。

（1）在所有块上显示温度云图

① 单击菜单栏的"后处理"→"Object face（node）"命令，或者单击工具栏中的"对象表面"命令，系统弹出如图 8-67 所示的"对象表面"对话框。

② 在对象下拉列表中单击"block.1"，按住 Shift 键，然后单击"block.6"选择所有块，单击"Accept"按钮。选择"Show contours"选项。单击"Show contours"复选框旁边的"参数"按钮。系统弹出如图 8-68 所示的"Object face contours"对话框。

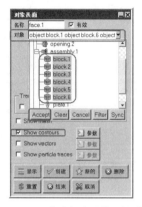

图 8-67　"对象表面"对话框

图 8-68　"Object face contours"对话框

③ 在"等高线"下拉列表中保留"Temperature"的默认选择，Contour options 设置为"Solid fill"，Shading options 设置为"条状"。在计算的下拉列表中选择"Global limits"选项。设置完成后单击"结束"按钮，系统显示如图 8-69 所示的块温度云图。然后单击"结束"按钮，保存设置。

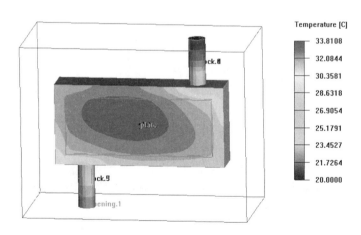

图 8-69　块温度云图

④ 从图 8-69 所示的块温度云图中可以看到，所有热源的温度分布相似：中心温度高，边缘温度降低。中心最高温度大约 33℃。在"对象表面"对话框中，取消选中"有效"选项。将暂时从图形窗口中删除温度云图显示，以便可以更轻松地查看下一个后处理对象。

（2）切面速度矢量图

① 单击菜单栏的"后处理"→"切面"命令，或者单击工具栏中的"切面"命令图，系统弹出如图 8-70 所示的"切面"对话框。

② 查看速度矢量图。在设定位置下拉列表中选择"Z 中心截面"，选择"Show vectors"复选框，然后单击"Show vectors"复选框右侧的"参数"按钮，系统弹出如图 8-71 所示的"Plane cut vectors"对话框。

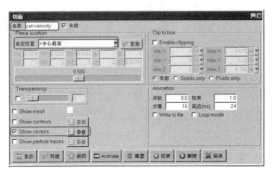

图 8-70　"切面"对话框

图 8-71　"Plane cut vectors"对话框

③ 设置箭头样式为"Dart"，这将矢量显示为类似飞镖的样式。在计算的下拉列表中选择"Global limits"选项。单击"Plane cut vectors"对话框中的"应用"按钮 和"切面"对话框中的"结束"按钮，然后在"定向"菜单中，选择"正 Z 轴向"，结果如图 8-72 所示。

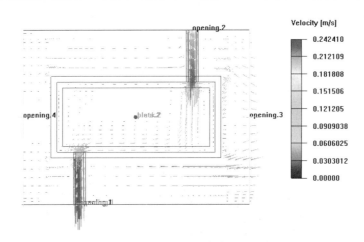

图 8-72　速度矢量图

④ 水在内部通道中循环，为模型提供大部分冷却。在外部，空气通过自然对流流过系统。在"切面"对话框中，取消选中"有效"选项。将暂时从图形窗口中删除速度矢量显示，以便可以更轻松地查看下一个后处理对象。

（3）运动轨迹云图分析

① 单击菜单栏的"后处理"→"Object face（node）"命令，或者单击工具栏中的"对象表面"命令，系统弹出如图 8-73 所示的"对象表面"对话框。

② 在对象下拉列表中选中"opening.1"和"opening.2"，然后单击"Accept"按钮。选择"Show particle traces"选项。单击"Show particle traces"复选框旁边的"参数"按钮。系统弹出

如图 8-74 所示的"Object face contours"对话框。

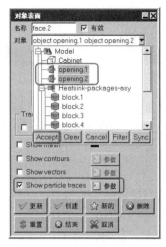

图 8-73　"对象表面"对话框

图 8-74　"Object face contours"对话框

③ 在颜色变量的下拉列表中选择"Speed"选项，在"相同"处输入"30"，在计算的下拉列表中选择"This object"选项。单击"Object face contours"对话框中的"应用"按钮，和"结束"按钮，结果如图 8-75 所示。

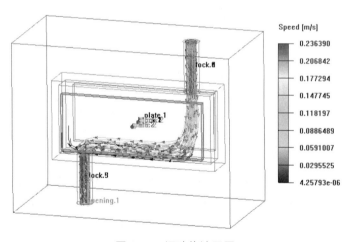

图 8-75　运动轨迹云图

④ 观察通过冷板从入口到出口的流动模式，查看粒子轨迹。在"对象表面"对话框中，取消选中"有效"选项。将暂时从图形窗口中删除运动轨迹云图显示，以便可以更轻松地查看下一个后处理对象。

（4）正 X 方向的流动运动轨迹云图

① 单击菜单栏的"后处理"→"切面"命令，或者单击工具栏中的"切面"命令，系统弹出如图 8-76 所示的"切面"对话框。

② 查看速度矢量图。在设定位置下拉列表中选择"X 中心截面"，选择"Show particle traces"复选框，然后单击"Show particle traces"复选框右侧的"参数"按钮，系统弹出如图 8-77 所示的"Plane cut vectors"对话框。

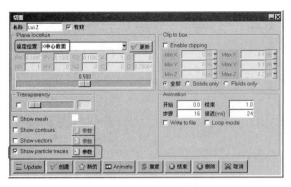

图 8-76　"切面"对话框

图 8-77　"Plane cut vectors"对话框

③ 设置箭头式样为"Dart"，这将矢量显示为类似飞镖的样式。将"计算"下拉列表中选择"Global limits"选项。单击"Plane cut vectors"对话框中的"应用"按钮 ，单击"切面"对话框中的"结束"按钮 ，然后在"定向"菜单中，选择"正Z轴向"，结果如图8-78所示。

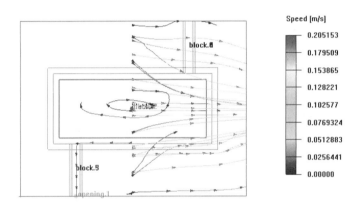

图 8-78　正 X 方向的流动运动轨迹云图

④ 观察正 X 方向粒子的流动模式，查看粒子轨迹。在"切面"对话框中，取消选中"有效"选项。将暂时从图形窗口中删除运动轨迹云图显示，以便可以更轻松地查看下一个后处理对象。

（5）Y-Z 平面温度云图

① 单击菜单栏的"后处理"→"切面"命令，或者单击工具栏中的"切面"命令 ，系统弹出如图 8-79 所示的"切面"对话框。

② 查看温度云图。在设定位置下拉列表中选择"Y 中心截面"，选择"Show contours"复选框，然后单击"Show contours"复选框右侧的 "参数"按钮，系统弹出如图 8-80 所示的"Plane cut contours"对话框。

③ 在"等高线"的下拉列表中选择"Temperature"选项，在计算的下拉列表中选择"Global limits"选项。单击"Plane cut contours"对话框中的"应用"按钮 ，和"结束"按钮 ，然后在"定向"菜单中，选择"正 Y 轴向" ，结果如图8-81所示。

④ 由 Y-Z 平面方向查看温度云图，水在内部通道中循环，为模型提供大部分冷却。在外部，空气通过自然对流流过系统。在"切面"对话框中，取消选中"有效"选项。

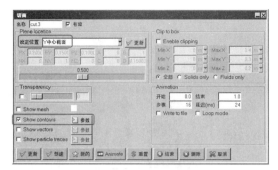

图 8-79　"切面"对话框

图 8-80　"Plane cut contours"对话框

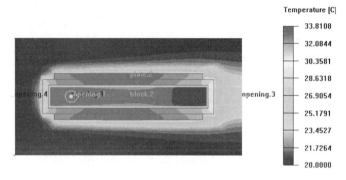

图 8-81　Y-Z 平面温度云图

第 9 章

热管散热案例

9.1　热管散热与嵌套非连续网格概述

热管用于将热量从散热空间有限的热源区域输送到更容易散热的地方。本案例的目的不是模拟热管内的详细物理过程，而是将使用一系列圆柱形实心块来建模热管，这些实心块将热源连接到风冷散热器。这些块体将具有正交各向异性导电性，在热量被带走的管道轴方向上具有非常大的导电性。该模型将使用默认的公制单位系统构建。还将使用嵌套的非连续网格，使用部件来减少模型中的单元数。生成的热管散热器模型如图 9-1 所示。

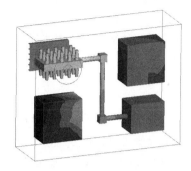

图 9-1　热管散热器模型

9.2　创建新项目

① 启动 ANSYS Icepak。选择"开始"→"所有程序"→"Ansys 2024 R1"→"Ansys Icepak 2024 R1"，打开 ANSYS Icepak 程序，ANSYS Icepak 启动时，"欢迎使用 Icepak"对话框将自动打开，如图 9-2 所示。

图 9-2　"欢迎使用 Icepak"对话框

② 新建项目。单击"欢迎使用 Icepak"对话框中的"新的"按钮，新建一个 ANSYS Icepak 项目。此时系统将显示"新建项目"对话框，为项目指定名称。在 Project name 文本框中输入项目名称为"Heat_pipe"，单击"创建"按钮完成项目的创建。

③ 创建计算域。完成项目的创建后，ANSYS Icepak 系统会创建一个尺寸为 1m×1m×1m 的默认计算域，并在图形窗口中显示计算域。

9.3　构建模型

要构建模型，首先将计算域调整到其正确大小。

（1）计算域模型创建

① 在"计算域"对话框中调整默认计算域的大小。双击模型管理器窗口中的"计算域"项目，系统弹出"计算域"对话框，如图 9-3 所示。也可以直接在 GUI 右下角的几何窗口中调整计算域对象的大小，如图 9-4 所示。单击"Geometry"标签，在位置下输入 xS 为 0、yS 为 0、zS 为 0，xE 为 0.65、yE 为 0.5、zE 为 0.2，表示将计算域更改为 0.65m×0.5m×0.2m，单击"结束"按钮完成计算域的修改。

图 9-3　"计算域"对话框

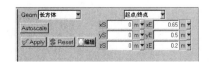

图 9-4　GUI 右下角的几何窗口

② 单击工具栏中的整屏显示按钮⊞及正等轴测图按钮↙，将
视图缩放到合适视图及位置，修改后的计算域如图 9-5 所示。

（2）散热模块固体块创建

① 创建实体块。单击工具栏中的创建块▣按钮，ANSYS
Icepak 在计算域中央创建了一个新的实心块，需要更改块的
大小。

② 修改块尺寸。双击模型管理器窗口中的"block.1"（块 1）
项目，系统弹出"块"对话框，如图 9-6 所示。单击"Geometry"
标签，在位置下输入 xS 为 0.05、yS 为 0.05、zS 为 0.05、xE 为 0.2、
yE 为 0.17、zE 为 0.15，其他条件保持默认不变。

③ 更改块属性。单击"属性"标签，如图 9-7 所示，保持默
认块类型为"固体"，在"总发热量"文本框中输入"25"选项，为块 1 指定功率。

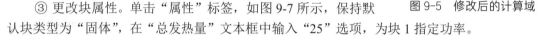

图 9-5　修改后的计算域

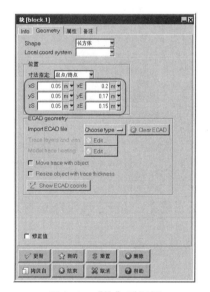

图 9-6　"块"对话框

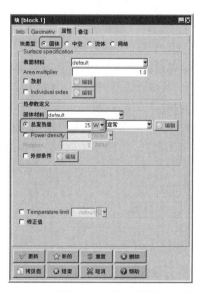

图 9-7　"块"对话框"属性"标签

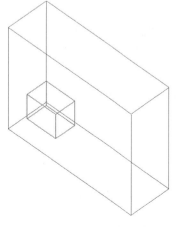

图 9-8　散热模块固体块模型

④ 单击"块"对话框中的"结束"按钮 完成散热模块
固体块模型的创建，创建后的模型如图 9-8 所示。

（3）散热模块中空块 2 创建

① 创建块。单击工具栏中的创建块▣按钮，ANSYS
Icepak 在计算域中央创建了一个新的块，需要更改块的大小。

② 修改块尺寸。双击模型管理器窗口中的"block.2"
（块 2）项目，系统弹出"块"对话框，如图 9-9 所示。单击
"Geometry"标签，在位置下输入 xS 为 0.42、yS 为 0.05、zS
为 0.05、xE 为 0.592、yE 为 0.22、zE 为 0.15，其他条件保持默
认不变。

③ 更改块属性。单击"属性"标签，如图 9-10 所示，块
类型选择"中空"单选按钮，其他条件保持默认不变。

图 9-9　"块"对话框

图 9-10　"块"对话框"属性"标签

④ 单击"块"对话框中的"结束"按钮 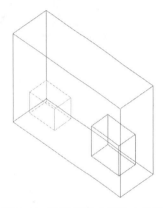 完成散热模块中空块 2 模型的创建，创建后的模型如图 9-11 所示。

（4）散热模块中空块 3 创建

① 创建块。单击工具栏中的创建块 按钮，ANSYS Icepak 在计算域中央创建了一个新的块，需要更改块的大小。

② 修改块尺寸。双击模型管理器窗口中的"block.3"（块 3）项目，系统弹出"块"对话框，如图 9-12 所示。单击"Geometry"标签，在位置下输入 xS 为 0.05、yS 为 0.25、zS 为 0.05、xE 为 0.22、yE 为 0.42、zE 为 0.15，其他条件保持默认不变。

图 9-11　散热模块中空块 2 模型

图 9-12　"块"对话框

③ 更改块属性。单击"属性"标签，如图 9-13 所示，块类型选择"中空"单选按钮，其他条件保持默认不变。

④ 单击"块"对话框中的"结束"按钮 ⬛结束完成散热模块中空块 3 模型的创建,创建后的模型如图 9-14 所示。

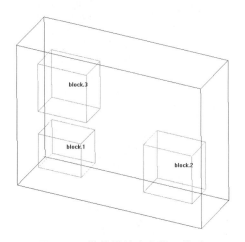

图 9-13　"块"对话框"属性"标签　　　　图 9-14　散热模块中空块 3 模型

（5）风扇模型创建

① 创建风扇。单击工具栏中的创建风扇按钮（⬛），ANSYS Icepak 在计算域中央创建了一个新的风扇。需要更改风扇的大小并指定其体积流量。

② 双击模型管理器窗口中的"fan. 1"项目,系统弹出"风扇"对话框,如图 9-15 所示。单击"Geometry"标签,在平面的下拉列表中选择"X-Y",在位置下输入 xC 为 0.506、yC 为 0.365、zC 为 0、半径为 0.06、内半径为 0.02。

③ 更改风扇属性。单击"属性"标签,如图 9-16 所示,在上方的风扇类型（Fan type）下拉列表中选择"排风",在"Fan flow"标签下选择"非线性"单选按钮,单击"Non-linear curve"下的"编辑"按钮,在弹出的下拉列表中选择"Text Editor"选项,系统弹出如图 9-17 所示的"曲线定义"对话框。

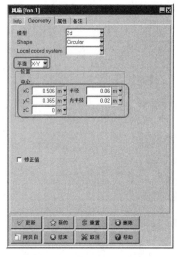

图 9-15　"风扇"对话框　　　　　　图 9-16　"风扇"对话框"属性"标签

④ 在上方文本输入框中输入风压曲线参数 0、20 和 0.2、0，单击"Accept"按钮 Accept 完成曲线定义，返回到"风扇"对话框。

⑤ 再次单击"Non-linear curve"下的"编辑"按钮，在弹出的下拉列表中选择"Graph Editor"选项，系统弹出如图 9-18 所示的"Fan curve"对话框，检查数据是否正确，单击"Done"按钮 Done 关闭此对话框。生成的最终风扇模型如图 9-19 所示。

图 9-17　"曲线定义"对话框

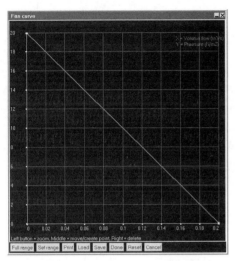

图 9-18　"Fan curve"对话框

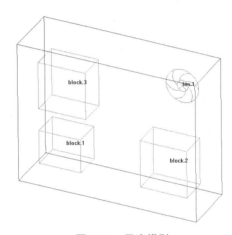

图 9-19　风扇模型

（6）通风孔模型创建

① 创建通风孔。单击工具栏中的创建通风孔按钮 ，ANSYS Icepak 在计算域中央创建了一个新的通风孔，需要更改通风孔的大小。

② 修改通风孔尺寸。双击模型管理器窗口中的"grille.1"项目，系统弹出"Grille"对话框，如图 9-20 所示。单击"Geometry"标签，在平面下拉列表中选择"X-Y"平面，在位置下输入 xS 为 0.42、yS 为 0.31、zS 为 0.2、xE 为 0.592、yE 为 0.42。

③ 更改通风孔属性。单击"属性"标签，如图 9-21 所示，在"速度损失系数"下拉列表中选择"自动"，在"自由开孔率"文本框中输入 0.8，代表通流面积为 80%，其他条件保持默认不变，然后单击"结束"按钮 结束 完成外壳的修改，修改后的模型如图 9-22 所示。

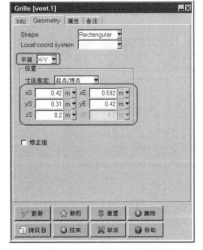

图 9-20　"Grille"对话框

图 9-21　更改通风孔属性

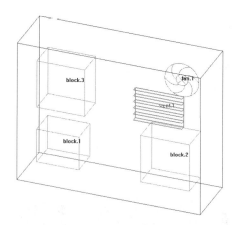

图 9-22　修改后的通风孔

（7）模型所用材料的创建

①　单击工具栏中的创建材料 按钮，ANSYS Icepak 在计算域中央创建了一个新的材料，需要对新建的材料进行更改。

②　修改材料 1。双击模型管理器窗口中的"模型"→"材料"→"固体"→"material.1"项目，系统弹出"材料 1"对话框，如图 9-23 所示。单击"属性"标签，保持默认块类型为"固体"，在"导热率"一行取消选中"编辑"前的复选框，在"导热率"文本框下输入"20000"W/m-K，在"Conductivity type"下拉列表中选择"正交各向异性"选项，输入 X、Y、Z 值分别为 1.0、0.005、0.005，其他条件保持默认不变。

③　单击"材料 1"对话框中的"结束"按钮 ，完成材料 1 的创建。

④　单击工具栏中的创建材料 按钮，再次创建新材料，然后双击模型管理器窗口中的"模型"→"材料"→"固体"→"material.2"项目，系统弹出"材料 2"对话框，如图 9-24 所示。单击"属性"标签，保持默认块类型为"固体"，在"导热率"一行取消选中"编辑"前的复选框，在"导热率"文本框下输入"20000"W/m-K，在"Conductivity type"下拉列表中选择"正交各向异性"选项，输入 X、Y、Z 值分别为 0.005、1.0、0.005，其他条件保持默认不变。单击"材料 2"对话框中的"结束"按钮 ，完成材料 2 的创建。

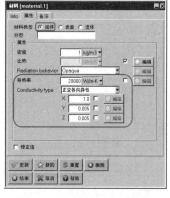

图 9-23　"材料 1"对话框

图 9-24　"材料 2"对话框

⑤　单击工具栏中的创建材料 按钮，再次创建新材料，然后双击模型管理器窗口中的"模

型"→"材料"→"固体"→"material.3"项目，系统弹出
"材料 3"对话框，如图 9-25 所示。单击"属性"标签，保持
默认块类型为"固体"，在"导热率"一行取消选中"编辑"前
的复选框，在"导热率"文本框下输入"20000"W/m-K，在
"Conductivity type"下拉列表中选择"正交各向异性"选项，输
入 X、Y、Z 值分别为 1.0、1.0、0.005，其他条件保持默认不变。
单击"材料 3"对话框中的"结束"按钮 结束，完成材料 3 的
创建。

图 9-25　"材料 3"对话框

（8）热管模型创建

① 创建实体块。单击工具栏中的创建块 □ 按钮，ANSYS
Icepak 在计算域中央创建了一个新的实心块，需要更改块的大小。

② 修改块尺寸。双击模型管理器窗口中的"block.4"项目，系统弹出"块"对话框，如图
9-26 所示。单击"Geometry"标签，在"Shape"下拉列表中选择"圆柱"选项，在"平面"下
拉列表中选择"Y-Z"选项，在位置下输入 xC 为 0.05、yC 为 0.11、zC 为 0.1、高度为 0.245、半
径为 0.01、内半径为 0，其他条件保持默认不变。

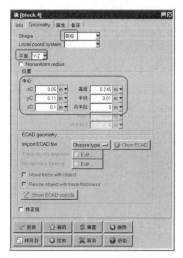

图 9-26　"块"对话框"属性"标签

图 9-27　更改热管 1 属性

③ 更改块属性。单击"属性"标签，如图 9-27 所示，
保持默认块类型为"固体"，在"固体材料"下拉列表中
选择"material.1"选项。

④ 单击"块"对话框中的"结束"按钮 结束 完成热管
1 模型的创建，创建后的模型如图 9-28 所示。

⑤ 单击工具栏中的创建块 □ 按钮，ANSYS Icepak 在
计算域中央创建了一个新的实心块，然后双击模型管理
器窗口中的"block.5"项目，系统弹出"块"对话框，如
图 9-29 所示。单击"Geometry"标签，在"Shape"下
拉列表中选择"圆柱"选项，在"平面"下拉列表中选
择"Y-Z"选项，在位置下输入 xC 为 0.325、yC 为 0.365、

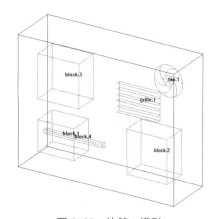

图 9-28　热管 1 模型

zC 为 0.1、高度为 0.267、半径为 0.01、内半径为 0，其他条件保持默认不变。

⑥ 更改块属性。单击"属性"标签，如图 9-30 所示，保持默认块类型为"固体"，在"固体材料"下拉列表中选择"material.1"选项。单击"块"对话框中的"结束"按钮 结束 完成热管 2 模型的创建，创建后的模型如图 9-31 所示。

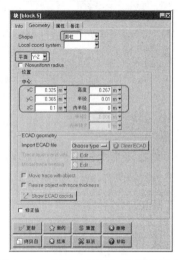

图 9-29　"块"对话框"属性"标签

图 9-30　更改热管 2 属性

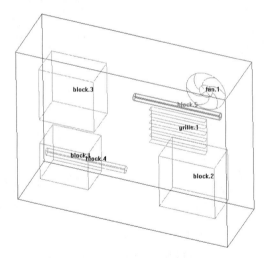

图 9-31　热管 2 模型

⑦ 单击工具栏中的创建块 按钮，ANSYS Icepak 在计算域中央创建了一个新的实心块，然后双击模型管理器窗口中的"block.6"项目，系统弹出"块"对话框，如图 9-32 所示。单击"Geometry"标签，在"Shape"下拉列表中选择"圆柱"选项，在"平面"下拉列表中选择"X-Z"选项，在位置下输入 xC 为 0.31、yC 为 0.125、zC 为 0.1、高度为 0.225、半径为 0.01、内半径为 0，其他条件保持默认不变。

⑧ 更改块属性。单击"属性"标签，如图 9-33 所示，保持默认块类型为"固体"，在"固体材料"下拉列表中选择"material.2"选项。单击"块"对话框中的"结束"按钮 结束 完成热管 3 模型的创建，创建后的模型如图 9-34 所示。

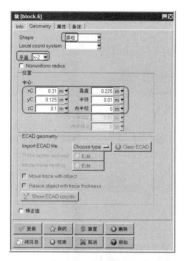

图 9-32　"块"对话框"属性"标签

图 9-33　更改热管 3 属性

（9）连接块模型创建

① 创建实体块。单击工具栏中的创建块 按钮，ANSYS Icepak 在计算域中央创建了一个新的实心块，需要更改块的大小。

② 修改块尺寸。双击模型管理器窗口中的"block.7"项目，系统弹出"块"对话框，如图 9-35 所示。单击"Geometry"标签，在"Shape"下拉列表中选择"长方体"选项，在位置下输入 xS 为 0.295、yS 为 0.095、zS 为 0.085、xE 为 0.325、yE 为 0.125、zE 为 0.115，其他条件保持默认不变。

③ 更改块属性。单击"属性"标签，如图 9-36 所示，保持默认块类型为"固体"，在"固体材料"下拉列表中选择"material.3"选项。

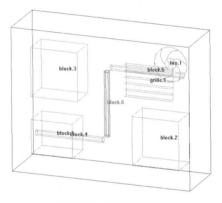

图 9-34　热管 3 模型

图 9-35　"块"对话框"属性"标签

图 9-36　更改连接块 1 属性

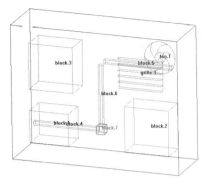

图 9-37   连接块 1 模型

④ 单击"块"对话框中的"结束"按钮 ▣结束 完成连接块 1 模型的创建，创建后的模型如图 9-37 所示。

⑤ 单击工具栏中的创建块 ▣ 按钮，ANSYS Icepak 在计算域中央创建了一个新的实心块，然后双击模型管理器窗口中的"block.8"项目，系统弹出"块"对话框，如图 9-38 所示。单击"Geometry"标签，在"Shape"下拉列表中选择"长方体"选项，在位置下输入 xS 为 0.295、yS 为 0.35、zS 为 0.085、xE 为 0.325、yE 为 0.38、zE 为 0.115，其他条件保持默认不变。

图 9-38   "块"对话框"属性"标签

图 9-39   更改连接块 2 属性

⑥ 更改块属性。单击"属性"标签，如图 9-39 所示，保持默认块类型为"固体"，在"固体材料"下拉列表中选择"material.3"选项。单击"块"对话框中的"结束"按钮 ▣结束 完成连接块 2 模型的创建，创建后的模型如图 9-40 所示。

（10）基座模型的创建

① 创建块。单击工具栏中的创建块 ▣ 按钮，ANSYS Icepak 在计算域中央创建了一个新的块，需要更改块的大小。

② 修改块尺寸。双击模型管理器窗口中的"block.9"项目，系统弹出"块"对话框，如图 9-41 所示。单击"Geometry"标签，在位置下输入 xS 为 0.42、yS 为 0.35、zS 为 0.05、xE 为 0.592、yE 为 0.38、zE 为 0.15，其他条件保持默认不变。

③ 单击"块"对话框中的"结束"按钮 ▣结束 完成基座模型的创建，创建后的模型如图 9-42 所示。

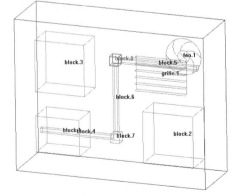

图 9-40   连接块 2 模型

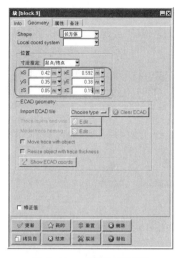

图 9-41　"块"对话框

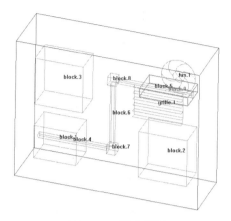

图 9-42　基座模型

（11）散热鳍片创建

① 创建实体块。单击工具栏中的创建块 按钮，ANSYS Icepak 在计算域中央创建了一个新的实心块，需要更改块的大小。

② 修改块尺寸。双击模型管理器窗口中的"block.10"项目，系统弹出"块"对话框，如图 9-43 所示。单击"Geometry"标签，在"Shape"下拉列表中选择"圆柱"选项，在"平面"下拉列表中选择"X-Z"选项，单击"Nonuniform radius"复选框，在位置下输入 xC 为 0.44、yC 为 0.38、zC 为 0.067、高度为 0.04、半径为 0.01、内半径为 0，半径 2 为 0.006、内半径 2 为 0，其他条件保持默认不变。

③ 单击"块"对话框中的"结束"按钮 完成出口模块固体块模型的创建，创建后的模型如图 9-44 所示。

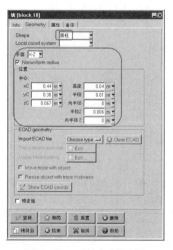

图 9-43　"块"对话框

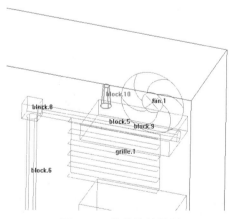

图 9-44　散热鳍片模型

④ 复制第一个散热鳍片（block.10）以创建第二个到第三个散热鳍片。在模型管理器窗口中右击"block.10"项目，在弹出的快捷菜单中选择"复制"命令，如图 9-45 所示，系统弹出"Copy block"对话框。在拷贝数栏中输入数量为"2"，Operations 中选择类型为"平移"，在下

方的 Z 偏移栏中输入 0.033m。单击"应用"按钮完成复制，复制好的模型如图 9-46 所示。

⑤ 复制上面步骤中创建的散热鳍片，首先选择上面步骤中创建的三个散热鳍片，然后在模型管理器窗口中右击，在弹出的快捷菜单中选择"复制"命令，如图 9-47 所示，系统弹出"Copy fan"对话框。在拷贝数栏中输入数量为"4"，Operations 中选择类型为"平移"，在下方的 X 偏移栏中输入 0.033m，指定复制的两个热源设备在 X 方向上偏移量为 0.033m。单击"应用"按钮 完成上方散热鳍片的复制，结果如图 9-48 所示。

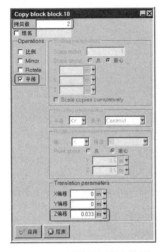

图 9-45　复制散热鳍片模型 1

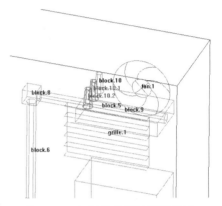

图 9-46　复制散热鳍片模型结果 1

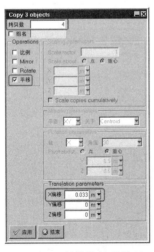

图 9-47　复制散热鳍片模型 2

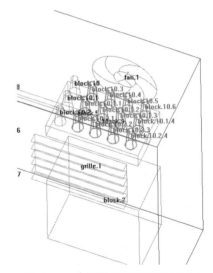

图 9-48　复制散热鳍片模型结果 2

⑥ 复制上面所有步骤中创建的散热鳍片，首先选择上面步骤中创建的散热鳍片（全部block.10.x.x），然后在模型管理器窗口中右击，在弹出的快捷菜单中选择"复制"命令，如图 9-49 所示，系统弹出对话框。在拷贝数栏中输入数量为"1"，Operations 中选择类型为"Mirror"和"平移"，在"Mirroring parameters"栏，选择平面为"XZ"，选择关于为"Low end"，在下方的 Y 偏移栏中输入 -0.03m。单击"应用"按钮 完成下方散热鳍片的复制，结果如图 9-50所示。

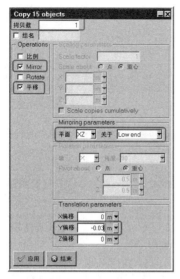

图 9-49　复制散热鳍片模型 3

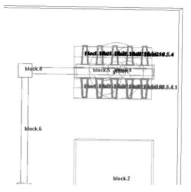

图 9-50　复制散热鳍片模型结果 3

⑦ 检查模型。检查模型以确保没有问题（例如对象太靠近，无法正确生成网格）。单击工具栏中的"检查模型"按钮。ANSYS Icepak 在消息窗口中报告发现了 0 个问题，如图 9-51 所示。

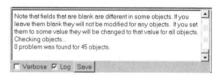

图 9-51　检查模型

（12）装配体创建

为了更好地进行网格划分，针对基板及散热鳍片、风扇及百叶窗依次创建装配体。

① 创建组件。调整工作区界面为 Z 正方向视图，按住 Shift 键，选择基板及散热鳍片几何模型，如图 9-52 所示，右击模型管理器任意被选中组件，在弹出的快捷菜单中执行"创建"→"组合"命令，完成 Assembly.1 的创建。

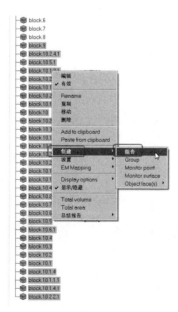

图 9-52　选择模型

② 右击左侧模型树 Model-Assembly.1，在弹出的快捷菜单中执行"编辑"命令，弹出如图 9-53 所示的"Assemblies"对话框。选择 Info 标签，在"名称"处输入"Heatsink-asy"，然后选择"Meshing"标签，选择"划分不连续网格"选项，在 Min X 处输入 0.005，在 Min Y 处输入 0.005，在 Min Z 处输入 0.015，在 Max X 处输入 0.005，在 Max Y 处输入 0.005，在 Max Z 处输入 0.005，如图 9-54 所示。单击"结束"按钮 ◎结束 保存退出，创建好的组合装配体如图 9-55 所示。

图 9-53　"Assemblies"对话框 1

图 9-54　"Assemblies"对话框"Meshing"标签 1

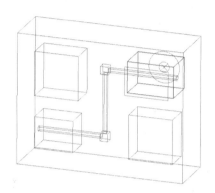

图 9-55　创建后的散热器组件

③ 右击 Fan.1 风扇几何模型，在弹出的快捷菜单中执行"创建"→"组合"命令，完成 Assembly.2 的创建。右击左侧模型树 Model-Assembly.2，在弹出的快捷菜单中执行"编辑"命令，弹出如图 9-56 所示的"Assemblies"对话框。选择 Info 标签，在"名称"处输入"Fan-asy"，然后选择"Meshing"标签，选择"划分不连续网格"选项，在 Min X 处输入 0.01，在 Min Y 处输入 0.01，在 Min Z 处输入 0，在 Max X 处输入 0.01，在 Max Y 处输入 0.01，在 Max Z 处输入 0.01，如图 9-57 所示。单击"结束"按钮 ◎结束 保存退出。

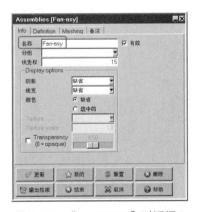

图 9-56　"Assemblies"对话框 2

图 9-57　"Assemblies"对话框"Meshing"标签 2

④ 右击 grille.1 通风孔几何模型，在弹出的快捷菜单中执行"创建"→"组合"命令，完成 Assembly.3 的创建。右击左侧模型树 Model-Assembly.3，在弹出的快捷菜单中执行"编辑"

命令，弹出如图 9-58 所示的"Assemblies"对话框。选择 Info 标签，在"名称"处输入"Vent-asy"，然后选择"Meshing"标签，选择"划分不连续网格"选项，在 Min X 处输入 0.01，在 Min Y 处输入 0.01，在 Min Z 处输入 0.01，在 Max X 处输入 0.01，在 Max Y 处输入 0.01，在 Max Z 处输入 0，如图 9-59 所示。单击"结束"按钮 保存退出。

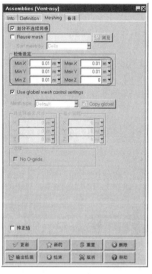

图 9-58　　"Assemblies"对话框 3　　　　图 9-59　　"Assemblies"对话框"Meshing"标签 3

⑤ 选择"Heatsink-asy、Fan-asy、Vent-asy"组合后右击，在弹出的快捷菜单中执行"创建组合"命令，完成 Assembly.1 的创建。右击左侧模型树 Model-Assembly.1，在弹出的快捷菜单中执行"编辑"命令，弹出如图 9-60 所示的"Assemblies"对话框。选择 Info 标签，在"名称"处输入"HS-vent-fan-asy"，然后选择"Meshing"标签，选择"划分不连续网格"选项，在 Min X 处输入 0.02，在 Min Y 处输入 0.02，在 Min Z 处输入 0，在 Max X 处输入 0.02，在 Max Y 处输入 0.02，在 Max Z 处输入 0，如图 9-61 所示。单击"结束"按钮 保存退出，创建好的组合装配体如图 9-62 所示。

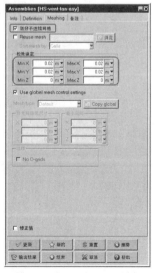

图 9-60　　"Assemblies"对话框 4　　　　图 9-61　　"Assemblies"对话框"Meshing"标签 4

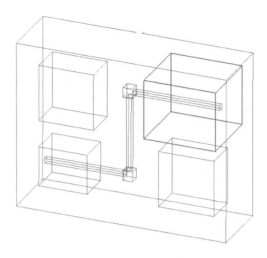

图 9-62　创建好的组合装配体

9.4　生成网格

本节将分两步生成网格。首先，将创建一个粗网格并检查它，以确定需要进一步细化网格的位置。然后，将基于对粗网格的观察来细化网格。

① 生成粗略（最小计数）网格。单击工具栏中的网格生成按钮 ，系统弹出"网格控制"对话框。如图 9-63 所示，在"网格参数"下拉列表中选择"Coarse"，Ansys Icepak 使用粗糙（最小数量）网格的默认网格参数，将最大 X 尺寸设置为 0.025m，最大 Y 尺寸设置为 0.025m，最大 Z 尺寸设置为 0.025m，Min elements in gap 设置为 2，Min elements on edge 设置为 1，最大尺寸比率设置为 5。

② 单击下方的"选项"标签，如图 9-63 所示。选中"Init element height"复选框选项并在文本框中输入单元高度 0.003m。设置完成后再单击"生成"按钮 ，生成粗略网格。

图 9-63　"网格控制"对话框

③ 如果在"其他"标签下未选中"Allow minimum gap changes"（允许最小间隙更改）选项。如图 9-64 所示，ANSYS Icepak 将提示最小对象间距超过模型中最小尺寸对象的 10%。这时可以忽略警告或允许 ANSYS Icepak 最小间隙值更改。

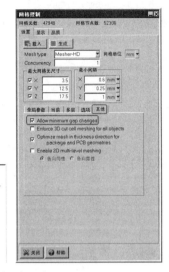

图 9-64　允许最小间隙更改

④ 检查模型横截面上的粗网格。单击"显示"标签，如图 9-65 所示。选择"显示网格"选项，在"Display attributes"栏中选中"Cut plane"复选框，在"设置位置"下拉列表中，选择"Z 中心截面"，完成设置后单击"更新"按钮 ，网格显示平面垂直于翅片，并与设备对齐，结果如图 9-66 所示为 X-Y 平面上的粗网格。

⑤ 检查粗网格，单击工具栏中的"负 Z 轴向"按钮 **Z**，切换视图为 Z 轴向方向。也可以在正等测视图下通过拖动"网格控制"对话框"显示"标签下的滑块查看各个截面下网格的划分情况。

图 9-65　"显示"标签

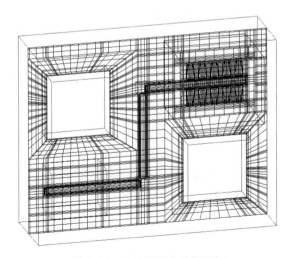

图 9-66　X-Y 平面上的粗网格

⑥ 生成更精细的网格。单击"网格控制"对话框上方的"设置"标签，在"全局参数"标签下，在"网格参数"下拉列表中选择"Normal"。ANSYS Icepak 将使用"全局"标签下的默认网格参数更新面板。单击"网格控制"对话框中的"生成"按钮 ▦ 生成 以生成更精细的网格，图形显示将自动更新以显示新网格，如图 9-67 所示。

⑦ 关闭网格显示。单击"网格控制"对话框中的"显示"标签，取消选择"显示网格"复选框。然后单击"关闭"按钮 ✖ 关闭 关闭"网格控制"对话框。取消选择"显示网格"复选框并关闭"网格控制"对话框后，可以使用图形显示窗口中的右键快捷菜单在选定对象上显示网格。注意要显示右键快捷菜单，需按住 Shift 键并在图形窗口中的任何位置（但不在对象上）右击，选择"显示网格"。

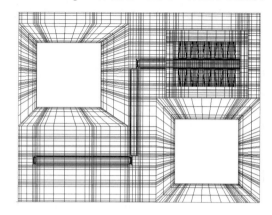

图 9-67　X-Y 平面上的精细网格

9.5　求解参数设置

在开始求解器之前，首先检查雷诺数和佩克特数的估计值，以检查是否建立了正确的流态模型。

① 检查雷诺数和佩克特数的值。双击模型管理器窗口"求解设置"文件夹中的"基本设置"项目，系统弹出"基本设置"对话框，如图 9-68 所示，单击对话框中的"重置"按钮 ⟳ 重置 ，重置计算雷诺数和佩克特数。此时消息窗口如图 9-69 所示，ANSYS Icepak 建议将流态设置为湍流。

图 9-68　"基本设置"对话框

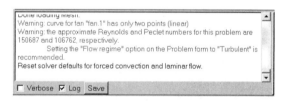

图 9-69　消息窗口

② 在"基本设置"对话框将迭代步数更改为 200，然后单击"Accept"按钮 ✔ Accept 。保存解算器设置。

③ 使用问题设置向导设置。在模型管理器窗口中，右击"问题定义"，然后选择快捷菜单中的"问题设置向导"，如图 9-70 所示。系统弹出如图 9-71 所示的"问题设置向导"对话框，"问题设置向导"对话框共有 14 步。问题设置向导提供了一个简单的界面，其中包含定义模型物理的用户指南。

a. 对于第 1 步，保留复选框的默认设置，如图 9-71 所示，单击"Next"按钮 ▶ Next ，进入下一步。

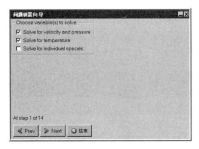

图 9-70　模型管理器窗口　　　　　　　图 9-71　"问题设置向导"对话框第 1 步

b. 对于第 2 步,保持选择默认流量条件,如图 9-72 所示,单击"Next"按钮 ,进入下一步。

c. 根据前面几步的设置,此时对话框显示处于第 5 步,如图 9-73 所示,确保选择"Set flow regime to turbulent"将流态设置为湍流。将鼠标指针放在问题设置向导中的任何选项上,对话框上会显示一个文本气泡,以获取有关选项的介绍信息,单击"Next"按钮,进入下一步。

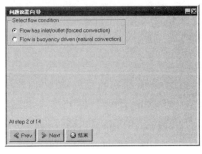

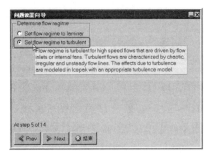

图 9-72　"问题设置向导"对话框第 2 步　　　图 9-73　"问题设置向导"对话框第 5 步

d. 对于第 6 步,选择"Zero equation（mixing length）"选项,将零方程（混合长度）作为湍流模型,如图 9-74 所示,单击"Next"按钮,进入下一步。

e. 对于第 7 步,选择"Ignore heat transfer due to radiation"选项,忽略辐射热传递,如图 9-75 所示,单击"Next"按钮,进入下一步。

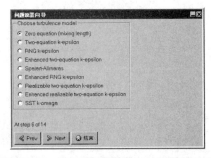

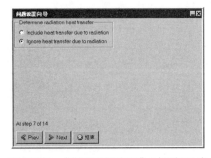

图 9-74　"问题设置向导"对话框第 6 步　　　图 9-75　"问题设置向导"对话框 7 步

f. 根据前面几步的设置,此时对话框显示处于第 9 步,如图 9-76 所示,确保取消选择"Include solar radiation"复选框,以排除太阳辐射,单击"Next"按钮,进入下一步。

g. 对于第 10 步,选择"Variables do not vary with time（steady-state）"选项,设置稳态模拟的变量不随时间变化,如图 9-77 所示,单击"Next"按钮,进入下一步。

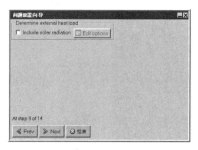

图 9-76　"问题设置向导"对话框第 9 步

图 9-77　"问题设置向导"对话框第 10 步

h. 现在处于第 14 步，"问题设置向导"对话框如图 9-78 所示，将"Adjust properties based on altitude"复选框留空，忽略高度影响。单击"结束"按钮 ●结束 完成问题设置向导，完全定义问题设置。

图 9-78　"问题设置向导"对话框第 14 步

9.6　保存求解

① 保存项目文件。ANSYS Icepak 在开始计算之前会自动保存模型，但最好手动保存一下模型（包括网格）。如果在开始计算之前退出 ANSYS Icepak，将能够打开保存的文件，并能继续分析。单击菜单栏的"文件"→"保存"命令，保存项目文件。

② 求解。单击菜单栏的"求解"→"运行求解"命令，系统弹出如图 9-79 所示的"求解"对话框，按照图中参数进行设置，然后单击"开始计算"按钮 ●开始计算，进行计算求解。

③ 完成求解。计算完成后，残差图将类似图 9-80 所示，不同机器上残差的实际值可能略有不同。可以使用鼠标左键框选放大残差图。单击残差图对话框中的"结束"按钮 ●结束 将其关闭。

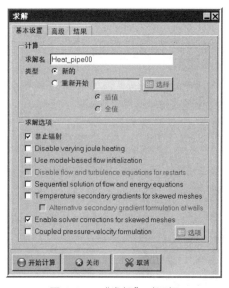

图 9-79　"求解"对话框

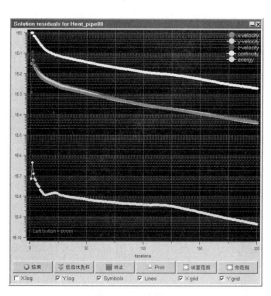

图 9-80　残差图

> **注意**　一般没有用于判断收敛性的通用标准，一个比较好的指标是，当解不再随着迭代次数的增加而改变时，以及当残差减少到一定程度时。默认标准是每个残差值减少到小于 1000 时，但能量残差除外，默认标准为 10^{-7}。一般不仅通过检查残差水平，而且通过监测相关的积分量来判断收敛性。

9.7　检查结果

下面查看和检查解决方案结果，包括平面剖视图、对象面视图和总结报告。

对结果进行后处理，需创建对象面和平面切割对象。

（1）在所有块上显示温度云图

① 单击菜单栏的"后处理"→"Object face（node）"命令，或者单击工具栏中的"对象表面"命令，系统弹出如图 9-81 所示的"对象表面"对话框。

② 在对象下拉列表中单击"block.1"，按住 Shift 键，然后单击"block.10.7"选择所有块，单击"Accept"按钮。选择"Show contours"选项。单击"Show contours"复选框旁边的"参数"按钮。系统弹出如图 9-82 所示的"Object face contours"对话框。

③ 在"等高线"下拉列表中保留"Temperature"的默认选择，Contour options 设置为"Solid fill"，Shading options 设置为"条状"。在计算的下拉列表中选择"Global limits"选项。设置完成后单击"结束"按钮，系统显示如图 9-83 所示的块温度云图。然后单击"结束"按钮，保存设置。

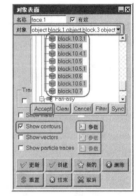

图 9-81　"对象表面"对话框

图 9-82　"Object face contours"对话框

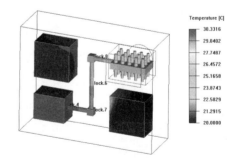

图 9-83　块温度云图

④ 从图 9-83 所示的块温度云图中可以看到，左下角热源通过传导管将温度逐渐传递到散热鳍片，散热鳍片温度在 25℃左右。在"对象表面"对话框中，取消选中"有效"选项。将暂时从图形窗口中删除温度云图显示，以便可以更轻松地查看下一个后处理对象。

（2）切面速度矢量图

① 单击菜单栏的"后处理"→"切面"命令，或者单击工具栏中的"切面"命令，系统

弹出如图 9-84 所示的"切面"对话框。

② 查看速度矢量图。在"Plane location"框内,"设定位置"下拉列表中选择"Y中心截面",然后拖动下方的滑条到 0.8 附近,上方"设定位置"下拉列表自动变为"点和法线",在对话框下方位置选择"Show vectors"复选框,最后单击"Show vectors"复选框右侧的"参数"按钮,系统弹出如图 9-85 所示的"Plane cut vectors"对话框。

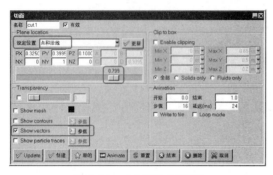

图 9-84　"切面"对话框

图 9-85　"Plane cut vectors"对话框

③ 在计算的下拉列表中选择"Global limits"选项。单击"Plane cut vectors"对话框中的"应用"按钮，和单击"切面"对话框中的"结束"按钮，然后切换到合适的位置，结果如图 9-86 所示。

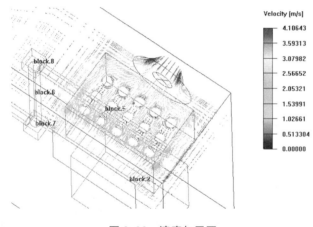

图 9-86　速度矢量图

④ 可以看到空气在内部中流动情况,空气从左侧通风孔进入通过右侧风扇排出。在"切面"对话框中,取消选中"有效"选项。将暂时从图形窗口中删除速度矢量显示,以便可以更轻松地查看下一个后处理对象。

(3) Y-Z 平面温度云图

① 单击菜单栏的"后处理"→"切面"命令,或者单击工具栏中的"切面"命令，系统弹出如图 9-87 所示的"切面"对话框。

② 查看温度云图。在设定位置下拉列表中选择"Y 中心截面",然后拖动下方的滑条到 0.68附近,上方"设定位置"下拉列表自动变为"点和法线",选择"Show contours"复选框,最后单击"Show contours"复选框右侧的"参数"按钮,系统弹出如图 9-88 所示的"Plane cut contours"对话框。

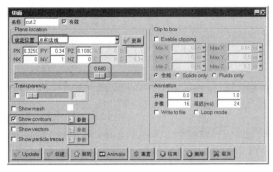

图 9-87　"切面"对话框

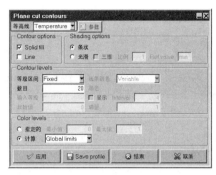

图 9-88　"Plane cut contours"对话框

③ 在"等高线"的下拉列表中选择"Temperature"选项，在计算的下拉列表中选择"Global limits"选项。单击"Plane cut contours"对话框中的"应用"按钮，和"结束"按钮，然后在"定向"菜单中，选择"正 Y 轴向"，结果如图 9-89 所示。

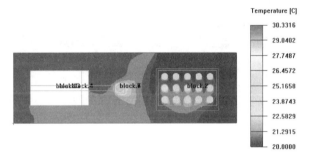

图 9-89　Y-Z 平面温度云图

④ 由 Y-Z 平面方向查看温度云图，水在内部通道中循环，为模型提供大部分冷却。在外部，空气通过自然对流流过系统。在"切面"对话框中，取消选中"有效"选项。

（4）创建报告

① 创建报告。报告可以提供解决方案中有关特定模型对象、组对象、后处理对象和点对象的物理信息。单击菜单栏的"报表"→"总结报表"命令，如图 9-90 所示，系统弹出"定义总结报告"对话框。

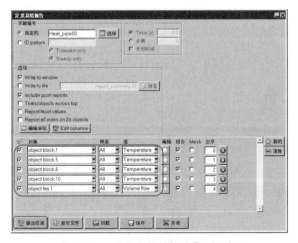

图 9-90　"定义总结报告"对话框

② 在"定义总结报告"面板中单击"新的"五次，以创建 5 行"对象"。在第一行中，选择"block.1"，然后单击"Accept"按钮，在"值"下拉菜单中，选择"Temperature"。在第二行中，选择"block.5"，然后单击"Accept"按钮，在"值"下拉菜单中，选择"Temperature"。在第三行中，选择"block.6"，然后单击"Accept"按钮，在"值"下拉菜单中，选择"Temperature"。在第四行中，选择"block.10"，然后单击"Accept"按钮，在"值"下拉菜单中，选择"Temperature"。在第五行中，选择风扇 fan.1，然后单击"Accept"按钮，在"值"下拉菜单中，选择"Volume flow"。单击"输出结果"按钮，为对象摘要报告生成如图 9-91 所示的"报告总结数据"对话框。检查报告的值，并确认它们与模型的物理特性一致。单击"结束"退出此对话框，然后单击"关闭"按钮退出"定义总结报告"对话框。

对象	部分	侧面	值	最小值	最大值	平均值	Stdev	总计	面积/体积	Mesh
block.1	All	All	Temperature (C)	29.9941	30.3312	30.2748	0.0509167		0.0987655 m2	Full
block.5	All	All	Temperature (C)	28.0492	28.8569	28.6901	0.112101		0.00655621 m2	Full
block.6	All	All	Temperature (C)	28.8816	29.6068	29.2377	0.198531		0.0146303 m2	Full
block.10	All	All	Temperature (C)	26.1822	26.4973	26.2772	0.0603232		0.00243667 m2	Full
fan.1	All	All	Volume flow (m3/s)					-0.0351262	0.00997138 m2	Full

图 9-91　"报告总结数据"对话框

③ 保存创建的后处理对象。在后处理菜单中选择"保存后处理对象到文件"，在打开的文件选择对话框中单击"保存"按钮。保存项目后，后处理期间创建的所有对象都保存在 post_objects 文件中，以供将来使用。

ANSYS
Icepak

第**10**章

电路板散热案例

扫码看视频

10.1 射频放大器散热概述

射频放大器通常是放置在较大系统内的密封外壳，射频放大器示意图如图 10-1 所示。从热管理的角度它们提出了一个挑战，因为放大器内部和环境之间不存在直接的空气交换。冷却此类子系统的常用方法是在放大器外壳上安装一个大型散热器，用于冷却外壳内的所有设备。本案例将使用射频放大器的简化版本，放大器内部会有自然对流，外部区域会有强制对流。

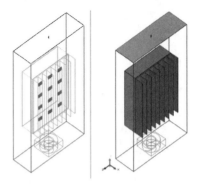

图 10-1 射频放大器示意图

射频放大器通常是放置在较大系统内的密封外壳。从热管理的角度来看，它们存在挑战，因为放大器内部和环境之间不存在直接的空气交换。冷却此类子系统的常见方法是在放大器外壳上安装一个大型散热器，用于冷却外壳内的所有设备。放大器内部将有自由对流，外部区域将有强制对流。

本案例演示了如何使用 ANSYS Icepak 对射频放大器进行建模，以及任何 ANSYS Icepak 项目所必需的许多特性和功能。

> 由于网格划分算法和 Fluent 求解器的增强，网格计数和求解结果可能会略有不同。

10.2 创建新项目

① 启动 ANSYS Icepak。选择"开始"→"所有程序"→"Ansys 2024 R1"→"Ansys Icepak 2024 R1"，打开 ANSYS Icepak 程序。ANSYS Icepak 启动时，"欢迎使用 Icepak"对话框将自动打开，如图 10-2 所示。

② 新建项目。单击"欢迎使用 Icepak"对话框中的"新的"按钮，新建一个 Ansys Icepak 项目。此时系统将显示"新建项目"对话框，为项目指定名称。在 Project name 文本框中输入项目名称为"rf_amp"，单击"创建"按钮 ✓创建 完成项目的创建。

③ 创建计算域。完成项目的创建后，ANSYS Icepak 系统会创建一个尺寸为 1m×1m×1m 的默认计算域，并在图形窗口中显示计算域。

图 10-2 "欢迎使用 Icepak"对话框

10.3 构建模型

要构建模型，首先将计算域调整到其正确大小，然后创建背板和开口，最后创建要复制的元素（即风扇、散热片和设备）。

（1）计算域模型创建

① 在"计算域"对话框中调整默认计算域的大小。双击如图 10-3 所示的模型管理器窗口中

的"计算域"项目，系统弹出"计算域"对话框，如图 10-4 所示。也可以直接在 GUI 右下角的几何窗口中调整计算域对象的大小。单击"Geometry"标签，在位置下输入 xS 为 0、yS 为 0、zS 为 –0.05、xE 为 0.14、yE 为 0.6、zE 为 0.25，表示将计算域更改为 0.14m×0.6m×0.25m，单击"结束"按钮 ◎结束 完成计算域的修改。单击工具栏中的整屏显示按钮 及正等轴测图按钮 将视图缩放到合适视图及位置，修改后的计算域如图 10-5 所示。

图 10-3　模型管理器窗口

图 10-4　"计算域"对话框

② 更改计算域属性。单击"属性"标签，如图 10-6 所示，在 Max Y 下拉列表中选择"开孔"，其他选项保持默认不变，然后单击"结束"按钮 ◎结束 完成计算域属性的修改。

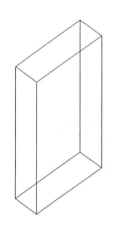

图 10-5　修改后的计算域

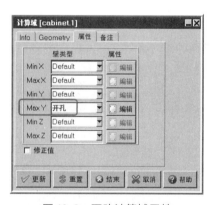

图 10-6　更改计算域属性

（2）外壳模型创建

① 创建射频放大器外壳。单击工具栏中的创建盒体按钮 ，Ansys Icepak 在计算域中央创建了一个新的外壳，需要更改外壳的大小。

② 修改外壳尺寸。双击模型管理器窗口中的"enclosure.1"项目，系统弹出"盒体"对话框，如图 10-7 所示。单击"Geometry"标签，在位置下输入 xS 为 0、yS 为 0.15、zS 为 0、xE 为 0.06、yE 为 0.45、zE 为 0.2，表示将外壳尺寸更改为 0.06m×0.6m×0.2m，单击"结束"按钮 ◎结束 完成外壳尺寸

图 10-7　"盒体"对话框

的修改。

③ 更改外壳属性。单击"属性"标签，如图 10-8 所示，在固体材料下拉列表中选择"Polystyrene- rigid-R12"，在热参数定义框内更改 Min X 和 Max X 为"打开"，其他边界条件保持默认不变，然后单击"结束"按钮 结束 完成外壳的修改，修改后的外壳模型如图 10-9 所示。

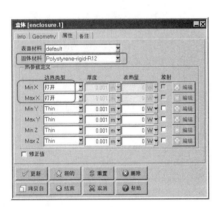

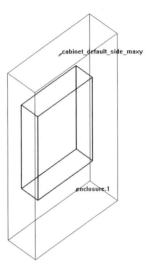

图 10-8　更改外壳属性　　　　　　　　图 10-9　修改后的外壳模型

（3）外壳面模型创建

① 创建放大器外壳面。单击工具栏中的创建墙按钮 ，ANSYS Icepak 在计算域中央创建了一个新的墙。双击模型管理器窗口中的"wall.1"项目，系统弹出"墙"对话框，如图 10-10 所示。更改墙的名称为"Xmin"。然后单击"Geometry"标签，在平面下拉列表中选择"Y-Z"，如图 10-11 所示。单击"结束"按钮 结束 完成外壳面模型的创建，如图 10-12 所示。

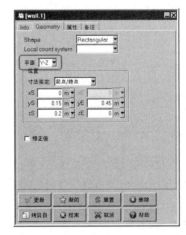

图 10-10　"墙"对话框　　　　　　图 10-11　"盒体"对话框"Geometry"标签

② 匹配外壳面。单击"Alignment"工具栏中的"边重合"按钮 ，利用边重合命令进行外壳面的匹配。首先选择刚创建的 Xmin 最左端的边，也就是 Z max 边，单击鼠标中键确认。然后单击外壳最左侧边，也就是外壳 Z max 边，同样单击鼠标中键确认完成外壳和外壳面 Z max 两个边的尺寸匹配，如图 10-13 所示。

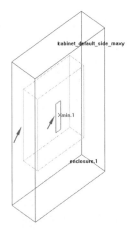

图 10-12　添加外壳面模型

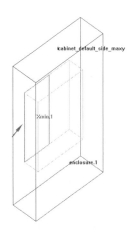

图 10-13　外壳和外壳面 Z max 两个边的尺寸匹配

③ 匹配另一侧外壳面。单击"Alignment"工具栏中的"边重合"按钮。选择刚创建的 Xmin 最右端的边，也就是 Z min 边，单击鼠标中键确认。然后单击外壳最右侧边，也就是外壳 Z min 边，同样单击鼠标中键确认完成外壳和外壳面 Z min 两个边的尺寸匹配，如图 10-14 所示。

④ 更改外壳面属性。双击模型管理器窗口中的"Xmin.1"项目，系统弹出"墙"对话框，单击"属性"标签，如图 10-15 所示，在壁厚文本框中输入 0.001，在固体材料下拉列表中选择"Polystyrene-rigid-R12"，在外部条件下拉列表中选择"Heat transfer coefficient"，然后单击其下的"编辑"按钮。

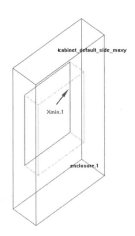

图 10-14　外壳和外壳面 Z min 两个边的尺寸匹配

图 10-15　更改外壳面属性

⑤ 系统弹出如图 10-16 所示的"壁面外部热特征"对话框，首先选择热状态栏中的"Heat transfer coeff"复选框，在"Heat transfer coeff"文本框中输入 5，其他条件保持默认不变，然后单击"结束"按钮返回到"墙"对话框，最后单击"墙"对话框中的"结束"按钮完成外壳墙的修改。

图 10-16　"壁面外部热特征"对话框

219

（4）印刷电路板模型创建

① 创建印刷电路板模型。单击工具栏中的创建印刷电路板按钮，ANSYS Icepak 在计算域中创建了一个新的印刷电路板，需要更改印刷电路板的大小。

② 修改印刷电路板尺寸。双击模型管理器窗口中的"pcb.1"项目，系统弹出"Printed circuit boards"（印刷电路板）对话框，如图 10-17 所示。单击"Geometry"标签，在平面下拉列表中选择"Y-Z"，在位置下输入 xS 为 0.0584，yS 为 0.15，zS 为 0，yE 为 0.45，zE 为 0.2，其他保持默认，完成印刷电路板尺寸的修改。

③ 更改印刷电路板属性。单击"属性"标签，在"接线层型"栏选择"详细"单选项，单击三次"Add layer"按钮 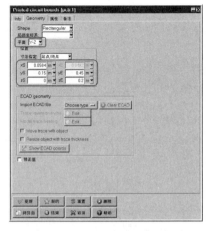 添加三层板。然后将所有单位改为 microns，

图 10-17　"印刷电路板"对话框

将层厚度分别输入为"20,10,10,10"，Layer Material 输入为"80,70,70,70"，其他参数保持默认，如图 10-18 所示。单击"更新"按钮，查看接线层下方显示"等效导热率（平面）= 9.30516 W/m-K"和"等效导热率（法向）= 0.361276 W/m-K"，然后单击"结束"按钮完成印刷电路板的修改，修改后的印刷电路板模型如图 10-19 所示。

图 10-18　更改印刷电路板属性

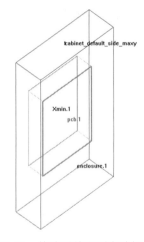

图 10-19　修改后的印刷电路板模型

（5）热源模型创建

① 创建第一个热源设备。每个热源设备在物理上都与其他设备相同，除了在计算域中的位置不同。单击工具栏中的创建热源按钮，ANSYS Icepak 在计算域中心创建了一个自由矩形热源。需要更改热源的几何图形和大小，并指定其热源参数。

② 双击模型管理器窗口中的"source.1"项目，系统弹出"Sources"对话框。单击"Geometry"标签，在平面的下拉列表中选择"Y-Z"，在位置下输入 xS 为 0.0584、yS 为 0.194、zS 为 0.035、yE 为 0.21、zE 为 0.055，其他保持默认，如图 10-20 所示。

③ 更改热源属性。单击"属性"标签，如图 10-21 所示，在热参数定义下，设置总发热量为 5W，单击"结束"按钮完成热源属性的修改。

④ 复制第一个热源设备（source.1）以创建其他两个热源设备（source.1.1、source.1.2）。在

模型管理器窗口中右击"source.1"项目，在弹出的快捷菜单中选择"复制"命令，如图 10-22 所示，系统弹出对话框。在拷贝数栏中输入数量为"2"，Operations 中选择类型为"平移"，在下方的 Z 偏移栏中输入 0.055m，指定复制的两个热源设备在 Z 方向上偏移量为 0.055m。单击"应用"按钮完成热源设备的复制，结果如图 10-23 所示。

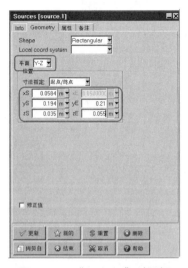

图 10-20　"Sources"对话框

图 10-21　"Sources"对话框"属性"标签

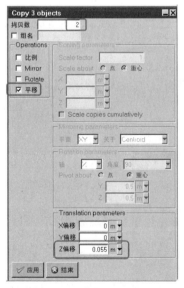

图 10-22　复制热源设备 1

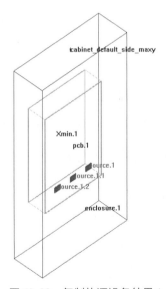

图 10-23　复制热源设备结果 1

⑤ 复制上面步骤中创建的热源设备，首先选择上面步骤中创建的热源设备（source.1、source.1.1、source.1.2），然后在模型管理器窗口中右击，在弹出的快捷菜单中选择"复制"命令，如图 10-24 所示，系统弹出对话框。在拷贝数栏中输入数量为"3"，Operations 中选择类型为"平移"，在下方的 Y 偏移栏中输入 0.064m，指定复制的两个热源设备在 Y 方向上偏移量为 0.064m。单击"应用"按钮 完成热源设备的复制，结果如图 10-25 所示。

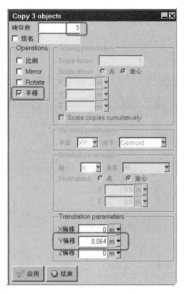

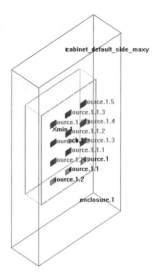

图 10-24　复制热源设备 2　　　　　　　　图 10-25　复制热源设备结果 2

（6）散热器模型创建

① 创建第一个散热器。单击工具栏中的创建散热器按钮，Ansys Icepak 在计算域中央 Y-Z 平面上创建了一个散热器。需要更改散热器的方向和大小，并指定其热参数。

② 双击模型管理器窗口中的"heatsink.1"项目，系统弹出"Heat sinks"对话框。单击"Geometry"标签，在平面的下拉列表中选择"Y-Z"，在位置下输入 xS 为 0.06、yS 为 0.15、zS 为 0、yE 为 0.45、zE 为 0.2，基板高度设置为 0.004，总体高度设置为 0.04，其他保持默认，如图 10-26 所示。

③ 更改散热器属性。单击"属性"标签，更改类型为"详细"，更改流动方向为 Y，输入数目为"9"，厚度为 0.002，其他保持默认，如图 10-27 所示，单击"结束"按钮 ⊙结束 完成散热器的修改，最后完成的模型如图 10-28 所示。

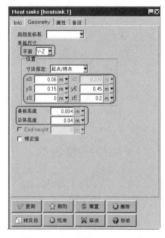

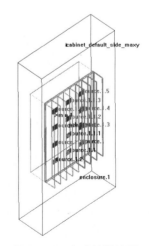

图 10-26　"Heat sinks"　　　　图 10-27　"Heat sinks"对话框　　　图 10-28　完成的散热器
　　　　对话框　　　　　　　　　　　　"属性"标签　　　　　　　　　　　　模型

（7）风扇模型的创建

① 创建第一个风扇。在左侧模型管理器窗口栏，单击"库"标签，右击"库文件"分支，在弹出的快捷菜单中选择"Search fans"命令，如图 10-29 所示，系统打开"Search fan library"（风扇搜索参数设置）对话框。

② 取消选择"Min fan size"复选框，在"Max fan size"栏输入 120，如图 10-30 所示。然后单击"Thermal/flow"标签，在"Min flow rate"栏输入 150，如图 10-31 所示。单击"查找"按钮，查找符合条件的风扇。

图 10-29　"库"标签右键快捷菜单

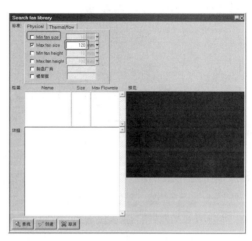

图 10-30　"Search fan library"对话框 1

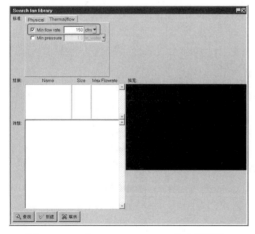

图 10-31　"Search fan library"对话框 2

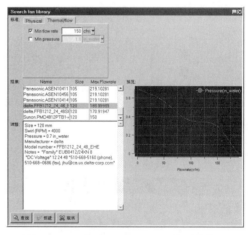

图 10-32　"Search fan library"对话框 3

③ 在结果中选择"delta.FFB1212_24_48EHE"风扇，则在详细栏中显示此款风扇的详细参数。单击下方的"创建"按钮，如图 10-32 所示。完成风扇模型的创建，需要更改风扇的大小并指定其体积流量。

④ 双击模型管理器窗口中的"delta.FFB0812_24EHE"项目，系统弹出"风扇"对话框，如图 10-33 所示。单击"Geometry"标签，在平面的下拉列表中选择"X-Z"，在位置下输入 xC 为 0.07、yC 为 0、zC 为 0.1、半径为 0.054、轴半径为 0.027，单击"结束"按钮完成风扇的修改，最后完成的模型如图 10-34 所示。

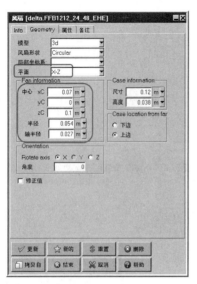

图 10-33 "风扇"对话框

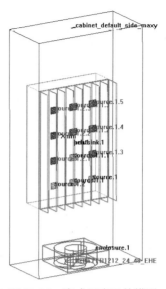

图 10-34 完成风扇后的模型

（8）模型显示及检查

① 按类型显示对象。可以显示所有对象类型、按类型（流体、实体、网络、空心）过滤块，以及带有轨迹和 CAD 块的显示块。此功能对于模型验证非常有用。可以显示具有导电类型的所有板对象。单击菜单栏的"模型"→"按类型显示对象"命令，如图 10-35 所示，系统弹出"按类型显示对象"对话框。对象类型中选择类型为"Source"，单击"Display"按钮 。最后完成显示的模型如图 10-36 所示。单击"关闭"按钮退出"按类型显示对象"面板。

图 10-35 "按类型显示对象"对话框

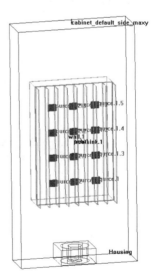

图 10-36 模型的显示

② 检查模型。检查模型以确保没有问题（例如对象太靠近，无法正确生成网格）。单击工具栏中的"检查模型" 按钮。ANSYS Icepak 在消息窗口中报告发现了 0 个问题，如图 10-37 所示。

图 10-37 检查模型

（9）装配体创建

为了在风扇和外壳中划分具有更精细的网格，将创建两个组件。第一个组件由射频放大器和散热器组成，第二个组件仅由风扇组成。

① 创建放大器组件。单击工作区左下角坐标系的 X 轴，调整工作区界面为 X 正方向视图，按住 Ctrl 键，框选除风扇之外的其他几何模型，如图 10-38 所示。右击模型管理器任意被选中组件，在弹出的快捷菜单中执行"创建"→"组合"命令，完成 assembly.1 的创建，如图 10-39 所示。

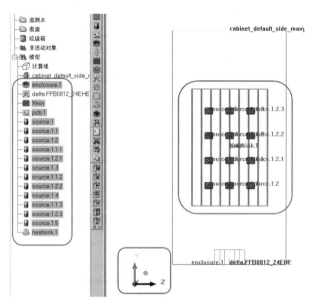

图 10-38　选择模型

② 右击左侧模型管理器"delta.FFB0812_24EHE.1"，在弹出的快捷菜单中执行"创建"→"组合"命令，完成 assembly.2 的创建。

③ 创建好的两个装配体如图 10-40 所示。

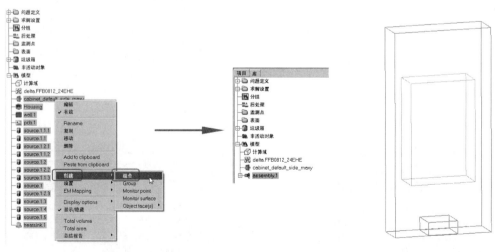

图 10-39　创建放大器组件　　　　　　图 10-40　创建完装配体

10.4 生成网格

在生成网格之前，首先指定部件的松弛值，如表 10-1 所示为本实例松弛值。

表 10-1 松弛值

名称	Min X	Min Y	Min Z	Max X	Max Y	Max Z
放大器	0	0.02	0.01	0	0.05	0.01
风扇	0.01	0	0.01	0.01	0.05	0.01

注意

松弛值表示从对象到非共形网格边界的有限偏移，并且在单独对部件进行网格划分时需要松弛值。选择较小的松弛值可以减少网格中单元的总数，而精度的变化可以忽略不计。

另一方面，松弛值过大可能会导致网格过度出血。最好设置松弛值，使两个或三个单元适合松弛区域。注意，在此特定模型中，两个部件之间的间隙足够大，可以容纳非零松弛值。

（1）指定装配体松弛值

① 双击模型管理器窗口中的"assembly.1"项目，系统弹出"assemblies"对话框。单击"Meshing"标签，选择"划分不连续网格"复选框，然后在"松弛设定"栏，输入 Min X 为 0、Min Y 为 0.02、Min Z 为 0.01、Max X 为 0、Max Y 为 0.05、Max Z 为 0.01，如图 10-41 所示，单击"结束"按钮 ⊙ 结束 完成放大器网格松弛值的修改。

② 双击模型管理器窗口中的"assembly.2"项目，系统弹出"Assemblies"对话框。单击"Meshing"标签，选择"划分不连续网格"复选框，然后在"松弛设定"栏，输入 Min X 为 0.01、Min Y 为 0、Min Z 为 0.01、Max X 为 0.01、Max Y 为 0.05、Max Z 为 0.01，如图 10-42 所示，单击"结束"按钮 ⊙ 结束 完成风扇网格松弛值的修改。

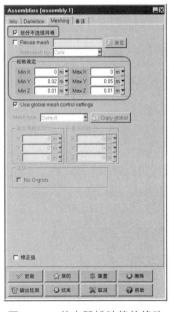

图 10-41 放大器松弛值的修改

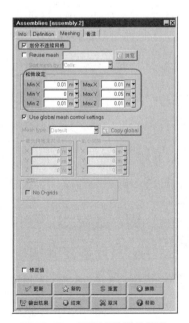

图 10-42 风扇松弛值的修改

（2）粗网格方法网格划分

将分两步生成网格。首先，将创建一个粗网格并检查它，以确定需要进一步细化网格的位置。然后，将基于对粗网格的观察来细化网格。

> 注意　如果在"其他"标签中取消选中"允许最小间隙更改"，则会出现"最小间距"警告。当指定的最小间隙超过模型中最小尺寸对象的 10% 时，会出现此警告消息。如果弹出警告消息，则需选择"更改值和网格"。

① 生成粗略（最小计数）网格。单击工具栏中的网格生成按钮 📦 ，系统弹出"网格控制"对话框。如图 10-43 所示，在"网格参数"下拉列表中选择"Coarse"，Ansys Icepak 使用粗糙（最小数量）网格的默认网格参数，将最大网格元尺寸 X、Y 和 Z 分别设置为 0.007、0.03、0.015，将最小间隔 X、Y 和 Z 分别设置为 1e-4m、2e-4m、1e-3m。设置完成后再单击"生成"按钮 📦 生成 ，生成粗略网格。

② 如果在其他标签下未选中 Allow minimum gap changes（允许最小间隙更改）选项，如图 10-44 所示。ANSYS Icepak 将提示最小对象间距超过模型中最小尺寸对象的 10%。这时可以忽略警告或允许 ANSYS Icepak 最小间隙值更改。

图 10-43　"网格控制"对话框

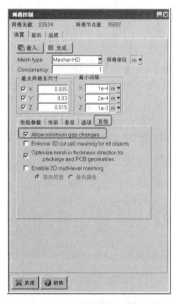

图 10-44　允许最小间隙更改

③ 检查模型横截面上的粗网格。单击"显示"标签，如图 10-45 所示。选择"显示网格"选项，在"Display attributes"栏中选中"Cut plane"复选框，在"设置位置"下拉列表中，选择"X 中心截面"，完成设置后单击"更新"按钮 ⟲ 更新 ，粗网格显示结果如图 10-46 所示。确保放大器部件已被划分，并检查散热器散热片附近的单元。注意网格是粗略的，翅片之间只有几个单元。当流体在翅片之间流动时，边界层将增长，其精度将决定模拟的准确性。翅片之间至少需要三到四个单元，以充分解决边界层的增长问题。细化网格可以获得更好的分辨率，因此需要进一步进行网格优化，在下一步中，我们将生成更精细的网格。

图 10-45　"显示"标签

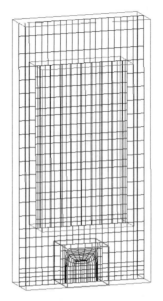

图 10-46　粗网格

（3）优化网格

① 生成更精细的网格。单击"网格控制"对话框上方的"设置"标签，在"全局参数"标签下，将"网格参数"下拉列表中选择"Normal"。ANSYS Icepak 将使用"全局"标签下的默认网格参数更新面板。单击"网格控制"对话框中的"生成"按钮 ▦生成 以生成更精细的网格，如图 10-47 所示。图形显示将自动更新以显示新网格。

② 检查新网格。单击"显示"标签，然后使用滑块推进平面剖切，并在整个模型中查看网格，如图 10-48 所示为优化后的网格，图 10-49 所示为两种网格划分对比。

图 10-47　"网格控制"对话框细网格划分

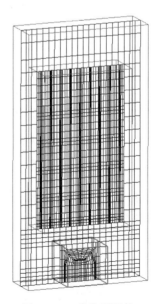

图 10-48　优化后网格

③ 关闭网格显示。单击"网格控制"对话框中的"显示"标签，取消选择"显示网格"复

选框。然后单击"关闭"按钮 关闭"网格控制"对话框。取消选择"显示网格"复选框并关闭"网格控制"对话框后，可以使用图形显示窗口中的右键快捷菜单在选定对象上显示网格。注意要显示右键快捷菜单，需按住 Shift 键并在图形窗口中的任何位置（但不在对象上）右击。选择"显示网格"，如图 10-50 所示。

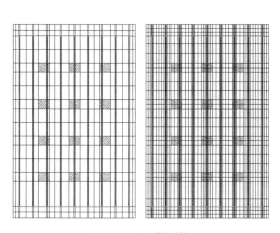

图 10-49　网格对比

图 10-50　在右键快捷菜单中选择"显示网格"

10.5　求解参数设置

（1）流动模型校核

在开始求解器之前，首先检查雷诺数和佩克特数的估计值，以检查是否建立了正确的流态模型。

① 检查雷诺数和佩克特数的值。双击模型管理器窗口如图 10-51 所示的"求解设置"文件夹中的"基本设置"项目，系统弹出"基本设置"对话框，如图 10-52 所示，单击对话框中的"重置"按钮 ，重置计算雷诺数和佩克特数。此时消息窗口如图 10-53 所示，显示雷诺数和佩克特数，ANSYS Icepak 建议将流态设置为湍流。

图 10-51　模型管理器窗口　图 10-52　"基本设置"对话框　　　图 10-53　消息窗口

② 在"基本设置"对话框将迭代步数更改为 100，然后单击"Accept"按钮 ，保存解算器设置。

229

（2）物理模型设置

使用问题设置向导设置。使用零方程湍流模型启用湍流建模，忽略辐射传热。

在模型管理器窗口中，右击"问题定义"，然后选择快捷菜单中的"问题设置向导"，如图 10-54 所示。系统弹出如图 10-55 所示的"问题设置向导"对话框，"问题设置向导"对话框共有 14 步。问题设置向导提供了一个简单的界面，其中包含定义模型物理的用户指南。

a. 对于第 1 步，保留复选框的默认设置，如图 10-55 所示，单击"Next"按钮，进入下一步。

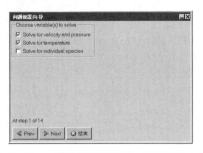

图 10-54　模型管理器窗口　　　　　图 10-55　"问题设置向导"对话框第 1 步

b. 对于第 2 步，在流动条件求解设置对话框中选择"Flow is buoyancy driven（natural convection）"单选选项，如图 10-56 所示，单击"Next"按钮，进入下一步。

c. 对于第 3 步，在自然对流求解设置对话框选择"Use Boussinesq approximation"单选选项，如图 10-57 所示，单击"Next"按钮，进行下一步设置。

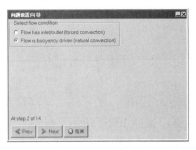

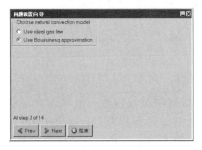

图 10-56　"问题设置向导"对话框第 2 步　　　图 10-57　"问题设置向导"对话框第 3 步

d. 对于第 4 步，在自然对流求解设置对话框保持"Operating pressure"数值不变，选择"Set gravitational acceleration"复选选项，如图 10-58 所示，单击"Next"按钮，进行下一步设置。

e. 此时对话框显示处于第 5 步，如图 10-59 所示，确保选择"Set flow regime to turbulent"将流态设置为湍流。单击"Next"按钮，进入下一步。

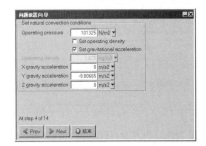

图 10-58　"问题设置向导"对话框第 4 步　　　图 10-59　"问题设置向导"对话框第 5 步

f. 对于第 6 步,选择"Zero equation (mixing length)"选项,将零方程(混合长度)作为湍流模型,如图 10-60 所示,单击"Next"按钮 ，进入下一步。

g. 对于第 7 步,选择"Ignore heat transfer due to radiation"选项,忽略辐射热传递,如图 10-61 所示,单击"Next"按钮 ，进入下一步。

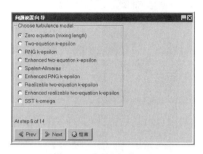

图 10-60   "问题设置向导"对话框第 6 步

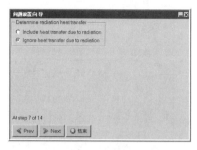

图 10-61   "问题设置向导"对话框第 7 步

h. 根据前面几步的设置,此时对话框显示处于第 9 步,如图 10-62 所示,确保取消选择"Include solar radiation"复选框,以排除太阳辐射,单击"Next"按钮 ，进入下一步。

i. 对于第 10 步,选择"Variables do not vary with time (steady-state)"选项,设置稳态模拟的变量不随时间变化,如图 10-63 所示,单击"Next"按钮 ，进入下一步。

图 10-62   "问题设置向导"对话框第 9 步

j. 现在处于第 14 步,"问题设置向导"对话框如图 10-64 所示,将"Adjust properties based on altitude"复选框留空,忽略高度影响。单击"结束"按钮 完成问题设置向导,完全定义问题设置。

图 10-63   "问题设置向导"对话框第 10 步

图 10-64   "问题设置向导"对话框第 14 步

(3)参数设置

① 双击左侧模型管理器"问题定义"→"基本参数",打开"基本参数设置"对话框,如图 10-65 所示。"基本设置"标签栏内保持默认设置不变。

② 选择"缺省"标签栏,保持默认环境温度 20℃不变,如图 10-66 所示。

③ 单击"Accept"按钮 保存基本参数设置。

④ 双击左侧模型管理器窗口中"求解设置"文件夹中的"基本设置"项目,系统弹出"基本设置"对话框,如图 10-67 所示。将迭代步数更改为 300,然后单击"Accept"按钮 ，保存解算器设置。

图 10-65 "基本参数设置"对话框"基本设置"标签栏　图 10-66 "基本参数设置"对话框"缺省"标签栏

⑤ 执行菜单栏中的"模型"→"功耗 / 温度限度"命令，打开"Power and temperature limit setup"对话框，在"Default temperature limit"栏中输入 60，然后单击"All to default"按钮 All to default，如图 10-68 所示，单击"Accept"按钮 Accept 退出。

图 10-67 "基本设置"对话框　　　　图 10-68 "Power and temperature limit setup"对话框

10.6 保存求解

（1）保存项目文件

① 保存项目文件。ANSYS Icepak 在开始计算之前会自动保存模型，但最好手动保存一下模型（包括网格）。如果在开始计算之前退出 ANSYS Icepak，将能够打开保存的文件，并能继续分析。单击菜单栏的"文件"→"保存"命令，保存项目文件。

② 创建监测点。

注意　　　监测某些对象的解决方案进度是一种很好的做法。在"模型管理器"窗口中拖动对象并将其放置在"点"文件夹中可以完成此操作。

a. 将 "source.1.1.1" 和 "cabinet_default_side_maxY" 拖动到 "监测点" 文件夹中。

b. 在 "监测点" 文件夹中的 "cabinet_default_side_maxY" 上右击，如图 10-69 所示。

c. 选择 "编辑"，系统弹出 "Modify point" 对话框，如图 10-70 所示，取消选择 "温度" 复选框，然后选择 "速度" 复选框。

图 10-69　监测点快捷菜单

图 10-70　"Modify point" 对话框

d. 单击 "结束" 按钮，接受修改并关闭 "Modify point" 对话框。

（2）求解

① 求解。单击菜单栏的 "求解" → "运行求解" 命令，系统弹出如图 10-71 所示的 "求解" 对话框，按照图中参数进行设置，然后单击 "开始计算" 按钮 ，进行计算求解。

② 完成求解。计算完成后，残差图、监测图将类似于图 10-72 ～图 10-74 所示，不同机器上残差的实际值可能略有不同。可以使用鼠标左键框选放大残差图。单击残差图对话框中的 "结束" 按钮 将其关闭。

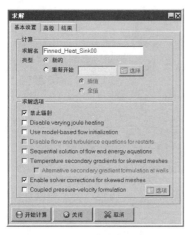

图 10-71　"求解" 对话框

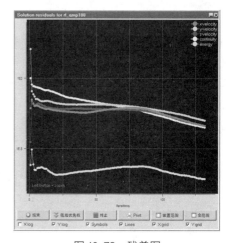

图 10-72　残差图

注意

　　一般没有用于判断收敛性的通用标准，一个比较好的指标是，当解不再随着迭代次数的增加而改变时，以及当残差减少到一定程度时。默认标准是每个残差值减少到小于 1000 时，但能量残差除外，默认标准为 10^{-7}。一般不仅通过检查残差水平，而且通过监测相关的积分量来判断收敛性。

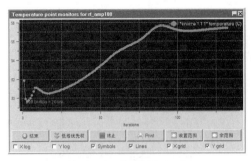

图 10-73　监测图 - 温度

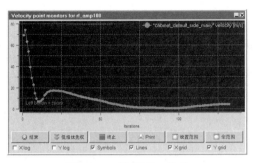

图 10-74　监测图 - 速度

10.7　检查结果

一旦模型收敛，ANSYS Icepak 会自动生成解决方案概览报告。此报告包含详细信息，如基于对象的质量和体积流速、风扇操作点、具有指定功率的对象的热流、与环境相通的对象的热流量、最高温度和总体平衡。

仔细查看解决方案概述，注意解决方案满足质量守恒和能量守恒（滚动到报告底部）。还要注意风扇的工作点。

（1）查看温度是否超限定值

① 将所有来源的物体温度值与指定的温度限值进行比较。单击菜单栏的"后处理"→"功耗和温度值"命令，系统弹出"Power and temperature limit setup"对话框。

② 单击"Show too hot"按钮，功率和温度限制设置显示默认温度限制以及它们旁边每个源的最大温度值。如果在"模型管理器"窗口中展开部件，并且任何对象的最终温度超过指定的温度限制，ANSYS Icepak 将以红色显示所有关键对象。此时消息窗口如图 10-75 所示，显示没有超过限定值 60℃的情况，单击"Power and temperature limit setup"对话框中的"Accept"按钮 退出。

图 10-75　消息窗口

 注意

确保放大器和风扇组件展开，以便可以看到散热片。

（2）创建对象面

① 切换视图。单击工作区左下角坐标系的 Z 轴，调整工作区界面为 Z 正方向视图，也可以利用快捷键"Shift+Z"将视图定向为正 Z 方向。

② 单击工具栏中的"对象切面"按钮，系统弹出"对象表面"对话框。如图 10-76 所示，在"对象"下拉列表中，指定"heatsink.1"作为对象，然后单击"Accept"按钮。最后单击选中"Show contours"复选框，单击右侧的"参数"按钮。

③ 系统弹出如图 10-77 所示的"Object face contours"对话框，在"计算"下拉列表中选择"This object"选项，其他条件保持默认不变，然后单击"结束"按钮返回到"对象表面"对

话框，然后单击 "结束" 按钮 ，完成对象面的创建，使用鼠标旋转散热器以检查表面温度分布，结果如图 10-78 所示。查看完成后，在 "切面" 对话框中，取消选中 "有效" 选项。

图 10-76　"对象表面" 对话框

图 10-77　"Object face contours" 对话框

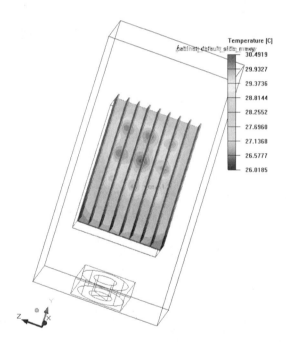

图 10-78　表面温度分布

（3）速度矢量云图分析

下面步骤说明如何生成和显示每个视图。首先使用 "平面" 剪切面板来查看水平平面上的速度方向和大小。

① 单击菜单栏的 "后处理" → "切面" 命令，或者单击工具栏中的 "切面" 命令 ，系统弹出如图 10-79 所示的 "切面" 对话框。

② 查看速度矢量图。在名称文本框中，输入名称 "cut-velocity"，在设定位置下拉列表中

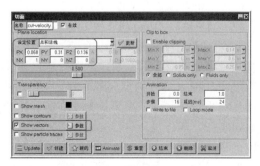

图 10-79　"切面" 对话框

选择"点和法线",选择"Show vectors"复选框,然后单击"Show vectors"复选框右侧的"参数"按钮,系统弹出如图 10-80 所示的"Plane cut vectors"对话框。设置箭头式样为"Dart",这将矢量显示为类似飞镖的样式。单击"Plane cut vectors"对话框中的"应用"按钮,和单击"切面"对话框中的"结束"按钮,然后在"定向"菜单中,选择"正 X 轴向",结果如图 10-81 所示。

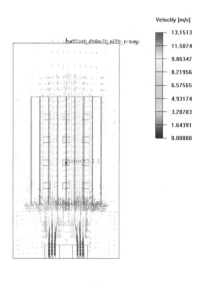

图 10-80　"Plane cut vectors"对话框

图 10-81　速度矢量图

③ 在"切面"对话框中,取消选中"有效"选项。将暂时从图形窗口中删除速度矢量显示,以便可以更轻松地查看下一个后处理对象。如果想要返回查看可以在"模型管理器"窗口中打开"非活动对象"文件夹并找到"cut_velocity"。如图 10-82 所示,通过右击"cut_velocity"在快捷菜单中选择进行"编辑""有效"或"删除"等操作。

（4）热源温度云图分析

① 在所有热源上显示温度云图。单击菜单栏的"后处理"→"Object face（node）"命令,或者单击工具栏中的"对象表面"命令,系统弹出如图 10-83 所示的"对象表面"对话框。在名称文本框中,输入名称"face-tempsource",按住"Shift"键,在对象下拉列表中选择所有源,然后单击"Accept"按钮。

② 选择"Show contours"选项。单击"Show contours"复选框旁边的"参数"按钮。系统弹出如图 10-84 所示的"Object face contours"对话框。在"等高线"下拉列表中保留"Temperature"的默认选择,Contour options 设置为"Solid fill",Shading options 设置为"条状"。在计算的下拉列表中选择"This object"选项。设置完成后单击"结束"按钮,系统显示如图 10-85 所示的热源温度云图。

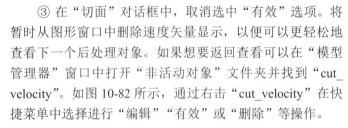

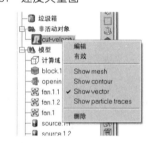

图 10-82　"cut _velocity"快捷菜单

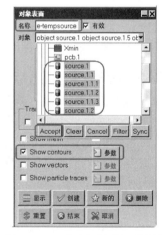

图 10-83　"对象表面"对话框

然后单击"结束"按钮，保存设置。

③ 从图 10-85 所示的热源温度云图中可以看到，所有热源的温度分布相似：中心温度升高，边缘温度降低。顶部和底部源上的温度分布彼此相似，其余的分布也相似。查看后同样采用取消勾选"有效"的方式关闭图形显示。

图 10-84　"Object face contours"对话框

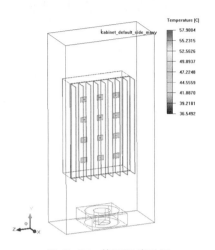

图 10-85　热源温度云图

（5）计算结果报告输出

① 单击菜单栏中的"报告"→"总结报告"命令，系统弹出"定义总结报告"设置对话框，单击"新的"按钮，依次创建 3 个几何体，如图 10-86 所示。

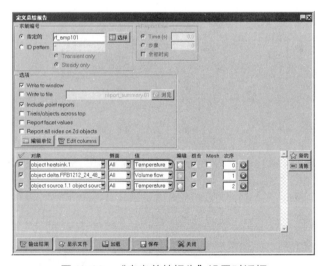

图 10-86　"定义总结报告"设置对话框

② 在第一个几何体里选择 object heatsink.1，单击"Accept"按钮保存，在"值"下拉框里选择 Temperature 选项。

③ 在第二个几何体里选择 object delta.FFB1212_24_48_EHE.1，单击"Accept"按钮保存，在"值"下拉框里选择"Volume flow"选项。

④ 在第三个几何体里选择 object source.1.1、object source.1.2 及 object source.1.3，单击"Accept"按钮保存，在"值"下拉框里选择"Temperature"选项。

⑤ 单击"输出结果"按钮 <kbd>输出结果</kbd>，弹出总结报告对话框，单击"结束"按钮保存，如图 10-87 所示。

⑥ 单击"定义总结报告"设置对话框中的"保存"按钮 <kbd>保存</kbd>，保存设置并退出。

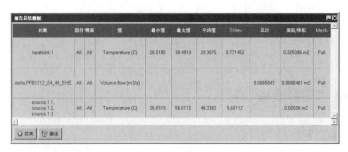

对象	部分	剖面	值	最小值	最大值	平均值	Stdev	总计	面积/体积	Mesh
heatsink.1	All	All	Temperature (C)	26.0185	30.4919	26.3075	0.771452		0.325096 m2	Full
delta.FFB1212_24_48_EHE	All	All	Volume flow (m3/s)					0.0865843	0.0068461 m2	Full
source.1.1, source.1.2, source.1.3	All	All	Temperature (C)	36.6518	56.6172	48.3382	5.60112		0.00096 m2	Full

图 10-87　总结报告

ANSYS
Icepak

第11章

参数化优化案例

扫码看视频

11.1 利用参数化优化风机位置

本案例的目的是在小型系统级模型的帮助下演示 ANSYS Icepak 的参数化和优化功能。

在本案例中，将学习：

- 使用网络块作为软件包建模的一种方式。
- 使用块对象的侧面规格指定接触电阻。
- 将变量定义为参数，并解决参数试验，以优化模型，实现最大性能。
- 指定扇形曲线并动态更新。
- 使用局部坐标系。
- 生成多个参数化解决方案的总结报告。

本案例将指导完成通常的工作流程以及本练习特有的其他步骤：创建项目、构建模型、创建单独的网格部件、生成网格、设置参数化试验、创建点监控器、问题设置、计算解决方案、后处理，以及模拟更高海拔对系统影响的额外练习。

由于网格算法和 Fluent 求解器的增强，网格计数和求解结果可能会略有不同。

11.1.1 问题描述

系统级模型由 PCB 上的一系列 IC 芯片组成。风扇用于对功率耗散装置进行强制对流冷却。具有八个 0.008m 厚散热片的键合散热片挤出散热器连接到 IC 芯片。风扇流速由非线性风扇曲线定义。该系统还包括一个穿孔薄格栅。利用 ANSYS Icepak 中的参数化特征，对风扇的最佳位置进行了研究。生成的几何结构示意图如图 11-1 所示。

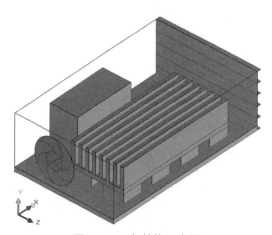

图 11-1　几何结构示意图

11.1.2 创建新项目

① 启动 ANSYS Icepak。选择"开始"→"所有程序"→"Ansys 2024 R1"→"Ansys Icepak 2024 R1"，打开 ANSYS Icepak 程序，ANSYS Icepak 启动时，"欢迎使用 Icepak"对话框将自动打开，如图 11-2 所示。

② 新建项目。单击"欢迎使用 Icepak"对话框中的"新的"按钮 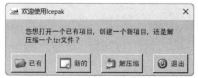，新建一个 Ansys Icepak 项目。此时系统

图 11-2　"欢迎使用 Icepak"对话框

将显示"新建项目"对话框，为项目指定名称。在 Project name 文本框中输入项目名称为"FAN_ Locations"，单击"创建"按钮 ✓创建 完成项目的创建。

③ 创建计算域。完成项目的创建后，ANSYS Icepak 系统会创建一个尺寸为 1m×1m×1m 的默认计算域，并在图形窗口中显示计算域。

11.1.3　构建模型

要构建模型，首先将计算域调整到其正确大小，然后创建背板和开口，最后创建要复制的元素（即风扇、散热片和设备）。

（1）计算域模型创建

① 在"计算域"对话框中调整默认计算域的大小。双击如图 11-3 所示的模型管理器窗口中的"计算域"项目，系统弹出"计算域"对话框，如图 11-4 所示。也可以直接在 GUI 右下角的几何窗口中调整计算域对象的大小。单击"Geometry"标签，在位置下输入 xS 为 0、yS 为 0、zS 为 0、xE 为 0.4、yE 为 0.13、zE 为 0.25，表示将计算域更改为 0.4m×0.13m×0.25m，单击"结束"按钮 ○结束 完成计算域的修改。

② 单击工具栏中的整屏显示按钮 ⊞ 及正等轴测图按钮 ⬈ 将视图缩放到合适视图及位置，修改后的计算域如图 11-5 所示。其他选项保持默认不变，然后单击"结束"按钮 ○结束 完成计算域的修改。

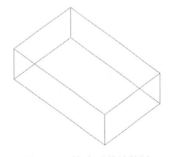

图 11-3　模型管理器窗口　　　图 11-4　"计算域"对话框　　　图 11-5　修改后的计算域

（2）风扇模型创建

① 创建风扇。单击工具栏中的创建风扇按钮 ❀，ANSYS Icepak 在计算域中央创建了一个新的风扇。需要更改风扇的大小并指定其体积流量。

② 双击模型管理器窗口中的"fan.1"项目，系统弹出"风扇"对话框，如图 11-6 所示。单击"Geometry"标签，在平面的下拉列表中选择"Y-Z"，在位置下输入 xC 为 0、yC 为 0.07、zC 为 \$zc、半径为 0.05、内半径为 0.02。此练习的目标之一是参数化风扇的位置。要在 ANSYS Icepak 中创建参数化变量，输入一个 \$ 符号，后跟变量名。因此，要创建参数变量"zc"，在 zC 框中键入 \$zc。

③ 然后单击"结束"按钮 ○结束。Ansys Icepak 会弹出如图 11-7 所示的"Param value"对话框，要求输入"ZC"初始值，输入初始值"0.1"，然后单击"结束"按钮 ✓结束 完成 ZC 值的创建。

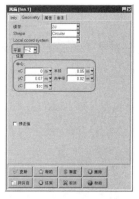

图 11-6 "风扇"对话框

图 11-7 "Param value"对话框

④ 更改风扇属性。单击"属性"标签，如图 11-8 所示，在上方的风扇类型（Fan type）下拉列表中选择"进风"，在"Fan flow"标签下，选择"非线性"单选按钮，单击"Non-linear curve"下的"编辑"按钮，在弹出的下拉列表中选择"Text editor"选项，系统弹出如图 11-9 所示的"曲线定义"对话框。

图 11-8 "风扇"对话框"属性"标签

图 11-9 "曲线定义"对话框

⑤ 在"Volume flow units"下拉列表中选择单位为"cfm"，在"Pressure units"下拉列表中选择单位为"in_water"，然后在上方文本输入框中输入风压曲线参数：0、0.42、20、0.28、40、0.2、60、0.14、80、0.04、90、0。单击"Accept"按钮 完成曲线定义，返回到"风扇"对话框。

⑥ 再次单击"Non-linear curve"下的"编辑"按钮，在弹出的下拉列表中选择"Graph Editor"选项，系统弹出如图 11-10 所示的"Fan curve"对话框，检查数据是否正确，单击"Done"按钮 关闭此对话框。

⑦ 系统返回到"风扇"对话框，单击下

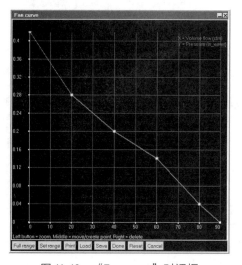

图 11-10 "Fan curve"对话框

方的"Swirl"标签，如图 11-11 所示，输入 RPM 值为"4000"将每分钟转数设为 4000。完成后单击"结束"按钮 ⊙结束 完成风扇的修改，创建好的风扇模型如图 11-12 所示。

图 11-11　"风扇"对话框"Swirl"标签

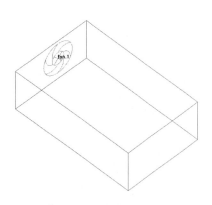

图 11-12　风扇模型

（3）通风孔模型创建

① 创建通风孔。单击工具栏中的创建通风孔按钮 ▤，ANSYS Icepak 在计算域中央创建了一个新的通风孔，需要更改通风孔的大小。

② 修改通风孔尺寸。双击模型管理器窗口中的"grille.1"项目，系统弹出"Grille"对话框，如图 11-13 所示。单击"Geometry"标签，在平面下拉列表中选择"Y-Z"平面，在位置下输入 xS 为 0.4、yS 为 0、zS 为 0、yE 为 0.13、zE 为 0.25。

③ 更改通风孔属性。单击"属性"标签，如图 11-14 所示，在"速度损失系数"下拉列表中选择"自动"，在

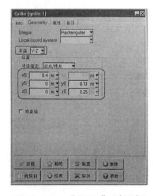

图 11-13　"Grille"对话框

"自由开孔率"文本框中输入 0.5，代表通流面积为 50%，其他条件保持默认不变，然后单击"结束"按钮 ⊙结束 完成通风孔的修改，修改后的模型如图 11-15 所示。

图 11-14　更改通风孔属性

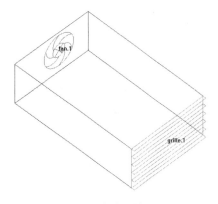

图 11-15　修改后的通风孔

（4）外壳面模型创建

① 创建外壳面。单击工具栏中的创建墙按钮 ▦，ANSYS Icepak 在计算域中央创建了一个新的墙。双击模型管理器窗口中的"wall.1"项目，系统弹出"墙"对话框，如图 11-16 所示。然后单击"Geometry"标签，在平面下拉列表中选择"Y-Z"，如图 11-16 所示。单击"结束"按钮 ▦结束完成外壳面模型的创建，如图 11-17 所示。

图 11-16　"墙"对话框

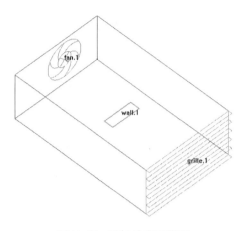

图 11-17　添加外壳面模型

② 匹配外壳面。单击"Alignment"工具栏中的"边重合"按钮 ▦，利用边重合命令进行外壳面的匹配。首先选择刚创建的 X min 最左端的边，也就是 Z max 边，单击鼠标中键确认。然后单击外壳最左侧边，也就是外壳 Z max 边，同样单击鼠标中键确认完成外壳和外壳面 Z max 两个边的尺寸匹配。

③ 匹配另一侧外壳面。单击"Alignment"工具栏中的"边重合"按钮 ▦。选择刚创建的 X min 最右端的边，也就是 Z min 边，单击鼠标中键确认。然后单击外壳最右侧边，也就是外壳 Z min 边，同样单击鼠标中键确认完成外壳和外壳面 Z min 两个边的尺寸匹配，如图 11-18 所示。

④ 更改外壳面属性。双击模型管理器窗口中的"wall.1"项目，系统弹出"墙"对话框，单击"属性"标签，如图 11-19 所示，在壁厚文本框中输入 0.01，在"固体材料"下拉列表中选择"FR-4"，在外部条件下拉列表中选择"热流量"，在"热流量"文本框中输入 20，其他条件保持默认不变，然后单击"墙"对话框中的"结束"按钮 ▦结束完成外壳墙的修改。

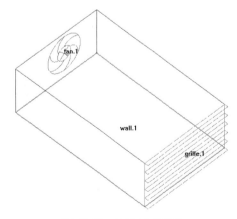

图 11-18　外壳尺寸匹配

图 11-19　更改外壳面属性

（5）热源块模型创建

① 创建热源块。单击工具栏中的创建块按钮 🔲，ANSYS Icepak 在计算域中央创建了一个新的实心块，需要更改块的大小。

② 修改块尺寸。双击模型管理器窗口中的"block.1"项目，系统弹出"块"对话框，如图 11-20 所示。单击"Geometry"标签，在位置下输入 xS 为 0.05、yS 为 0.01、zS 为 0.1、xE 为 0.1、yE 为 0.03、zE 为 0.15，其他条件保持默认不变。

③ 更改块属性。单击"属性"标签，如图 11-21 所示，保持默认块类型为"固体"，在"Surface specification"栏下，选择"Individual sides"复选框，单击其右侧的"编辑"按钮 🔲 编辑，然后在"热参数定义"栏下，选择"总发热量"选项，输入值为"5"。

图 11-20　"块"对话框

图 11-21　"块"对话框"属性"标签

④ 系统弹出如图 11-22 所示的"Individual side specification"对话框，在"Block side"栏选择"Min Y"单选项，在上面选择"Thermal properties"复选框，在"Thermal condition"下拉列表中选择"固定热量"，在"总发热量"文本框中保持默认的 0，然后选择"热阻"复选框，在下拉列表中选择"热电阻"，在"热电阻"文本框中输入"0.005"C/W，然后单击"Accept"按钮 ✔ Accept，关闭"Individual side specification"对话框。然后单击"块"对话框中的"结束"按钮 🔲 结束 完成热源块模型的创建，创建后的模型如图 11-23 所示。

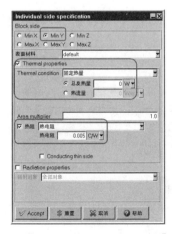

图 11-22　"Individual side specification"对话框

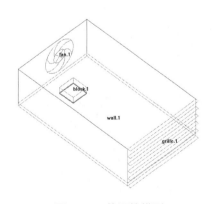

图 11-23　热源块模型

⑤ 复制第一个热源块（block.1）以创建第二个到第四个热源块。在模型管理器窗口中右击"block.1"项目，在弹出的快捷菜单中选择"复制"命令，如图 11-24 所示，系统弹出对话框。在拷贝数栏中输入数量为"3"，Operations 中选择类型为"平移"，在下方的 X 偏移栏中输入 0.08m。单击"应用"按钮完成复制，复制好的模型如图 11-25 所示。

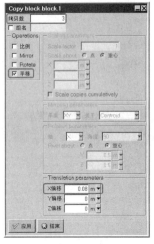

图 11-24　复制热源块

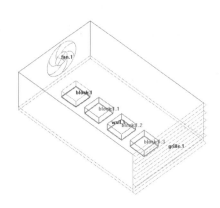

图 11-25　复制后的热源块模型

（6）芯片块模型创建

① 创建芯片块。单击工具栏中的创建块按钮▦，ANSYS Icepak 在计算域中央创建一个新的实心块，需要更改块的大小。

② 修改块尺寸。双击模型管理器窗口中的"block.2"项目，系统弹出"块"对话框，如图 11-26 所示。单击"Geometry"标签，在位置下输入 xS 为 0.05、yS 为 0.01、zS 为 0.18、xE 为 0.1、yE 为 0.03、zE 为 0.23，其他条件保持默认不变。

③ 更改块属性。单击"属性"标签，如图 11-27 所示，在上方设置"块类型"为"网络"，在"Network type"栏下，选择"星型网络"复选框，在"Network parameters"栏内的"基板边"下拉列表中选择"Min Y"，在"Rjc"文本框中输入"5"C/W，在"侧面 -Rjc"文本框中输入"5"C/W，在"Rjb"文本框中输入"5"C/W，在"结功耗"文本框中输入"10"C/W，然后单击"结束"按钮 ◎结束 完成芯片块模型的创建，创建后的模型如图 11-28 所示。

图 11-26　"块"对话框

图 11-27　"块"对话框"属性"标签

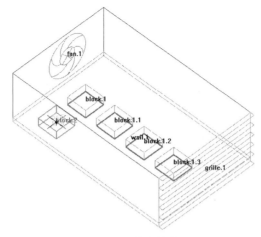

图 11-28　芯片块模型

④ 复制第一个芯片块（block.2）以创建第二个到第四个芯片块。在模型管理器窗口中右击"block.2"项目，在弹出的快捷菜单中选择"复制"命令，如图 11-29 所示，系统弹出对话框。在拷贝数栏中输入数量为"3"，Operations 中选择类型为"平移"，在下方的 X 偏移栏中输入0.08m。单击"应用"按钮完成复制，复制好的模型如图 11-30 所示。

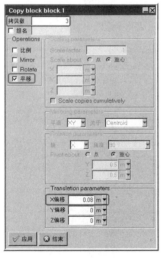

图 11-29　复制芯片块

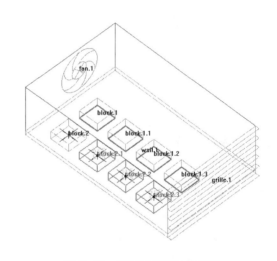

图 11-30　复制好的芯片块模型

（7）空心块模型创建

① 创建空心块。单击工具栏中的创建块按钮 ，ANSYS Icepak 在计算域中央创建一个新的实心块，需要更改块的大小和属性。

② 修改块尺寸。双击模型管理器窗口中的"block.3"项目，系统弹出"块"对话框，如图11-31 所示。单击"Geometry"标签，在"Local coord system"下拉列表中选择"Create new"，系统弹出如图 11-32 所示"局部坐标"对话框。

③ "局部坐标"对话框中"名称"为 local1，在"X 偏移"文本框中输入"0.1"m，在"Y偏移"文本框中输入"0"m，在"Z 偏移"文本框中输入"0"m，然后单击"Accept"按钮 ，关闭"局部坐标"对话框。

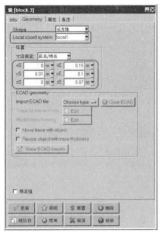

图 11-31　"块"对话框　　　　　　　图 11-32　"局部坐标"对话框

④ 返回到"块"对话框，在位置下输入 xS 为 0、yS 为 0.01、zS 为 0、xE 为 0.15、yE 为 0.1、zE 为 0.07，其他条件保持默认不变。

⑤ 更改空心块属性。单击"属性"标签，如图 11-33 所示，在上方设置"块类型"为"中空"选项，其他条件保持默认不变，然后单击"结束"按钮 [结束] 完成空心块模型的创建，创建后的模型如图 11-34 所示。

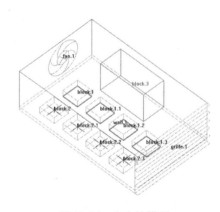

图 11-33　"块"对话框"属性"标签　　　　图 11-34　空心块模型

（8）散热器模型创建

① 创建第一个散热器。单击工具栏中的"创建散热器"按钮 [图]，ANSYS Icepak 在计算域中央创建了一个散热器。需要更改散热器的方向和大小，并指定其热参数。

② 双击模型管理器窗口中的"heatsink.1"项目，系统弹出"Heat sinks"对话框。单击"Geometry"标签，在平面的下拉列表中选择"X-Z"，在位置下输入 xS 为 0.05、yS 为 0.03、zS 为 0.1、xE 为 0.34、zE 为 0.23，基板高度设置为 0.01，总体高度设置为 0.06，其他保持默认，如图 11-35 所示。

③ 更改散热器属性。单击"属性"标签，更改类型为"详细"，更改"流动方向"为"X"，

在"Detailed fin type"的下拉列表中选择"粘接翅片",单击"Fin setup"标签,在"翅片设置"的下拉列表中选择"数目/厚度",输入数目为8,厚度为0.008,其他保持默认,如图 11-36 所示。

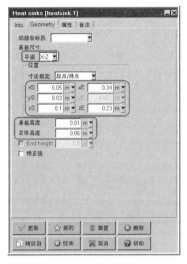 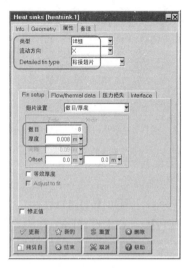

图 11-35　"Heat sinks"对话框 1　　　　　　图 11-36　"Heat sinks"对话框"属性"标签

④ 单击"Flow/thermal data"标签,在"基板材料"的下拉列表中选择"Cu-Pure"其他保持默认,如图 11-37 所示。

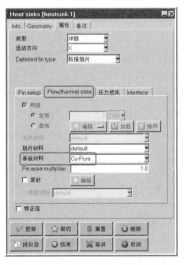 

图 11-37　"Heat sinks"对话框 2　　　　　　图 11-38　"Heat sinks"对话框 3

⑤ 单击"Interface"标签,如图 11-38 所示,在"翅片粘接"的右侧单击"编辑"按钮 ,系统弹出"Bonding thermal resistance"对话框,选择"计算"单选选项,等效厚度设置为 0.0002m,其他保持默认,如图 11-39 所示,然后单击"结束"按钮 ,关闭"Bonding thermal resistance"对话框。

⑥ 系统返回到"Heat sinks"对话框,其他条件保持默认不变,然后单击"结束"按钮 完成散热器模型的创建,创建后的模型如图 11-40 所示。

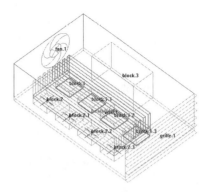

图 11-39　"Bonding thermal resistance"对话框 　　　　图 11-40　完成的散热器模型

（9）检查建模对象

① 检查建模对象的定义，以确保正确设置了它们。单击菜单栏的"视图"→"摘要（HTML）"命令，则如图 11-41 所示，摘要报告显示在 web 浏览器中。摘要显示模型中所有对象的列表以及为每个对象设置的所有参数。通过单击相应的对象名称或特性属性，可以查看摘要的详细信息。

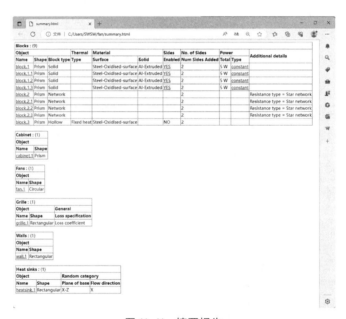

图 11-41　摘要报告

② 如果发现任何不正确的设置，可以返回到相应的建模对象面板，并按照最初输入的方式更改设置。

摘要报告还显示每个对象的材质特性，以帮助确定正确的材质规格。

（10）装配体创建

建模的关键方面之一是为模型使用具有良好质量和足够分辨率的网格。我们需要在温度梯度高或流动转向的区域有一个精细的网格。网格过于粗糙不会得到准确的结果，而网格过于精细可能会导致运行时间过长。最好的选择是仔细探索模型，并在梯度不陡的区域寻找减少网格数的机会。创建装配体可提供所需的精度，同时减少网格数。选择一组对象以创建部件。还为部件边界框确定合适的松弛值。

　　接下来将创建两个部件。第一个部件由热源块、芯片块和散热器组成，第二组件仅由风扇组成。

　　① 创建散热器组件。选择全部热源块、芯片块和散热器几何模型，如图11-42所示，右击模型管理器任意被选中组件，在弹出的快捷菜单中执行"创建"→"组合"命令，完成 Assembly.1 的创建。右击左侧模型树 Model-Assembly.1，在弹出的快捷菜单中执行"编辑"命令，弹出如图 11-43 所示的"Assemblies"对话框。选择 Info 标签，在"名称"处输入"Heatsink-packages-asy"，然后选择"Meshing"标签，选择"划分不连续网格"选项，在 Min X 处输入 0.005，在 Min Y 处输入 0.005，在 Min Z 处输入 0.005，在 Max X 处输入 0.015，在 Max Y 处输入 0.005，在 Max Z 处输入 0.005，如图 11-44 所示。单击"结束"按钮 ⊙结束 保存退出，创建好的组合装配体如图 11-45 所示。

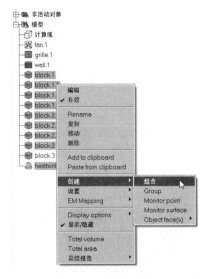

图 11-42　选择模型

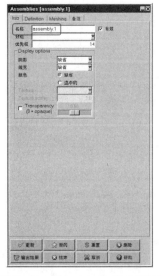

图 11-43　"Assemblies"对话框

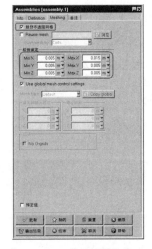

图 11-44　"Assemblies"对话框"Meshing"标签

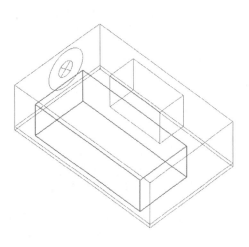

图 11-45　创建后的散热器组件

② 右击左侧模型管理器"fan.1"，在弹出的快捷菜单中执行"创建"→"组合"命令，完成 Assembly.2 的创建。双击左侧模型树 Model-Assembly.2，弹出"Assemblies"对话框。选择 Info 标签，在"名称"处输入"Fan-asy"，然后选择"Meshing"标签，选择"划分不连续网格"选项，在 Min X 处输入 0，在 Min Y 处输入 0.002，在 Min Z 处输入 0.002，在 Max X 处输入 0.005，在 Max Y 处输入 0.002，在 Max Z 处输入 0.002。单击"结束"按钮 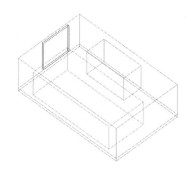 保存退出。

③ 创建好的两个装配体如图 11-46 所示。

图 11-46　创建后的风扇组件

11.1.4　生成网格

① 单击工具栏中的网格"生成"按钮，系统弹出"网格控制"对话框。如图 11-47 所示，在"网格参数"下拉列表中选择"Coarse"，ANSYS Icepak 使用粗糙（最小数量）网格的默认网格参数，将最大网格元尺寸 X、Y 和 Z 分别设置为 0.02、0.0065、0.0125，将最小间隔 X、Y 和 Z 分别设置为 1e-3m、1e-3m、1e-3m。保持"Mesh assemblies separately"复选框被选中状态，其他选项保持默认。设置完成后再单击"生成"按钮，生成网格。

② 检查模型横截面上的网格。单击"显示"标签，如图 11-48 所示。选择"显示网格"选项，在"Display attributes"栏中选中"Cut plane"复选框，在"设置位置"下拉列表中，选择"Z 中心截面"，完成设置后单击"更新"按钮，将视图切换为 Z 轴显示，网格显示结果如图 11-49 所示。

图 11-47　"网格控制"对话框

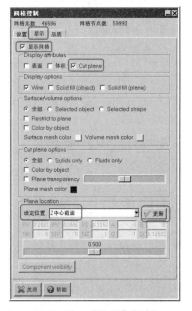

图 11-48　"显示"标签

③ 查看网格质量。单击"品质"标签选择"面对齐"单选选项，网格质量信息，如图 11-50 所示。

④ 关闭网格显示。单击"网格控制"对话框中的"显示"标签，取消选择"显示网格"复选框，然后单击"关闭"按钮关闭"网格控制"对话框。

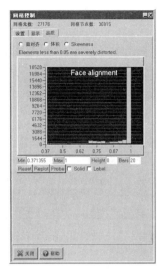

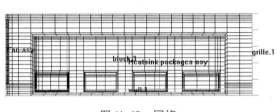

图 11-49　网格

图 11-50　网格质量信息

11.1.5　参数化求解设置

（1）设置多重试验

在开始求解模型之前，需要设置风扇位置参数"ZC"的参数试验。

① 单击工具栏中的"优化"按钮，系统弹出如图 11-51 所示的"Parameters and optimization"对话框。在"Trial type"栏中选择"Parametric trials"单选选项，如图 11-51 所示。

② 单击"Design variables"标签。在右侧"Variable values"栏中，"Base value"文本框中输入 0.1，选择"Discrete values"单选按钮，然后在文本框中输入"0.1 0.165"，表示将计算这两种尺寸的风扇位置模型，如图 11-52 所示，单击"应用"按钮，完成 ZC 参数设置。

③ 单击"Trials"标签。单击"重置"按钮，系统弹出如图 11-53 所示的"Trial naming"对话框，单击"值"按钮，表示只更新序号而名称不变。返回到如图 11-54 所示的"Parameters and optimization"对话框，单击"结束"按钮保存退出。

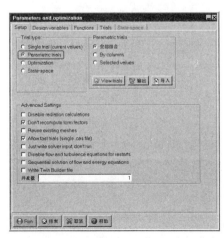

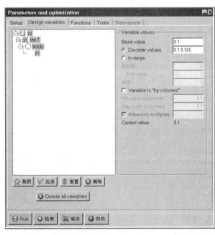

图 11-51　"Parameters and optimization"
对话框

图 11-52　"Parameters and optimization"对话框
"Design variables"标签

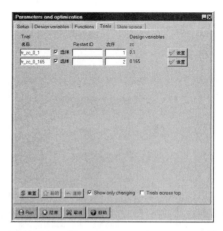

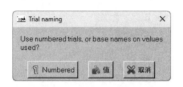

图 11-53　"Trial naming"对话框 　　　图 11-54　"Parameters and optimization"

对话框"Trials"标签

（2）创建监测点

① 将"block.1"和"grille.1"拖动到"监测点"文件夹中，来创建两个监测点，以监测格栅中的速度和其中一个实心块中的温度。

② 在"监测点"文件夹中的"grille.1"上右击，如图 11-55 所示。

③ 选择"编辑"，系统弹出"Modify point"对话框，如图 11-56 所示，取消选择"温度"复选框，然后选择"速度"复选框。

④ 单击"结束"按钮，接受修改并关闭"Modify point"对话框。

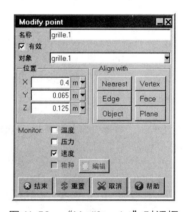

图 11-55　监测点快捷菜单 　　　　　图 11-56　"Modify point"对话框

（3）流动模型校核

在开始求解器之前，首先检查雷诺数和佩克特数的估计值，以检查是否建立了正确的流态模型。

① 检查雷诺数和佩克特数的值。双击模型管理器窗口如图 11-57 所示的"求解设置"文件夹中的"基本设置"项目，系统弹出"基本设置"对话框，如图 11-58 所示。单击对话框中的"重置"按钮，重置计算雷诺数和佩克特数。此时消息窗口如图 11-59 所示，显示雷诺数和佩克特数，ANSYS Icepak 建议将流态设置为湍流。

图 11-57　模型管理器窗口　图 11-58　"基本设置"对话框　　　　图 11-59　消息窗口

② 在"基本设置"对话框 将迭代步数更改为 200。然后单击"Accept"按钮 <small>Accept</small>。保存解算器设置。

（4）物理模型设置

使用问题设置向导设置。在模型管理器窗口中，右击"问题定义"，然后选择快捷菜单中的"问题设置向导"，如图 11-60 所示。系统弹出如图 11-61 所示的"问题设置向导"对话框，"问题设置向导"对话框共有 14 步。问题设置向导提供了一个简单的界面，其中包含定义模型物理的用户指南。

a. 对于第 1 步，保留复选框的默认设置，如图 11-61 所示，单击"Next"按钮 <small>Next</small>，进入下一步。

图 11-60　模型管理器窗口　　　　　图 11-61　"问题设置向导"对话框第 1 步

b. 对于第 2 步，在流动条件求解设置对话框中选择"Flow has inlet/outlet（forced convection）"单选选项，如图 11-62 所示，单击"Next"按钮 <small>Next</small>，进入下一步。

c. 此时对话框显示处于第 5 步，如图 11-63 所示，确保选择"Set flow regime to turbulent"将流态设置为湍流。单击"Next"按钮 <small>Next</small>，进入下一步。

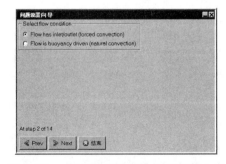 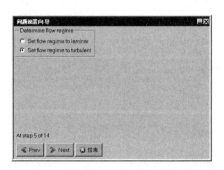

图 11-62　"问题设置向导"对话框第 2 步　　图 11-63　"问题设置向导"对话框第 5 步

d. 对于第 6 步，选择"Zero equation（mixing length）"选项，将零方程（混合长度）作为湍流模型，如图 11-64 所示，单击"Next"按钮 ▶ Next，进入下一步。

e. 对于第 7 步，选择"Include heat transfer due to radiation"选项，包含辐射热传递，如图 11-65 所示，单击"Next"按钮 ▶ Next，进入下一步。

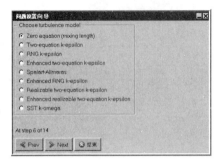

图 11-64　"问题设置向导"对话框第 6 步　　图 11-65　"问题设置向导"对话框第 7 步

f. 对于第 8 步，选择"Use surface-to-surface mode"选项，使用面对面模式，如图 11-66 所示，单击"Next"按钮 ▶ Next，进入下一步。

g. 根据前面几步的设置，此时对话框显示处于第 9 步，如图 11-67 所示，确保取消选择"Include solar radiation"复选框，以排除太阳辐射，单击"Next"按钮 ▶ Next，进入下一步。

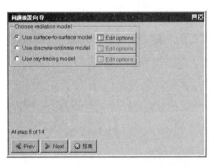

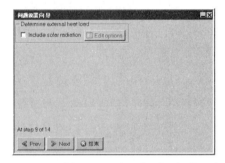

图 11-66　"问题设置向导"对话框第 8 步　　图 11-67　"问题设置向导"对话框第 9 步

h. 对于第 10 步，选择"Variables do not vary with time（steady-state）"选项，设置稳态模拟的变量不随时间变化，如图 11-68 所示，单击"Next"按钮 ▶ Next，进入下一步。

i. 现在处于第 14 步，"问题设置向导"对话框如图 11-69 所示，将"Adjust properties based on altitude"复选框留空，忽略高度影响。单击"结束"按钮 结束 完成问题设置向导，完全定义问题设置。

图 11-68　"问题设置向导"对话框第 10 步　　图 11-69　"问题设置向导"对话框第 14 步

（5）参数设置

① 双击左侧模型管理器"问题定义"→"基本参数"，打开"基本参数设置"对话框，如图 11-70 所示。"基本设置"标签栏内保持默认设置不变。

② 单击 Accept 按钮 ✓Accept 保存基本参数设置。

11.1.6 保存并求解

（1）保存项目文件

ANSYS Icepak 在开始计算之前会自动保存模型，但最好手动保存一下模型（包括网格）。如果在开始计算之前退出 ANSYS Icepak，将能够打开保存的文件，并能继续分析。单击菜单栏的"文件"→"保存"命令，保存项目文件。

图 11-70 "基本参数设置"对话框

（2）求解

① 求解设置。单击菜单栏的"求解"→"运行求解"命令，系统弹出如图 11-71 所示的"求解"对话框，按照图中参数进行设置。

② 单击"结果"标签。选择"Write overview of results when finished"复选框，如图 11-72 所示，单击"关闭"按钮 关闭 保存退出。

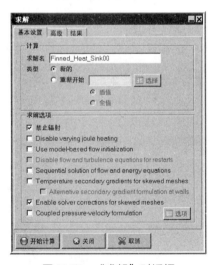

图 11-71 "求解"对话框

图 11-72 "求解"对话框"结果"标签

③ 求解。单击菜单栏的"求解"→"优化"命令，系统弹出"Parameters and optimization"对话框，然后单击"Run"按钮 Run，进行计算求解。

④ 完成求解。计算完成后，残差图、检测图将类似于图 11-73 ～图 11-75 所示，不同机器上残差的实际值可能略有不同。可以使用鼠标左键框选放大残差图。单击残差图对话框中的"结束"按钮 结束 将其关闭。

⑤ 计算过程时间统计及 0.1s 和 0.165s 计算结果如图 11-76 ～图 11-78 所示。

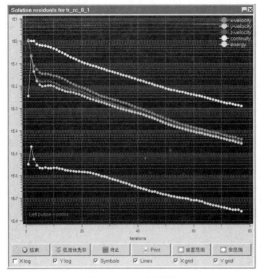

图 11-73　残差图

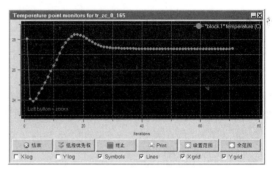

图 11-74　检测图 – 温度

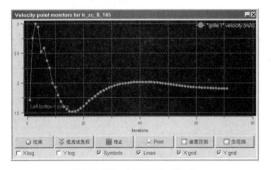

图 11-75　检测图 – 速度

图 11-76　计算过程时间统计

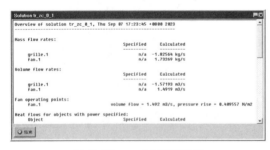

图 11-77　zc_0.1 计算结果

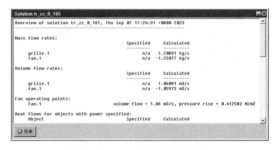

图 11-78　zc_0.165 计算结果

11.1.7　检查结果

本案例计算时有两个风扇位置参数，因此计算结果会自动保存两个，需要分别进行加载查看，单击菜单栏"后处理"→"调入求解 ID"命令，如图 11-79 所示，弹出如图 11-80 所示的"Version selection"对话框，单击选择"tr_zc_0_1"选项，然后单击"Okay"按钮 Okay ，完成计算结果的导入。

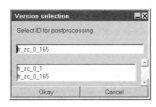

图 11-79　"调入求解 ID"命令　　　　　　图 11-80　"Version selection"对话框

（1）速度矢量云图分析（tr_zc_0_1 风扇位置）

首先使用"平面"剪切面板来查看水平平面上的速度方向和大小。

① 单击菜单栏的"后处理"→"切面"命令，或者单击工具栏中的"切面"命令 **R**，系统弹出如图 11-81 所示的"切面"对话框。

② 查看速度矢量图。在名称文本框中，输入名称"cut-velocity"，在设定位置下拉列表中选择"Z 中心截面"，选择"Show vectors"复选框，然后单击"Show vectors"复选框右侧的 "参数"按钮，系统弹出如图 11-82 所示的"Plane cut vectors"对话框。设置箭头式样为"Dart"，这将矢量显示为类似飞镖的样式。单击"Plane cut vectors"对话框中的"应用"按钮 ，和单击 "切面"对话框中的"结束"按钮 ，然后调整视图到合适的位置，结果如图 11-83 所示。

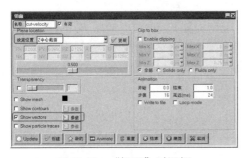

图 11-81　"切面"对话框

图 11-82　"Plane cut vectors"对话框

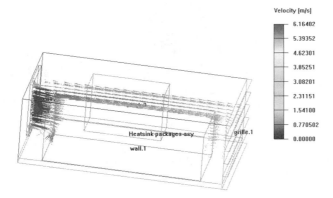

图 11-83　速度矢量图

③ 在"模型管理器"窗口中右击"后处理"→"cut_velocity",在弹出的快捷菜单中取消选择"Show vector"选项,则不显示速度矢量云图,如需要显示,则选取"Show vector"选项,如图 11-84 所示。

（2）块表面温度云图分析（tr_zc_0_1 风扇位置）

① 在所有块上显示温度云图。单击菜单栏的"后处理"→"Object face（facet）"命令,或者单击工具栏中的"对象表面"命令 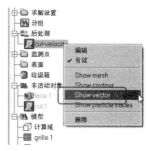,系统弹出如图 11-85 所示的"对象表面"对话框。在名称文本框中,输入名称"face-tempsource",按住 Shift 键,在对象下拉列表中选择所有热源块、芯片块、空心块,然后单击"Accept"按钮。

图 11-84　"cut _velocity"快捷菜单

② 选择"Show contours"选项。单击"Show contours"复选框旁边的"参数"按钮。系统弹出如图 11-86 所示的"Object face contours"对话框。在"等高线"下拉列表中保留"Temperature"的默认选择,Contour options 设置为"Solid fill",Shading options 设置为"条状"。在计算的下拉列表中选择"This object"选项。设置完成后单击"结束"按钮 结束,系统显示如图 11-87 所示的块表面温度云图。然后单击"结束"按钮 结束,保存设置。

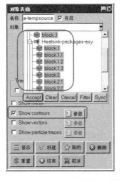

图 11-85　"对象表面"对话框

图 11-86　"Object face contours"对话框

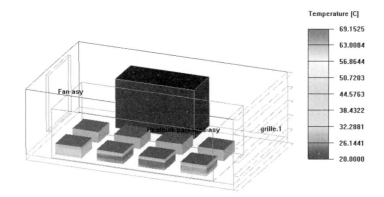

图 11-87　块表面温度云图

③ 在"模型管理器"窗口中右击"后处理"→"face-tempsource",在弹出的快捷菜单中取消选择"Show contour"选项,则不显示速度矢量云图,如需要显示,则选取"Show contour"选项。

（3）计算结果报告输出

① 单击菜单栏中的"报告"→"总结报告"命令，系统弹出"定义总结报告"设置对话框，单击"新的"按钮 ，依次创建 2 个几何体，如图 11-88 所示。

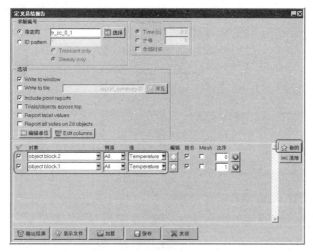

图 11-88　"定义总结报告"设置对话框

② 在第一个几何体里选择 object block.2，单击"Accept"按钮 Accept 保存，在"值"下拉框里选择"Temperature"选项。

③ 在第二个几何体里选择 object block.1，单击"Accept"按钮 Accept 保存，在"值"下拉框里选择"Temperature"选项。

④ 单击"输出结果"按钮 ，弹出总结报告，单击"结束"按钮 保存，如图 11-89 所示。

⑤ 单击"定义总结报告"设置对话框中的"保存"按钮 ，保存设置并退出。

⑥ 单击菜单栏"后处理"→"调入求解 ID"命令，弹出"Version selection"对话框，单击选择"tr_zc_0_165"选项，然后单击"Okay"按钮 Okay ，完成计算结果的导入。

图 11-89　总结报告

（4）速度矢量云图分析（tr_zc_0_165 风扇位置）

① 在"模型管理器"窗口中双击"后处理"→"cut_velocity"，系统弹出"切面"对话框，单击"更新"按钮 ，单击"结束"按钮 。

② 返回到"模型管理器"窗口中右击"后处理"→"cut_velocity"，在弹出的快捷菜单中选择"Show vectors"选项，则显示速度矢量云图，然后调整视图到合适的位置，结果如图 11-90 所示。

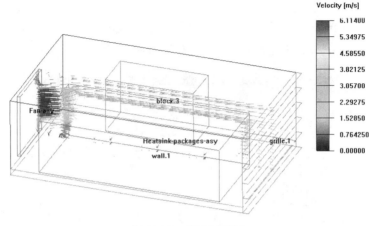

图 11-90　速度矢量图

③ 在"模型管理器"窗口中右击"后处理"→"cut_velocity"，在弹出的快捷菜单中取消选择"Show vector"选项，则不显示速度矢量云图，如需要显示，则选取"Show vector"选项。

（5）块表面温度云图分析（tr_zc_0_165 风扇位置）

① 在"模型管理器"窗口中双击"后处理"→"face-tempsource"，系统弹出"对象表面"对话框，单击"更新"按钮 ✅更新，单击"结束"按钮 ❑结束。

② 返回到"模型管理器"窗口中右击"后处理"→"face-tempsource"，在弹出的快捷菜单中选择"Show contour"选项，则显示速度矢量云图，然后调整视图到合适的位置，结果如图 11-91 所示。

③ 在"模型管理器"窗口中右击"后处理"→"face-tempsource"，在弹出的快捷菜单中取消选择"Show contour"选项，则不显示速度矢量云图，如需要显示，则选取 Show contour 选项。

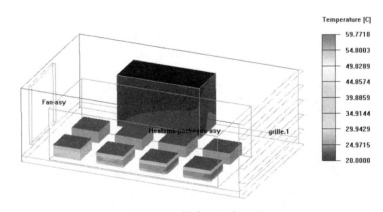

图 11-91　块表面温度云图

（6）计算结果报告输出

① 单击菜单栏中的"报告"→"总结报告"命令，系统弹出"定义总结报告"设置对话框，前面步骤中新建的对象还在。

② 单击"输出结果"按钮 ❑输出结果，弹出总结报告对话框，单击"结束"按钮 ❑结束保存，如图 11-92 所示。

对象	部分	侧面	值	最小值	最大值	平均值	Stdev	面积/体积	Mesh
block.2	All	All	Temperature (C)	27.3595	51.2018	40.2028	4.30671	0.009 m2	Full
			maxx			46.361			Full
			miny			47.1441			Full
			maxy			27.4989			Full
			minz			42.1785			Full
			maxz			44.5639			Full
			int0			52.8596			Full
block.1	All	All	Temperature (C)	27.3023	27.4301	27.3754	0.0197185	0.009 m2	Full

图 11-92　总结报告

③ 单击"定义总结报告"设置对话框中的"保存"按钮 ▫保存，保存设置并退出。

④ 单击菜单栏"后处理"→"调入求解 ID"命令，弹出"Version selection"对话框，单击选择"tr_zc_0_165"选项，然后单击"Okay"按钮 Okay，完成计算结果的导入。

11.2　散热器最小化热阻优化设计

散热器优化在各种工业应用中至关重要。通常，散热器优化设计最大的挑战在于热阻最低（最大限度地传热）及翅片数量和质量也低。本案例的目标是最大限度地降低大型散热器的热阻，同时将整个系统的最高温度保持在 70℃以下，并确保散热器的总质量不超过 0.326kg。模型如图 11-93 所示，模型内有 8 个芯片，功耗为 20W，其上部设置有散热器进行散热，前后为百叶窗，通风面积为 50%，最右侧为 CPU，功耗为 50W。

在本案例中将学习到：

● 设置优化问题。

● 定义设计变量。

● 定义主函数、复合函数和目标函数。

● 设置优化问题，并将变量发布到 Workbench 中，以便在 ANSYS DesignXplorer 中使用。

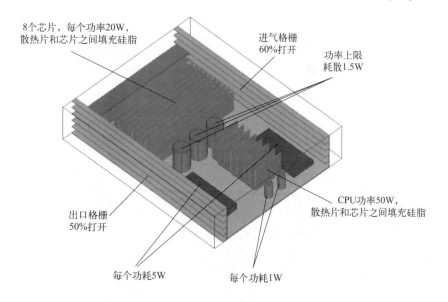

图 11-93　散热器模型

11.2.1　问题描述

该模型由一块 20.32cm 宽，30.48cm 长，1.59mm 厚的 FR-4 板（FR-4.1）组成，板上放置了几个部件。两个格栅分别放置在板的上游和下游，自由流动面积比分别为 60% 和 50%。还有两个部件（块 1.3 和块 1.3.1），每个部件消耗 5 W。

有一个散热 50W 的 CPU（块 .1），在其顶部放置一个散热器（散热器 _ 小）。在散热器和 CPU 之间，有一个导热系数为 W/（m·K）的热界面材料（TIM_1）。这些组件和三个小功率帽（power_cap_1.1、power_cap1.1.1 和 power_cap/1.1.2），每个耗散 1 W，形成一个非保形组件（hs_assembly_1）。

在板的另一侧，有印刷电路板机架，每个机架耗散 20W，并在芯片顶部放置一个平行板散热器（散热器 _big）。与小型散热器的情况类似，在大型散热器和具有相同导热性的芯片之间存在热界面材料（TIM_2.1 和 TIM_2.1.1）。这些零部件一起形成一个非保形部件（hs_assembly_2）。

11.2.2　创建新项目

① 启动 ANSYS Icepak。选择"开始"→"所有应用"→"Ansys 2024 R1"→"Ansys Icepak 2024 R1"，如图 11-94 所示。打开 ANSYS Icepak 程序，ANSYS Icepak 启动时，"欢迎使用 Icepak"对话框将自动打开，如图 11-95 所示。

图 11-94　启动 ANSYS Icepak

图 11-95　"欢迎使用 Icepak"对话框

② 解压缩项目。单击"欢迎使用 Icepak"对话框中的"解压缩"按钮，通过解压来创建一个 ANSYS Icepak 分析项目，通过解压来创建一个 ANSYS Icepak 分析项目，在 File selection 设置对话框内选择 optimization.tzr 文件，如图 11-96 所示。

图 11-96　"File selection"对话框

③ 单击 File selection 设置对话框中的"打开"按钮，弹出如图 11-97 所示的"Location for the unpacked project"对话框，在"新建项目"处输入"Optimization"。

④ 单击"解压缩"按钮，在工作区会显示如图 11-98 所示的几何模型。

图 11-97　"Location for the unpacked project"对话框

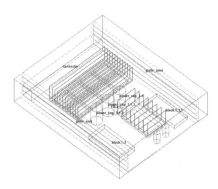

图 11-98　解压缩后完整几何模型

11.2.3　定义设计变量

大型散热器需要在散热片数量和散热片厚度方面进行优化。因此，将为大型散热器定义以下设计变量：散热片数量（范围从 2 到 18）和散热片厚度（范围从 0.254 mm 到 2.032 mm）。

（1）定义 heatsink_big 的 finCount 和 finThick 设计变量，并指定它们的初始值

① 在左侧"模型管理器"窗口中展开 hs_assembly_2 节点，右击"Model-heatsink_big"，在弹出的快捷菜单中执行"编辑"命令，弹出如图 11-99 所示的"Heat sinks [heatsink_big]"对话框。

② 单击"属性"标签，在"数目"处输入"$finCount"，表示对散热器翅片的数量输入进行参数化设置，单击"更新" 更新 按钮，弹出"Param value"设置对话框，如图 11-100 所示，输入 15，单击"结束"按钮 结束 保存退出，返回到"Heat sinks [heatsink_big]"对话框。

③ 在"厚度"处输入"$finThick"，表示对散热器翅片的厚度输入进行参数化设置，单击"更新" 更新 按钮，弹出"Param value"设置对话框，输入 0.762，单击"结束"按钮 结束 保存

退出。单击"结束"按钮  完成设置。

图 11-99 "Heat sinks [heatsink_big]"对话框　　　图 11-100 "Param value"对话框

（2）指定设计变量的约束值

① 单击快捷命令工具栏中的"优化"按钮 进行参数化求解计算，弹出如图 11-101 所示的"Parameters and optimization"对话框，选择"Setup"标签，然后在"Trial type"栏中选择"Optimization"单选按钮。

② 继续在"Parameters and optimization"对话框中选择"Design variables"标签，如图 11-102 所示，在左侧栏选择"finCount"选项，在右侧的"Min value constraint"处输入 2，在"Max value constraint"处输入 18，选择"Allow only multiples"多选按钮，保持默认值"1"不变，单击"应用"按钮 保存设置。

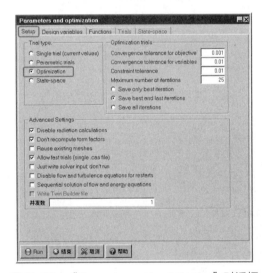

图 11-101 "Parameters and optimization"对话框

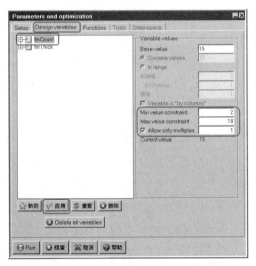

图 11-102 "Design variables"标签

③ 继续在左侧栏选择"finThick"选项，在右侧的"Min value constraint"处输入 0.254，在"Max value constraint"处输入 2.032，不选择"Allow only multiples"多选按钮，如图 11-103 所示，单击"应用"按钮 保存设置。然后单击"结束"按钮 ，关闭"Parameters and optimization"对话框。

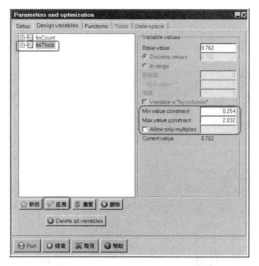

图 11-103　定义 "finThick" 选项

11.2.4　网格设置

对于此模型，只进行网格设置，不会提前生成网格。在参数试验期间，将自动对每个设计试验进行网格划分。

① 单击工具栏中的 "网格生成" 按钮 进行网格划分，弹出 "网格控制" 对话框，如图 11-104 所示。在 "网格参数" 下拉列表中选择 "Mesher-HD"，将网格单位和所有最小间隙单位设置为 mm，确认最大网格元尺寸 X、Y 和 Z 分别为 20、3.5 及 15，最小间隙 X、Y、Z 处分别为 0.0004、0.00008 及数 1e-3，选择 "Mesh assemblies separately" 复选框。

② 单击 "其他" 标签，如图 11-105 所示。选择 "Allow minimum gap changes" 选项，其他选项保持默认。然后单击 "关闭" 按钮 关闭 "网格控制" 对话框。

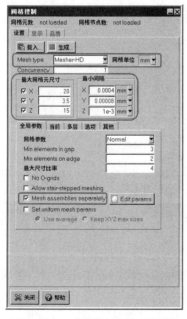

图 11-104　"网格控制" 对话框

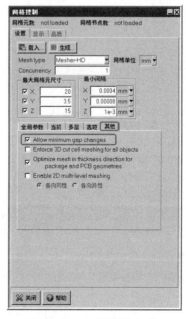

图 11-105　"其他" 标签

11.2.5 求解参数设置

在开始求解器之前，首先检查雷诺数和佩克特数的估计值，以检查是否建立了正确的流态模型。

① 检查雷诺数和佩克特数的值。双击模型管理器窗口"求解设置"文件夹中的"基本设置"项目，系统弹出"基本设置"对话框，如图 11-106 所示，单击对话框中的"重置"按钮，重置计算雷诺数和佩克特数。此时消息窗口如图 11-107 所示，ANSYS Icepak 建议将流态设置为湍流。

图 11-106　"基本设置"对话框

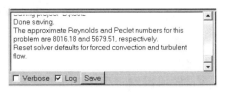

图 11-107　消息窗口

② 在"基本设置"对话框将迭代步数更改为 200。确保"流场"为 0.001，"能量"为 1e-7，然后单击"Accept"按钮。保存解算器设置。

③ 使用问题设置向导设置。

在模型管理器窗口中，右击"问题定义"，然后选择快捷菜单中的"问题设置向导"，如图 11-108 所示。系统弹出如图 11-109 所示的"问题设置向导"对话框，"问题设置向导"对话框共有 14 步。问题设置向导提供了一个简单的界面，其中包含定义模型物理的用户指南。

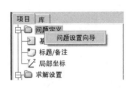

图 11-108　模型管理器窗口

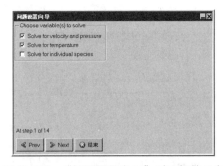

图 11-109　"问题设置向导"对话框第 1 步

a. 对于第 1 步，保留复选框的默认设置，如图 11-109 所示，单击"Next"按钮，进入下一步。

b. 对于第 2 步，保持选择默认流量条件，如图 11-110 所示，单击"Next"按钮，进入下一步。

c. 根据前面 2 步的设置，此时对话框显示处于第 5 步，如图 11-111 所示，确保选择"Set flow regime to turbulent"将流态设置为湍流。将鼠标指针放在问题设置向导中的任何选项上，对话框上会显示一个文本气泡，以获取有关选项的介绍信息，单击"Next"按钮，进入下一步。

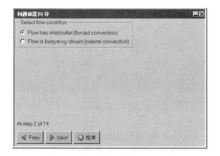
图 11-110　"问题设置向导"对话框第 2 步

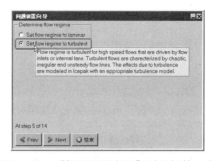
图 11-111　"问题设置向导"对话框第 5 步

d. 对于第 6 步，选择"Zero equation（mixing length）"选项，将零方程（混合长度）作为湍流模型，如图 11-112 所示，单击"Next"按钮，进入下一步。

e. 对于第 7 步，选择"Ignore heat transfer due to radiation"选项，忽略辐射热传递，如图 11-113 所示，单击"Next"按钮，进入下一步。

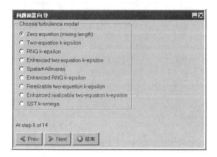
图 11-112　"问题设置向导"对话框第 6 步

图 11-113　"问题设置向导"对话框第 7 步

f. 根据前面几步的设置，此时对话框显示处于第 9 步，如图 11-114 所示，确保取消选择"Include solar radiation"复选框，以排除太阳辐射，单击"Next"按钮，进入下一步。

g. 对于第 10 步，选择"Variables do not vary with time（steady-state）"选项，设置稳态模拟的变量不随时间变化，如图 11-115 所示，单击"Next"按钮，进入下一步。

h. 现在处于第 14 步，"问题设置向导"对话

图 11-114　"问题设置向导"对话框第 9 步

框如图 11-116 所示，将"Adjust properties based on altitude"复选框留空，忽略高度影响。单击"结束"按钮完成问题设置向导，完全定义问题设置。

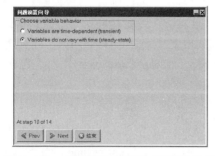
图 11-115　"问题设置向导"对话框 10 步

图 11-116　"问题设置向导"对话框第 14 步

11.2.6 保存模型

（1）参数设置

① 双击左侧模型管理器"问题定义"→"基本参数"，打开"基本参数设置"对话框，如图 11-117 所示，可以查看选取的湍流模型及其他参数设置。

② 选择"缺省"标签，保持默认环境温度 20℃ 不变，如图 11-118 所示。

图 11-117　"基本参数设置"对话框"基本设置"标签　图 11-118　"基本参数设置"对话框"缺省"标签

③ 单击"Accept"按钮 ✓Accept 保存基本参数设置。

④ 执行菜单栏中的"模型 → 功耗 / 温度限度"命令，打开"Power and temperature limit setup"对话框，在"Default temperature limit"栏中输入 60，然后单击"All to default"按钮 All to default，如图 11-119 所示，单击"Accept"按钮 ✓Accept 退出。

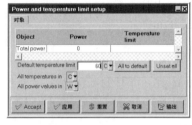

图 11-119　"Power and temperature limit setup"对话框

（2）保存项目文件

ANSYS Icepak 在开始计算之前会自动保存模型，但最好手动保存一下模型（包括网格）。如果在开始计算之前退出 ANSYS Icepak，将能够打开保存的文件，并能继续分析。单击菜单栏的"文件"→"保存"命令，保存项目文件。

11.2.7 定义主函数、复合函数和目标函数

本案例的目标是最大限度地降低散热器的热阻，同时将整个系统的最高温度保持在 70℃ 以下，并确保散热器的总质量不超过 0.326kg。因此，将定义以下主要功能：大型散热器的热阻（bighsrt）、大型散热器的质量（bighsms）、小型散热器的质量（smlhsms）和 70℃ 的全局最大温度（mxtmp）。还将定义一个复合函数，散热器的总质量为 0.326kg（totalmass）。对于目标函数，将最小化大型散热器（bighsrth）的热阻，具体如下所述。

（1）大型散热器热阻（bighsrth）函数的创建

① 单击快捷命令工具栏中的"优化"按钮 进行参数化函数定义，弹出如图 11-120 所示的"Parameters and optimization"对话框，选择"Functions"标签，在 Primary functions 下单击"新

的"按钮 帮助，弹出如图 11-121 所示的基本函数设置"Define primary function"对话框。

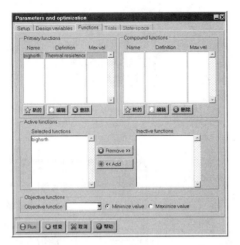

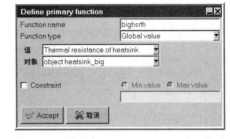

图 11-120　"Parameters and optimization"对话框　　图 11-121　"Define primary function"对话框

② 在"Function name"处输入"bighsrth"，在"Function type"处选择"Global value"选项，在"值"处选择"Thermal resistance of heatsink"选项，在"对象"处选择"object heatsink_big"选项，单击"Accept"按钮 Accept 保存退出。

（2）大型散热器质量（bighsms）函数的创建

① 在 Primary functions 下单击"新的"按钮 新的，弹出如图 11-122 所示的基本函数设置"Define primary function"对话框。

② 在"Function name"处输入"bighsms"，在"Function type"处选择"Global value"选项，在"值"处选择"Mass of objects"选项，在"对象"处选择"object heatsink_big"选项，单击"Accept"按钮 Accept 保存退出。

（3）小型散热器质量（smlhsms）函数的创建

① 在 Primary functions 下单击"新的"按钮 新的，弹出如图 11-123 所示的基本函数设置"Define primary function"对话框。

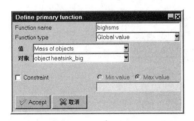

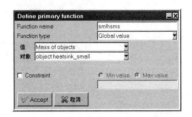

图 11-122　大型散热器质量（bighsms）函数的创建　　图 11-123　小型散热器质量（smlhsms）函数的创建

② 在"Function name"处输入"smlhsms"，在"Function type"处选择"Global value"选项，在"值"处选择"Mass of objects"选项，在"对象"处选择"object heatsink_small"选项，单击"Accept"按钮 Accept 保存退出。

（4）最大温度（mxtmp）函数的创建

① 在 Primary functions 下单击"新的"按钮 新的，弹出如图 11-124 所示的基本函数设置"Define primary function"对话框。

271

② 在"Function name"处输入"mxtmp"，在"Function type"处选择"Global value"选项，在"值"处选择"Global maximum temperature"选项，选择 Constraint 及 Max value 选项，并输入 70，单击"Accept"按钮 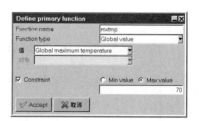 保存退出。

图 11-124　最大温度（mxtmp）
函数的创建

（5）总质量组合（totalmass）函数的创建

① 转到 Compound functions 下单击"新的"按钮 新的，弹出如图 11-125 所示的组合函数设置"Define compound function"对话框。

② 在"Function name"处输入"totalmass"，在"Definition"处输入"$bighsms+$smlhsms"，选择 Constraint 及 Max value 选项，并输入 0.326，单击"Accept"按钮 Accept 保存退出。

（6）目标函数（Objective function）的创建

在 Objective function 下拉框里选择 bighsrth 选项，并保持默认值 Minimize value 选项不变，如图 11-126 所示。

图 11-125　"Define compound
function"对话框

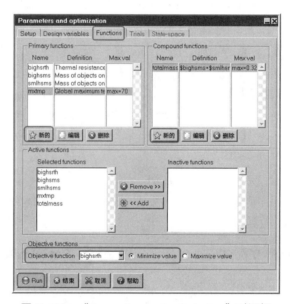

图 11-126　"Parameters and optimization"对话框

11.2.8　求解

① 求解。单击菜单栏的"求解"→"优化"命令，系统弹出如图 11-127 所示的"Parameters and optimization"对话框（如果尚未打开）。

② 选择"Setup"标签，然后检查在"Trial type"栏中"Optimization"单选按钮处于被选中状态，取消选择"Advanced Settings"栏中的"Allow fast trials（single.cas file）"选项（由于基于翅片厚度和翅片数量的几何形状变化，在这个问题上，快速试验选项无用。），选中"Sequential solution of flow and energy equations"选项，然后单击"Run"按钮 Run，进行计算求解。

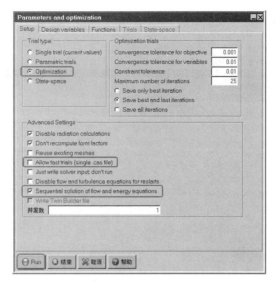

图 11-127　"Parameters and optimization"对话框

③ 完成求解。计算结果类似于图 11-128 所示，单击残差图对话框中的"结束"按钮 █结束 将其关闭。

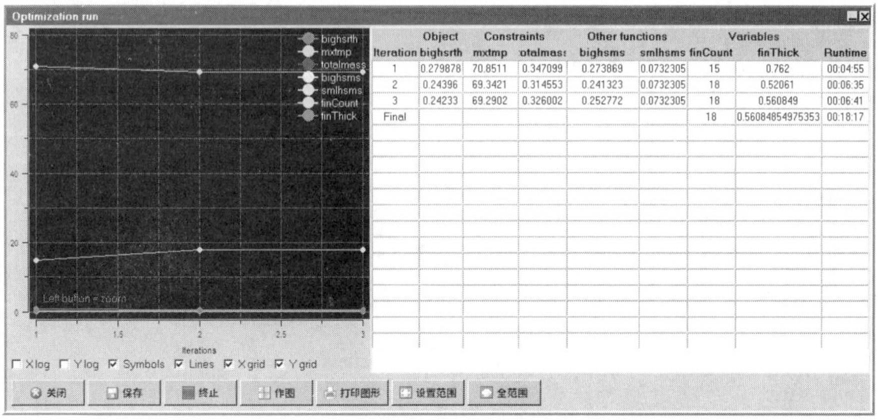

图 11-128　残差图

11.2.9　在 DesignXplorer 中优化

① 从 Windows "开始"菜单打开 Workbench 程序，如图 11-129 所示，展开左边工具箱中的"组件系统"栏，将工具箱里的"Icepak"模块直接拖动到项目原理图中或直接双击"Icepak"模块，建立一个含有"Icepak"的项目模块。

② 设置单位系统。选择"单位"→"度量标准（kg, mm, s, ℃ , mA, N, mV）"命令，设置单位为毫米。

③ 启动"静态结构 -Mechanical"应用程序。在项目原理图中右击"设置"单元，如图 11-130 所示，在弹出的快捷菜单中选择"导入 Icepak 项目"→"浏览"命令，弹出"浏览文件夹"对话框，如图 11-131 所示，选择要导入项目文件，单击"确定"按钮 █确定 ，系统自动打开进入"Icepak"应用程序。

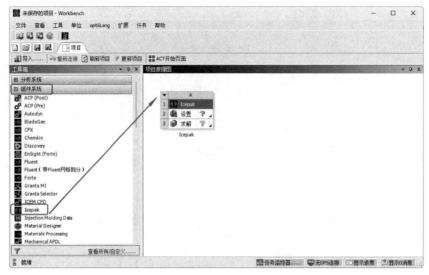

图 11-129　ANSYS Workbench 项目图形界面

图 11-130　导入 Icepak 项目

图 11-131　"浏览文件夹"对话框

注意　从 Workbench 里面打开的"Icepak"应用程序为英文版。

④ 此时模型显示在图形显示窗口中。单击等轴测工具栏图标按钮 ，以显示模型的等轴测视图。

⑤ 单击菜单栏的"Solve"→"Run optimization"命令，系统弹出如图 11-132 所示的"Parameters and optimization"对话框。单击"Publish to WB"按钮，系统弹出如图 11-133 所示的"Publish to WB"对话框，并选择所有的输入和输出变量，Workbench 的输出变量是 Icepak 中的主要函数和复合函数。单击"Accept"按钮 保存规范，然后两次单击"Done"按钮 关闭两个对话框。

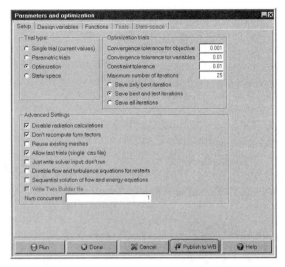

图 11-132　"Parameters and optimization"对话框

⑥ 返回到 Workbench 中，如图 11-134 所示项目原理图中将显示参数集。在 A1 上右击，然后在弹出的快捷菜单中选择"更新"命令。

⑦ 更新完成后，双击"参数集"栏以显示所有参数的轮廓和设计点表格，如图 11-135 所示。

图 11-133　"Publish to WB"对话框

图 11-134　项目原理图

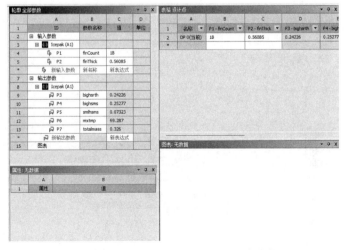

图 11-135　所有参数的轮廓和设计点表格

⑧ 单击顶上的"项目"标签，返回到项目界面，展开左边工具箱中的"设计探索"栏，将工具箱里的"响应面优化"模块直接拖动到项目原理图中或直接双击"响应面优化"模块，建立一个含有"响应面优化"的项目模块，如图 11-136 所示，此模块自动与参数集建立联系。

⑨ 双击"实验设计"单元，系统界面显示为实验设计。在"轮廓 原理图"中，选择 finCount。在"属性 轮廓"中，选择"离散"作为"分类"属性。在"表格 轮廓"中，为 17、18 和 19 翅片创建标高，如图 11-137 所示。为了尽量减少在实验设计上花费的时间，将只研究三个翅片数。

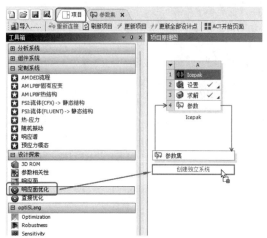

图 11-136　添加"响应面优化"模块

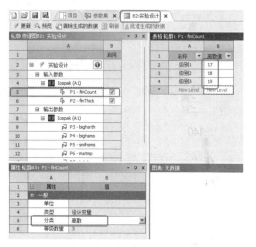

图 11-137　"实验设计"单元

⑩ 在"轮廓 原理图"中，选择 finThick。在"属性 轮廓"中，将"下限"设置为 0.5，将"上限"设置为 0.625，然后在"允许值"下选择"可制造值"。在大纲表中，创建一个级别 0.5625，如图 11-138 所示。翅片厚度将仅使用通用值，而不是完全连续的范围。

⑪ 在"轮廓 原理图"中，选择"实验设计"。为了最大限度地减少设计空间，在"属性 轮廓"中，在"实验类型设计"下拉列表中选择"Box-Behnken 设计"选项，如图 11-139 所示。然后单击"预览"以查看设计点的预览。

图 11-138　设置"finThick"上下限

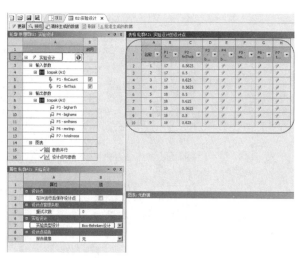

图 11-139　"实验类型设计"

⑫ 在“轮廓 原理图”中右击 A2“实验设计”单元，然后在弹出的快捷菜单中选择“更新”命令，如图 11-140 所示，运行优化。优化数据将提供受不同组合影响最大的变量的信息，结果如图 11-141 所示。

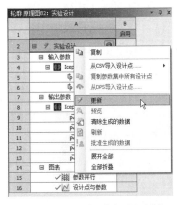

图 11-140　更新“实验设计”

表格 轮廓A2：实验设计的设计点

	A	B	C	D	E	F	G	H
1	名称	P1 - finCount	P2 - finThick	P3 - bighsrth	P4 - bighsms	P5 - smlhsms	P6 - mxtmp	P7 - totalmass
2	1	17	0.5625	0.24397	0.24435	0.07323	69.439	0.31758
3	2	17	0.5	0.24668	0.22756	0.07323	69.537	0.30079
4	3	17	0.625	0.24208	0.26114	0.07323	69.373	0.33438
5	4	18	0.5625	0.24267	0.25324	0.07323	69.303	0.32647
6	5	18	0.5	0.2454	0.23546	0.07323	69.393	0.30869
7	6	18	0.625	0.23977	0.27102	0.07323	69.221	0.34425
8	7	19	0.5625	0.24134	0.26213	0.07323	69.205	0.33536
9	8	19	0.5	0.24396	0.24336	0.07323	69.301	0.31659
10	9	19	0.625	0.23866	0.2809	0.07323	69.129	0.35413

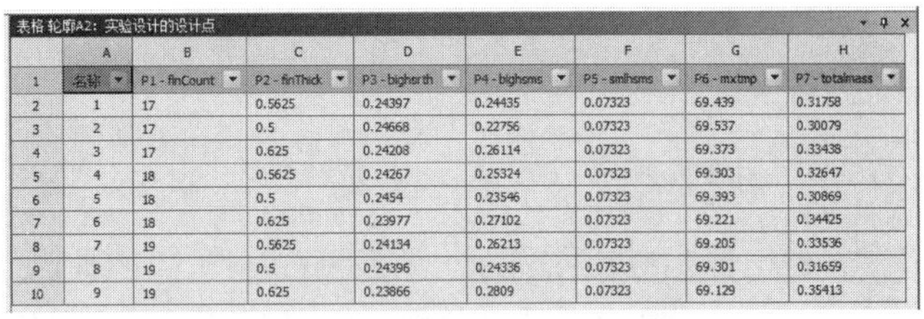

图 11-141　更新“实验设计”后结果

⑬ 在“项目”选项卡上，右键单击 B2“响应面”单元，然后在弹出的快捷菜单中选择“更新”命令，如图 11-142 所示。系统弹出如图 11-143 所示的提示对话框，单击“是”按钮，开始更新。

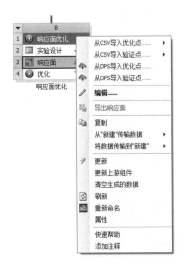

图 11-142　“响应面”快捷菜单

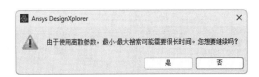

图 11-143　提示对话框

⑭ 更新完成后，双击“项目”选项卡里的 B4“优化”单元格以打开它。右击“轮廓 原理图”中的“目标与约束”，然后在弹出的快捷菜单中选择“插入目标”命令以插入目标，如图 11-144 所示。本案例中插入 P3、P6 和 P7，输入目标和约束条件，P6 的容差为 70，P7 的容差为 0.326，如图 11-145 所示。最后单击“更新”以运行优化。

图 11-144　插入目标

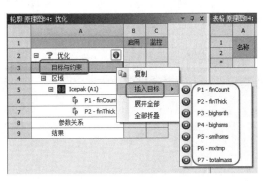

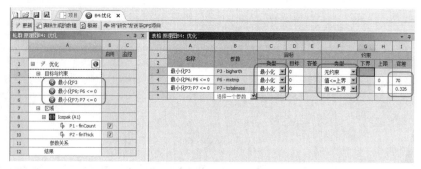

图 11-145　输入目标和约束条件

11.2.10　优化结果

① 优化计算完成后，单击"轮廓 原理图"中的 A13"候选点"框，可以在右侧的"表格 原理图"中查看选定的候选点，如图 11-146 所示，确定最佳翅片数量和厚度。

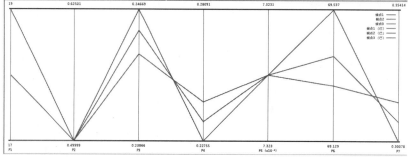

图 11-146　候选点数据

② 在本案例中，使用了优化工具来最小化大型散热器的热阻。结果表明，ANSYS Icepak 预测最佳（优化）情况的翅片数为 19，翅片厚度为 0.5mm。在这种情况下，整个系统的最高温度确定为 69.308℃（约束条件为 70℃），而总质量为 0.31659 kg（约束条件是 0.326kg）。目标函数（热阻）预测为 0.24397℃/W。

如果我们将 DesignXplorer 和 ANSYS Icepak 的结果进行比较，会发现类似的结果。此外，可以尝试进一步的参数化和直接优化方法。